高等职业教育机械类专业"十二五"规划教材

中国高等职业技术教育研究会推荐

高等职业教育精品课程

液压传动与气动技术

徐建国　包君　主编

国防工业出版社

内 容 简 介

本书共分 10 个项目,主要内容包括液压与气压传动系统感性认识、液压油的使用与维护、动力元件的拆装与结构分析、执行元件的选择和拆装、液压辅助元件作用分析、液压控制阀作用分析,液压系统基本回路组建与调试,典型液压传动系统分析及故障排除、液压系统设计、气压元件的作用分析等。每个项目均附有小结及思考与练习,便于读者学习。

本书的编写自始至终贯彻职业教育的定向性、实用性和先进性原则,努力减少理论知识与计算公式的推导,以培养高技能人才为目标,深入浅出,图文并茂,选编了较多的应用实例。

本书可作为高等职业院校、成人高校及本科院校举办的二级职业技术学院机械类及机电类专业的教学用书,也可供有关工程技术人员参考。

图书在版编目(CIP)数据

液压传动与气动技术/徐建国,包君主编 . --北京:
国防工业出版社,2013.1
高等职业教育机械类专业"十二五"规划教材
ISBN 978-7-118-08198-5

Ⅰ.①液… Ⅱ.①徐… ②包… Ⅲ.①液压传动—高
等职业教育—教材②气压传动—高等职业教育—教材
Ⅳ.①TH137②TH138

中国版本图书馆 CIP 数据核字(2012)第 231293 号

※

*国防工业出版社*出版发行
(北京市海淀区紫竹院南路 23 号 邮政编码 100048)
北京奥鑫印刷厂印刷
新华书店经售

*

开本 787×1092 1/16 印张 16¼ 字数 370 千字
2013 年 1 月第 1 版第 1 次印刷 印数 1—4000 册 定价 35.00 元

(本书如有印装错误,我社负责调换)

国防书店:(010)88540777   发行邮购:(010)88540776
发行传真:(010)88540755   发行业务:(010)88540717

高等职业教育制造类专业"十二五"规划教材
编审专家委员会名单

主任委员　　方　　新（北京联合大学教授）

　　　　　　　　刘跃南（深圳职业技术学院教授）

委　　员　　（按姓氏笔画排列）

　　　　　　　　王　　炜（青岛港湾职业技术学院副教授）

　　　　　　　　白冰如（西安航空职业技术学院副教授）

　　　　　　　　刘克旺（青岛职业技术学院教授）

　　　　　　　　刘建超（成都航空职业技术学院教授）

　　　　　　　　米国际（西安航空技术高等专科学校副教授）

　　　　　　　　孙　　红（辽宁省交通高等专科学校教授）

　　　　　　　　李景仲（江苏财经职业技术学院教授）

　　　　　　　　段文洁（陕西工业职业技术学院副教授）

　　　　　　　　徐时彬（四川工商职业技术学院副教授）

　　　　　　　　郭紫贵（张家界航空工业职业技术学院副教授）

　　　　　　　　黄　　海（深圳职业技术学院副教授）

　　　　　　　　蒋敦斌（天津职业大学教授）

　　　　　　　　韩玉勇（枣庄科技职业学院副教授）

　　　　　　　　颜培钦（广东交通职业技术学院教授）

总 策 划　　江洪湖

总　序

　　在我国高等教育从精英教育走向大众化教育的过程中,作为高等教育重要组成部分的高等职业教育快速发展,已进入提高质量的时期。在高等职业教育的发展过程中,各院校在专业设置、实训基地建设、双师型师资的培养、专业培养方案的制定等方面不断进行教学改革。高等职业教育的人才培养还有一个重点就是课程建设,包括课程体系的科学合理设置、理论课程与实践课程的开发、课件的编制、教材的编写等。这些工作需要每一位高职教师付出大量的心血,高职教材就是这些心血的结晶。

　　高等职业教育制造类专业赶上了我国现代制造业崛起的时代,中国的制造业要从制造大国走向制造强国,需要一大批高素质的、工作在生产一线的技能型人才,这就要求我们高等职业教育制造类专业的教师们担负起这个重任。

　　高等职业教育制造类专业的教材一要反映制造业的最新技术,因为高职学生毕业后马上要去现代制造业企业的生产一线顶岗,我国现代制造业企业使用的技术更新很快;二要反映某项技术的方方面面,使高职学生能对该项技术有全面的了解;三要深入某项需要高职学生具体掌握的技术,便于教师组织教学时切实使学生掌握该项技术或技能;四要适合高职学生的学习特点,便于教师组织教学时因材施教。要编写出高质量的高职教材,还需要我们高职教师的艰苦工作。

　　国防工业出版社组织一批具有丰富教学经验的高职教师所编写的机械设计制造类专业、自动化类专业、机电设备类专业、汽车类专业的教材反映了这些专业的教学成果,相信这些专业的成功经验又必将随着本系列教材这个载体进一步推动其他院校的教学改革。

方新

前　言

当前,基于以工作过程为导向的项目化课程建设在我国高职院校深入进行。本书以液压传动技术为主线,阐明了液压与气动技术的基本原理,着重培养学生分析、设计液压与气动基本回路的能力,安装、调试、使用、维护液压与气动系统的能力,以及诊断和排除液压与气动系统故障的能力。

高等职业教育培养的是生产、服务和管理第一线需要的高技能人才。高等职业教育特别注重学生职业技能的训练及职业岗位能力的培养,因而本书在编写过程中,始终贯彻以学生为中心,以培养学生实际应用液压与气压传动知识的能力为主线,以培养学生实践动手能力为目标,以及教、学、练有机结合的指导思想。编者在多年教学工作的基础上,汲取同类教材的经验,精选内容,在整合和编排上不拘一格,有所创新,富有特色。理论内容以"必需、够用"为度,尽量做到少而精,体现"学为了用"的教学理念,用到什么知识就讲什么知识,用到多少就讲多少,力求反映液压与气动技术的最新成果,突出液压、气动系统在不同类型设备中的使用特点。在文字的表述上,力求准确、通俗、简洁,便于学生自学。

本书由徐建国和包君主编,具体编写分工为:项目 1 由李博编写;项目 2 由包君编写;项目 3、项目 4 由李克志编写;项目 5、项目 6 由秦超、侯玉叶共同编写;项目 7 由李云梅编写;项目 8、项目 9 由徐建国编写;项目 10 由巩芳编写。参加本书编写工作的还有王勇、李自国、蔡强、闵文军、张瑾、魏春莉。韩玉勇主审了本书,提出了许多宝贵的修改意见,在此深表感谢! 同时,本书在编写过程中得到所有参编人员所在单位的大力支持和帮助,在此,对枣庄科技职业学院、山东交通职业学院、山东理工职业学院、长春公共交通集团有限责任公司及山东威达重工股份有限公司提供的支持和帮助表示衷心的感谢! 另外,在编写过程中还参阅了有关文献和大量的网络资源,谨向有关的编著者表示衷心的感谢!

由于编者水平有限,书中难免存在错误和不足之处,恳请广大读者批评指正,以便重印或修订时进一步修改完善。

编　者

目　录

项目 1 液压与气压传动系统感性认识

一部完整的机器是由原动机、传动机构及控制部分、工作机（含辅助装置）组成的。原动机包括电动机、内燃机等。工作机即为完成该机器工作任务的直接工作部分，如剪床的剪刀，车床的刀架、车刀、卡盘等。由于原动机的功率和转速变化范围有限，为了适应工作机的负载力和工作速度变化范围较宽，以及其他操纵性能的要求，在原动机和工作机之间设置了传动机构，其作用是把原动机输出功率经过变换后传递给工作机。

传动机构通常分为机械传动、电气传动和流体传动。流体传动是以流体为工作介质进行能量转换、传递和控制的传动。它包括液压传动和气压传动。

【知识目标】
   1. 液压传动系统的基本原理和组成。
   2. 液压传动的优缺点。
   3. 液压传动的应用与发展。

【能力目标】
   1. 能掌握液压与气压传动的基本原理和优缺点。
   2. 能掌握液压与气压系统各组成部分的作用。
   3. 能掌握液压系统的图形符号。

任务描述

任务：液压实验台观摩

本项目以液压实验台为载体，通过教师的操作、学生的参与、师生共同对实验现象的分析，增加学生对液压传动的感性认识，激发学生学习液压传动的兴趣，初步认识常用的液压元件。

知识链接

液压与气压传动，又称液压气动技术，是机械设备中发展速度最快的技术之一，特别是近年来，随着机电一体化技术的发展，与微电子、计算机技术相结合，液压与气压传动进入了一个新的发展阶段。

知识点 1 液压与气压传动工作原理及系统组成

（一）液压与气压传动工作原理

液压与气压传动知识广泛应用在我们的日常生活和生产工作中。看看以下几个实例。

实例 1：图 1-1 所示为人们常见的液压千斤顶原理图。它由手动液压泵和液压缸两部分组成。其中杠杆 1、活塞 2、液压缸 3 和单向阀 4、5 组成手动液压泵，液压缸 6 和活塞 7 组成升降液压缸。需要千斤顶工作时，向上提起杠杆 1，则活塞 2 被提起，液压缸 3 下腔中压力减小，单向阀 5 关闭，单向阀 4 导通，油箱里的油液被吸入到液压缸 3 中，这是吸油过程；随后，压下杠杆 1，活塞 2 下移，液压缸 3 下腔中压力增大，迫使单向阀 4 关闭，单向阀 5 导通，高压油液经油管 11 流入液压缸 6 的下腔中，推动活塞 7 向上移动，这是压油过程。如此反复操作便可将重物 8 提升到需要的高度。在此过程中，控制阀 9 处于截止状态。打开控制阀 9，活塞 7 可以在

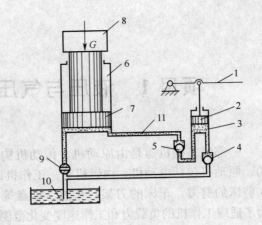

图 1-1 液压传动的工作原理

1—杠杆；2、7—活塞；3、6—液压缸；4、5—单向阀；
8—重物；9—控制阀；10—油箱；11—油管。

自重和外力的作用下实现回程。这就是液压千斤顶的工作过程。

实例 2：图 10-1 所示为气动剪切机的工作原理图。当工料 11 由上料装置（图中未画出）送入剪切机并到达规定位置，将行程阀 8 的按钮压下后，气动换向阀 9 的下腔 A 通过行程阀 8 与大气相通，使换向阀芯在弹簧力的作用下向下移动。由空气压缩机 1 产生的压缩空气，经过初次净化处理后储藏在储气罐 4 中，经过分水滤气器 5、减压阀 6 和油雾器 7 以及气动换向阀 9，进入气缸 10 的下腔。气缸 10 上腔的压缩空气通过气动换向阀 9 排入大气。这时，气缸活塞在气压力的作用下向上运动，带动剪刀将工料 11 切断。工料剪下后，随即与行程阀 8 脱开，行程阀复位，阀芯将排气通道封死，气动换向阀 9 的下腔 A 中的气压升高，迫使换向阀的阀芯上移，气路换向。压缩空气进入气缸 10 的上腔，气缸 10 的下腔排气，气缸活塞向下运动，带动剪刀复位，准备第二次下料。

结合上面两个实例，可以看出：液压与气压传动是以流体（液压油液或压缩空气）为工作介质进行能量传递和控制的一种传动形式。它们通过各种元件组成不同功能的基本回路，再由若干基本回路有机地组合成具有一定控制功能的传动系统。液压与气压传动系统实质上是一种能量转换装置，它由液压泵（或空气压缩机）将原动机的机械能转换为液体的压力能，再通过液压缸或液压马达（气缸或气压马达）将流体压力能转换为机械能，以驱动工作机构完成所要求的各种动作。

（二）液压与气压传动系统的构成

由上述例子可见，液压与气压传动系统由以下五个基本部分组成。

（1）动力装置。液压泵或空气压缩机。它是将原动机（电动机）供给的机械能转变为液体或者气体的压力能的装置，为各类液（气）压设备提供动力。

（2）执行元件。包括各种缸和马达。它的功用是将液体或气体的压力能转变为机械能，实现工作机构所需要的动力和运动。

（3）控制调节元件。如压力阀、流量阀、方向阀等。它们的作用是控制执行元件的压力、流量和方向，以保证执行元件完成预期的工作运动。

2

（4）辅助元件。是使工作介质（油或气）储存、输送、净化、润滑、测量以及用于元件间连接的装置，如过滤器、油管、压力计、流量计、油箱、油雾器、消声器等。

（5）工作介质。用它进行能量和信号的传递。液压系统以液压油液作为工作介质，气动系统以压缩空气作为工作介质。

（三）图形符号

为了简化液压、气动系统的表示方法，通常采用图形符号来绘制系统的原理图。各类元件的图形符号脱离了具体结构，只表示其职能，由它们组成的系统原理图表达了系统的工作原理及各元件在系统中的作用。目前，我国液压与气压传动系统图采用 GB/T 786.1—1993 所规定的图形符号绘制。

知识点 2　液压与气压传动的优缺点

（一）液压与气压传动系统的优点

（1）质量小、体积小、反应快。无论是液压传动元件还是气压传动元件，在输出相同的功率条件下，体积和质量相对较小，因此惯性力小，动作灵敏。这对制造自动控制系统很重要。

（2）实现无级调速，调速范围大，可在系统运行中调速，还可获得很低的速度。

（3）操作简单，调整控制方便，易于实现自动化。特别是和机、电联合使用，能方便地实现复杂的自动工作循环。

（4）便于实现"三化"，即系列化、标准化和通用化。

（5）便于实现过载保护，使用安全、可靠。

由于液压传动与气压传动工作介质不同，因此它们还具有不同的优点。例如，液压传动可输出较大的推力和转矩，传动平稳；液压系统能够自润滑，因此液压元件使用寿命长，而气动元件在气压传动中需设置给油润滑装置。气压传动的优点是：工作介质是空气，取之不尽，用之不竭，用后直接排入大气，干净而不污染环境，特别是在食品加工、纺织、印刷、精密检测等高净化、无污染场合，有很好的发展前途。因空气的黏度很小，约为油黏度的万分之一，其损失也很小，因此气压传动的效率也高于液压传动，适宜于远距离输送和集中供气。

（二）液压与气压传动系统的缺点

（1）元件制作精度要求高，系统要求封闭、不泄气、不泄油，因而加工和装配的难度较大，使用和维护的要求较高。

（2）实现定比传动困难，因此不适用于传动比要求严格的场合，例如螺纹和齿轮加工机床的传动系统。

（3）系统出现故障不易查出原因。平时维护要求高，洁净度好。

总的来说，液压与气压传动的优点是主要的，其缺点将随着科学技术的发展会不断得到克服。例如，将液压传动与气压传动、电力传动、机械传动合理地联合使用，构成气液、电液（气）、机液（气）等联合传动，以进一步发挥各自的优点，相互补充，弥补某些不足之处。

任务实施

1. 观察液压实验台

(1) 认识液压实验台上的元件名称，认识各个元件的外形和符号，观察液压实验台的外形、结构、组成。

(2) 液压元件的识别。

2. 分析液压传动的工作原理

(1) 压力的建立与调整。

(2) 液压缸运动方向的控制与换向。

(3) 液压缸运动速度的控制与调整。

3. 抄写液压实验使用的元件名称和图形符号

4. 安全注意事项

(1) 液压气动实训要与电和高压油、压缩空气打交道，要保证实训设备和元器件的完好性。

(2) 要正确地安装和固定好元件。

(3) 管路要连接牢固，软管脱出可能会引起事故。

(4) 限位元件不应放在动作杆的对面，而应使其侧面与杆接触。

(5) 不得使用超过限制的工作压力。

(6) 要按要求接好回路，检查无误后才能启动电机。

(7) 实训现象不能按要求实现时，要仔细检查错误点，认真分析产生错误的原因。

(8) 做液压实训时，在有压力的情况下不准拆卸管子；做气动实训时，在有压力的情况下拆卸某软管，应握紧软管的端头。

(9) 要严格遵守各种安全操作规程。

知识拓展

知识点　液压与气动技术的应用与发展

液压与气压传动相对于机械传动来说是一门新兴技术。虽然从 17 世纪中叶帕斯卡提出静压传递原理、18 世纪末英国制造出世界上第一台水压机算起，已有几百年的历史，但液压与气压传动在工业上被广泛采用和有较大幅度的发展却是 20 世纪中期以后的事情。

近代液压传动是由 19 世纪崛起并蓬勃发展的石油工业推动起来的，最早实践成功的液压传动装置是舰艇上的炮塔转位器，其后才在机床上应用。第二次世界大战期间，由于军事工业和装备迫切需要反应迅速、动作准确、输出功率大的液压传动及控制装置，促使液压技术迅速发展。第二次世界大战后，液压技术很快转入民用工业，在机床、工程机械、冶金机械、塑料机械、农林机械、汽车、船舶等行业得到了大幅度的应用和发展。20 世纪 60 年代以后，随着原子能、空间技术、电子技术等方面的发展，液压技术向更广阔的领域渗透，发展成为包括传动、控制和检测在内的一门完整的自动化技术。现今,采用液压传动的程度已成为衡量一个国家工业水平的重要标志之一。如发达国家生产的95％的工程机械、90％的数控加工中心、95％以上的自动线都采用了液压传动。

随着液压机械自动化程度的不断提高,液压元件应用数量急剧增加,元件小型化、系统集成化是必然的发展趋势。特别是近十年来,液压技术与传感技术、微电子技术密切结合,出现了许多诸如电液比例控制阀、数字阀、电液伺服液压缸等机(液)电一体化元器件,使液压技术在高压、高速、大功率、节能高效、低噪声、使用寿命长、高度集成化等方面取得了重大进展。无疑,液压元件和液压系统的计算机辅助设计(CAD)、计算机辅助试验(CAT)和计算机实时控制也是当前液压技术的发展方向。

人们很早就懂得用空气作工作介质传递动力做功,如利用自然风力推动风车、带动水车提水灌田,近代用于汽车的自动开关门、火车的自动抱闸、采矿用风钻等。因为空气作工作介质具有防火、防爆、防电磁干扰,抗振动、冲击、辐射等优点,近年来气动技术的应用领域已从汽车、采矿、钢铁、机械工业等重工业迅速扩展到化工、轻工、食品、军事工业等各行各业。和液压技术一样,当今气动技术也发展成包含传动、控制与检测在内的自动化技术,作为柔性制造系统(FMS)在包装设备、自动生产线和机器人等方面成为不可缺少的重要手段。由于工业自动化以及FMS的发展,要求气动技术以提高系统可靠性、降低总成本与电子工业相适应为目标,进行系统控制技术和机电液气综合技术的研究和开发。显然,气动元件的微型化、节能化、无油化是当前的发展特点,与电子技术相结合产生的自适应元件,如各类比例阀和电气伺服阀,使气动系统从开关控制进入到反馈控制。计算机的广泛普及与应用为气动技术的发展提供了更加广阔的前景。

小　结

液压与气压传动是机械设备中被广泛采用的传动方式之一。本章主要介绍了液压传动及气压传动的工作原理、液压传动及气压传动系统的组成及特点。流体传动是以流体为工作介质进行能量转换、传递和控制的传动,由动力元件、执行元件、控制调节元件及辅助元件等组成。

思考与练习

1-1　何谓液压传动?液压传动的基本工作原理是什么?

1-2　液压传动系统有哪些基本组成部分?试说明各组成部分的作用。

1-3　液压传动与机械传动、电气传动比较,有哪些主要的优缺点?

1-4　深入企业,写一份3000字左右的调查报告,了解液压与气动技术的应用。

项目 2　液压油的使用与维护

液压油是液压系统中的传动介质，而且还对液压装置的机构、零件起着润滑、冷却和防锈作用。液压传动系统的压力、温度和流速在很大的范围内变化，因此液压油的质量优劣直接影响液压系统的工作性能。

【知识目标】

1. 液压油的主要物理性质。
2. 液压油的使用要求与选择方法。
3. 液压传动的基本理论。

【能力目标】

1. 能正确选择和使用液压油。
2. 能掌握伯努利方程的分析应用。

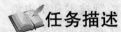 **任务描述**

任务：液压传动系统压力的形成

操作如图 2-19 所示简单液压传动系统，分析其工作压力形成过程，以掌握压力的概念、工作压力的形成及工作压力取决于负载的功能等。

知识链接

液体是液压传动的工作介质，因此，了解液体的基本性质，掌握液体平衡和运动的主要力学规律，对于正确理解液压传动原理以及合理使用液压系统都是十分重要的。

知识点 1　液压油的物理性质

（一）密度

单位体积液体的质量称为该液体的密度，用 ρ 表示，即

$$\rho = m/V \quad (\text{kg/m}^3) \tag{2-1}$$

式中　m——体积为 V 的液体的质量；

　　　V——液体的体积；

　　　ρ——液体的密度。

液体的密度随温度的升高而下降，随压力的增加而增大。对于液压传动中常用的液压油（矿物油）来说，在常用的温度和压力范围内，密度变化很小，可视为常数。在计算时，常取 15℃时的液压油密度 $\rho = 900\text{kg/m}^3$。

（二）可压缩性

液体受压力作用而发生体积减小的性质称为液体的可压缩性。可压缩性的大小用体

积压缩系数 k 来表示，其定义为液体在单位压力变化下的体积相对变化量，即

$$\kappa=-\frac{1}{\Delta p}\left(\frac{\Delta V}{V}\right) \quad (\mathrm{m^2/N}) \qquad (2-2)$$

式中　V——增压前液体的体积；

　　　ΔV——压力变化 Δp 时液体体积的变化量；

　　　Δp——液体压力的变化量。

由于压力增大时液体的体积减小，因此上式的右边须加一负号，使 k 为正值。常用液压油的体积压缩系数 $k=(5\sim7)\times10^{-10}\mathrm{m^2/N}$。

（三）黏性与黏度

1. 黏性

在日常生活中都有这样体验：将手从液体中取出时，手上总是粘了层液体，究其原因是当液体在外力作用下流动时，由分子间的内聚力（液体内部分子之间引力的作用效果）而产生一种阻碍液体分子之间进行相对运动的内摩擦力。液体的这种产生内摩擦力的性质称为液体的黏性。黏性是液体的重要物理性质，也是选择液压用油的主要依据。

图 2-1 所示为在两个平行平板之间充满液体，两平行平板间的距离为 h，当上平板以速度 u_0 相对于静止的下平板向右移动时，紧贴于上平板极薄的一层液体，在附着力的作用下，随着上平板一起以 u_0 的速度向右运动；紧贴于下平板极薄的一层液体和下平板一起保持不动；而中间各层液体则从上到下按递减的速度向右运动，这是因为相邻两薄层液体间存在内摩擦力，该力对上层液体起阻滞作用，而对下层液体起拖曳作用。当两平板间的距离较小时，各液层的速度按线性规律分布。

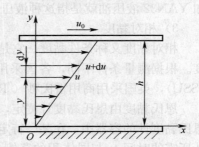

图 2-1　液体黏性示意图

实验测定指出：液体流动时，相邻液层间的内摩擦力 F 与液层间的接触面积 A 和液层间相对运动的速度 $\mathrm{d}u$ 成正比，而与液层间的距离 $\mathrm{d}y$ 成反比，即

$$F=\mu A \frac{\mathrm{d}u}{\mathrm{d}y} \qquad (2-3)$$

若用单位面积上的摩擦力 τ（切应力）来表示，则式（2-3）可以改写为

$$\tau=\frac{F}{A}=\mu \frac{\mathrm{d}u}{\mathrm{d}y} \qquad (2-4)$$

式中　μ——比例系数，称为动力黏度；

　　　$\mathrm{d}u/\mathrm{d}y$——速度梯度，即相对运动速度对液层距离的变化率。

式（2-4）称为牛顿液体内摩擦定律。

由式（2-4）可知，在静止液体中，因速度梯度 $\mathrm{d}u/\mathrm{d}y=0$，故内摩擦力为零，因此液体在静止状态下是不呈现黏性的。

2. 黏度

液体黏性的大小用黏度表示。常用的黏度有三种，即动力黏度、运动黏度和相对黏度。

1）动力黏度 μ

动力黏度又称绝对黏度，它表征液体黏性的内摩擦系数，由关系可得

$$\mu = \frac{\tau}{\mathrm{d}u/\mathrm{d}y} \qquad (2-5)$$

由此可知，液体动力黏度的物理意义是：当速度梯度等于1时，流动液体液层间单位面积上的内摩擦力。动力黏度 μ 的法定计量单位是 $N \cdot s/m^2$ 或用 $Pa \cdot s$ 表示。

2）运动黏度 ν

动力黏度 μ 和液体密度 ρ 之比值称为运动黏度，用 ν 表示，即

$$\nu = \frac{\mu}{\rho} \qquad (2-6)$$

运动黏度 ν 没有明确的物理意义。因为在其单位中只有长度和时间的量纲，所以称为运动黏度，它在液压分析和计算中是一个经常遇到的物理量。运动黏度 ν 的法定计量单位是 mm^2/s。

就物理意义来说，运动黏度 ν 并不是一个黏度的量，但工程中常用它来标志液体的黏度。如液压油的牌号，就是这种油液在40℃时的运动黏度 ν（mm^2/s）的平均值。例如 YAN32 液压油就是指这种液压油在40℃时的运动黏度 ν 的平均值为 $32mm^2/s$。

3）相对黏度

相对黏度又称条件黏度。它是采用特定的黏度计，在规定的条件下测出来的液体黏度。根据测量条件不同，各国采用的相对黏度的单位也不同，如美国采用国际赛氏秒（SSU），英国采用商用雷氏秒（"R），我国和欧洲一些国家采用恩氏黏度（°E）。

恩氏黏度由恩氏黏度计测定，即将 $200cm^3$ 的被测液体装入底部有 $\phi2.8mm$ 小孔的恩氏黏度计的容器中，在某一特定温度 t（℃）时，测定全部液体在自重作用下流过小孔所需的时间 t_1 与同体积的蒸馏水在20℃时流过同一小孔所需的时间 t_2（$t_2 = 50s \sim 52s$）之比值，便是该液体在 t（℃）时的恩氏黏度。恩氏黏度用符号 $°E_t$ 表示，即

$$°E_t = \frac{t_1}{t_2} \qquad (2-7)$$

恩氏黏度和运动黏度之间可用下面经验公式换算：

$$\nu = \left(7.31°E_t - \frac{6.31}{°E_t}\right) \times 10^{-6} \quad (m^2/s) \qquad (2-8)$$

3. 黏度与压力的关系

当压力增加时，液体分子间距离减小，内聚力增加，其黏度也有所增加。在液压系统中，若系统的压力低于5MPa时，压力对黏度的影响较小，一般可忽略不计。当压力高于50MPa时，压力对黏度的影响较明显，则必须考虑压力对黏度的影响。

4. 黏度与温度的关系

液压油的黏度对温度的变化很敏感，温度升高，黏度将显著降低。油液黏度的变化直接影响液压系统的性能和泄漏量，因此希望黏度随温度的变化越小越好。不同的油液有不同的黏度温度变化关系，这种关系叫做油液的黏温特性。

液压油的黏温特性可以用黏度指数Ⅵ来表示，其值越大，表示油液黏度随温度的变化率越小，即黏温特性越好。一般液压油要求其值在90以上，精制的液压油及加有添加剂的液压油，其值可大于100。

8

（四）其他特性

液压油还有其他一些物理化学性质，如抗燃性、抗氧化性、抗泡沫性、抗乳化性、防锈性、抗磨性等，这些性质对液压系统的工作性能也影响较大。对于不同品种的液压油，这些性质的指标是不同的，具体应用时可查油类产品手册。

知识点 2　液压油的选用

（一）液压传动系统对工作介质的要求

液压油既是液压传动与控制的工作介质，又是各种液压元件的润滑剂，因此液压油的性能会直接影响液压系统的性能，如工作可靠性、灵敏性、稳定性、系统效率和零件寿命等。

不同的工作机械、不同的使用情况对液压传动系统工作介质的要求有很大不同。为了很好地传递运动和动力，选用液压油时应满足下列要求：

（1）黏温性好。在使用温度范围内，黏度随温度的变化越小越好。

（2）润滑性能好。在规定的范围内有足够的油膜强度，以免产生干摩擦。

（3）化学稳定性好。在储存和工作过程中不易氧化变质，以防胶质沉淀物影响系统正常工作；防止油液变酸，腐蚀金属表面。

（4）质地纯净，抗泡沫性好。油液中含有机械杂质易堵塞油路，若含有易挥发性物质，则会使油液中产生气泡，影响运动平稳性。

（5）闪点要高，凝固点要低。油液用于高温场合时，为了防火安全，要求闪点高；在温度低的环境下工作时，要求凝固点低。一般液压系统中所用液压油的闪点为 130℃～150℃；凝固点为 -10℃～-15℃。

（二）工作介质的分类

液压油的品种很多，主要可分为三大类型：矿物油型、合成型和乳化型。液压油的主要品种及性质见表 2-1。

表 2-1　液压油的主要品种及其性质

种　类 性　能	可燃性液压油			抗燃性液压油			
	矿物油型			合成型		乳化型	
	通用液压油	抗磨液压油	低温液压油	磷酸脂液	水-乙二醇液	油包水液	水包油液
密度/（kg·m^{-3}）	850～900			1100～1500	1040～1100	920～940	1000
黏度	小～大	小～大	小～大	小～大	小～大	小	小
黏度指数Ⅵ不小于	90	95	130	130～180	140～170	103～150	极高
润滑性	优	优	优	优	良	良	可
防锈蚀性	优	优	优	良	良	良	可
闪点（℃）不低于	170～200	170	150～170	难燃	难燃	难燃	不燃
凝点（℃）不高于	-10	-25	-35～-45	-20～-50	-50	-25	-5

（三）工作介质的选用

选择液压用油首先要考虑的是黏度问题。在一定条件下，选用的油液黏度太高或太低都会影响系统的正常工作。黏度高的油液流动时产生的阻力较大，克服阻力所消耗的功率较大，而此功率损耗又将转换成热量使油温上升。黏度太低，会使泄漏量加大，使系统的容积效率下降。一般液压系统的油液黏度为 $\nu_{40} = (10 \sim 60) \times 10^{-6} \, m^2/s$，更高黏度的油液应用较少。

在选择液压油时要根据具体情况或系统的要求来选用合适黏度的油液。选择时一般考虑以下几个方面。

（1）液压系统的工作压力。工作压力较高的液压系统宜选用黏度较大的液压油，以减少系统泄漏；反之，可选用黏度较小的液压油。

（2）环境温度。环境温度较高时宜选用黏度较大的液压油。

（3）运动速度。液压系统执行元件运动速度较高时，为减小液流的功率损失，宜选用黏度较低的液压油。

（4）液压泵的类型。在液压系统的所有元件中，以液压泵对液压油的性能最为敏感，因为泵内零件的运动速度很高，承受的压力较大，润滑要求苛刻，温升高。因此，常根据液压泵的类型及要求来选择液压油的黏度。

各类液压泵适用的油液黏度范围见表 2-2。

表 2-2　液压泵适用油液的黏度表

液压泵类型		环境温度 5℃～40℃ $\nu/\times 10^{-6} m^2/s$ (40℃)	环境温度 40℃～80℃ $\nu \times 10^{-6}$ (m²/s) (40℃)
叶片泵	$P < 7MPa$	30～50	40～75
	$P \geqslant 7MPa$	50～70	55～90
齿 轮 泵		30～70	95～165
轴向柱塞泵		40～75	70～150
径向柱塞泵		30～80	65～240

知识点 3　液体静力学基础

液体静压力是研究液体处于相对平衡状态下的力学规律以及这些规律的应用。这里所说的相对平衡，是指液体内部质点之间没有相对运动，至于液体整体，完全可以像刚体一样作各种运动。

（一）液体的压力

1. 液体的静压力及其特性

静止液体在单位面积上所受的法向力称为静压力，如果在液体内某点处微小面积 ΔA 上作用有法向力 ΔF，则 $\Delta F/\Delta A$ 的极限就是该点的静压力，用 p 表示，即

$$p = \lim_{\Delta A \to 0} \frac{\Delta F}{\Delta A}$$

（2-9）

若在液体的面积上，所受的为均匀分布的作用力 F 时，则静压力可表示为

$$p = \frac{F}{A} \qquad (2-10)$$

液体的静压力在物理学上称为压强，但在液压传动中习惯称为压力。

液体的静压力有如下特性：

（1）液体静压力垂直于作用面，其方向与该面的内法线方向一致。

（2）静止液体内，任意点处的静压力在各个方向上都相等。

2. 静压力基本方程

在重力作用下的静止液体，其受力情况如图 2-2（a）所示，除了液体重力、液面上的外加压力之外，还有容器壁面作用在液体上的反压力。如要计算离液面深度为 h 处某一点的压力时，可以取出底面包含该点的一个微小垂直液柱来研究，如图 2-2（b）所示。液柱顶面受外加压力 p_0 作用，底面上所受的压力为 p，微小液柱的端面积为 ΔA，高为 h，其体积为 $h\Delta A$，则液柱的重力为 $\rho g h \Delta A$，并作用于液柱的重心上。作用

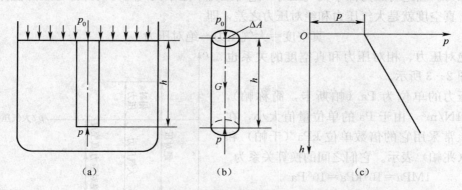

图 2-2　静止液体内的压力分布规律

于液柱侧面上的力，因为对称分布而相互抵消。由于液体处于平衡状态，在垂直方向上的力存在如下关系：

$$p\Delta A = p_0 \Delta A + \rho g h \Delta A \qquad (2-11)$$

式（2-11）两边同除以 ΔA，则得

$$p = p_0 + \rho g h \qquad (2-12)$$

式（2-12）即为液体静压基本方程。由式（2-12）可知：

（1）静止液体内任一点处的压力由两部分组成：一部分是液面上的压力 p_0；另一部分是该点以上液体的自重所产生的压力 $\rho g h$。当液面上只受大气压力 p_a 时，式（2-12）可改写为

$$p = p_a + \rho g h \qquad (2-13)$$

（2）静止液体内的压力沿液深呈线性规律分布，如图 2-2（c）所示。

（3）离液面深度相同处各点的压力相等。压力相等的所有点组成的面称为等压面。在重力作用下静止液体中的等压面是一个水平面。

（4）对静止液体，若液面压力为 p_0，液面与基准水平面的距离为 h_0；液体内任一点的压力为 p，与基准水平的距离为 h，则由静压力基本方程式可得

$$\frac{p_0}{\rho g} + h_0 = \frac{p}{\rho g} + h = 常数 \tag{2-14}$$

式中　$p_0/\rho g$——静止液体中单位重量液体的压力能；

　　　　h——单位重量液体的势能。

式（2-14）的物理意义为静止液体中任一质点的总能量保持不变，即能量守恒。

3. 压力的表示方法及单位

根据度量基准的不同，液体压力分为绝对压力和相对压力两种。绝对压力是以绝对零压力作为基准来进行度量，相对压力是以当地大气压为基准来进行度量。显然

绝对压力＝大气压力＋相对压力

因大气中的物体受大气压的作用是自相平衡的，所以大多数压力表测得的压力值是相对压力，故相对压力又称表压力。在液压技术中所提到的压力，如不特别指明，均为相对压力。当绝对压力低于大气压时，绝对压力不足于大气压力的那部分压力值称为真空度。真空度就是大气压力和绝对压力之差，即

真空度＝大气压力－绝对压力

绝对压力、相对压力和真空度的关系也可如图2-3所示。

压力的单位为 Pa（帕斯卡，简称帕），$1Pa=1N/m^2$，由于 Pa 的单位量值太小，在工程上常采用它的倍数单位 kPa（千帕）和 MPa（兆帕）表示。它们之间的换算关系为

$$1MPa=10^3 kPa=10^6 Pa$$

压力的单位还有标准大气压（atm）以及以前沿用的单位 bar（巴）、工程大气压 at（即 kgf/cm^2）、水柱高或汞柱高等，各压力的换算关系为

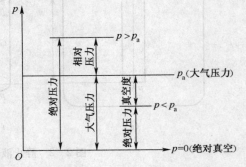

图2-3　绝对压力、相对压力和真空度的关系

$$1atm=0.101325\times10^6 Pa$$
$$1bar=10^5 Pa$$
$$1at=0.981\times10^5 Pa$$
$$1m\ H_2O=9.8\times10^3 Pa$$
$$1mm\ Hg（毫米汞柱）=1.33\times10^2 Pa$$

（二）压力的传递

由静力学基本方程可知，静止液体中任意一点处的压力都包含了液面上的压力 p_0。这说明在密闭的容器中，由外力作用所产生的压力可以等值地传递到液体内部的所有各点。这就是帕斯卡原理。

通常在液压传动系统中，由外力产生的压力 p_0 要比由液体自重所产生的压力 ρgh 大很多。例如液压缸、管道的配置高度一般不超过10m，如取油液的密度为 $900kg/m^3$，则由油液自重所产生的压力 $\rho gh=900\times9.8\times10=0.0882\times10^6 Pa=0.882MPa$，而液压

系统内的压力常常在几兆帕到几十兆帕之间。因此，为使问题简化，在液压系统中，由液体自重所产生的压力常忽略不计，一般认为静止液体内压力处处相等。

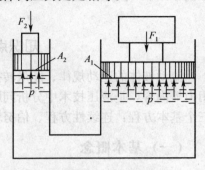

图 2-4 为两个面积分别为 A_1、A_2 的液压缸，缸内充满液体并用连通管使两缸相通。作用在大活塞上的负载为 F_1，缸内液体压力为 p_1，$p_1 = F_1/A_1$；小活塞上作用一个推力 F_2，缸内的压力为 p_2，$p_2 = F_2/A_2$。

根据帕斯卡原理 $p_1 = p_2 = p$，则

$$F_1/A_1 = F_2/A_2 = p \quad 或$$

$$F_1 = F_2 \frac{A_1}{A_2} \qquad (2-15)$$

图 2-4 液压起重原理

由式（2-15）可知，由于（A_1/A_2）>1，因此用一个很小的推力 F_2，就可以推动一个比较大的负载 F_1。液压千斤顶就是根据此原理制成的。

由式（2-15）还可知，若负载 F_1 增大，系统压力 p 也增大；反之，系统压力 p 减小；若负载 $F_1 = 0$，当忽略活塞重量及其他阻力时，不论怎样推动小液压缸活塞，也不能在液体中形成压力。这说明压力 p 是液体在外力作用下，受到挤压而形成和传递的。由此，可得出一个很重要的概念：液压系统中，液体的压力是由外负载决定的。

（三）液体作用于容器壁面上的力

液体和固体壁面相接触时，固体壁面将受到液体静压力的作用。由于静压力近似处处相等，所以可认为作用于固体壁面上的压力是均匀分布的。

当固体壁面为一平面时，作用在该面上静压力的方向与该平面垂直，是相互平行的。作用力 F 为液体的压力 p 与该平面面积的乘积，即

$$F = pA \qquad (2-16)$$

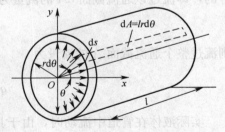

当固体壁面为一曲面时，作用在曲面上各点静压力的方向均垂直于曲面，互相是不平行的。在工程上通常只需计算作用于曲面上的力在某一指定方向上的分力。例如图 2-5 所示液压缸缸体，其半径为 r，长度为 l。如需求出液压油对缸体右半壁内表面的水平作用力 F_x 时，可在缸体上取一微小窄条，宽为 ds，其面积 $dA = lds = lrd\theta$，则液压油作用于这块面积上的力 dF 的水平分力 dF_x 为

图 2-5 缸体受力计算图

$$dF_x = dF\cos\theta = pdA\cos\theta = plr\cos\theta d\theta$$

对上式积分，得缸体右侧内壁面上所受的 x 方向的作用力为

$$F_x = \int_{-\pi/2}^{\pi/2} plr\cos\theta d\theta = plr\left[\sin\frac{\pi}{2} - \sin\left(-\frac{\pi}{2}\right)\right] = 2rlp \qquad (2-17)$$

式中 $2rl$——曲面在受力方向上的投影面积 A_x。

由此可得出：液压力在曲面某方向上的分力 F_x，等于液体压力 p 与曲面在该方向上投影面积 A_x 的乘积，即

$$F_x = pA_x \qquad (2-18)$$

知识点 4 液体动力学方程

流动液体的运动规律、能量转换以及流动液体与限制其流动的固体壁面间的相互作用力等内容，是液压技术中分析问题和设计计算的理论依据。本节主要阐明流动液体的三个基本方程：连续性方程、伯努利方程和动量方程。

(一) 基本概念

1. 理想液体和恒定流动

由于液体具有黏性，因此在研究流动液体时必须考虑黏性的影响。液体中的黏性问题非常复杂，为了便于分析和计算，可先假设液体没有黏性，然后再考虑黏性的影响，并通过实验验证等办法对上述结论进行补充或修正。这种方法同样可用来处理液体的可压缩性问题。为此，把既无黏性也不可压缩的假想液体称为理想液体，而把事实上既有黏性又可压缩的液体称为实际液体。

液体流动时，若液体中任何一点的压力、流速和密度都不随时间而变化，这种流动就称为恒定流动。反之，如流动时压力、流速和密度中任何一个参数会随时间而变化，则称为非恒定流动（也称定常流动）。

2. 通流截面、流量和平均流速

液体在管道中流动时，垂直于流动方向的截面称为通流截面。

单位时间内流过通流截面的液体体积为体积流量，简称流量，用 q_V 表示，单位为 m^3/s，工程上也常用 L/min。

设在液体中取一微小通流截面 dA（图 2-6 (a)），可以认为截面上各点流速 u 是相等的，即流过该通流截面 dA 的流量为

$$dq_V = udA$$

则流过整个通流截面 A 的流量为

$$q_V = \int_A udA \qquad (2-19)$$

实际液体在管道中流动时，由于具有黏性，通流截面上各点的速度 u 一般是不等的，如图 2-6 (b) 所示。欲求流速 u 在整个通流截面上的分布规律较困难，故按公式计算流量较难。为了便于解决问题，引入了平均流量的概念。即假想流经通流截面的流速是均匀分布的，液体按平均流速流动通过通流截面的流量等于以实际流速流过的流量，即

$$q_V = \int_A udA = vA$$

由此得出通流截面上的平均流速为

$$v = q_V/A \qquad (2-20)$$

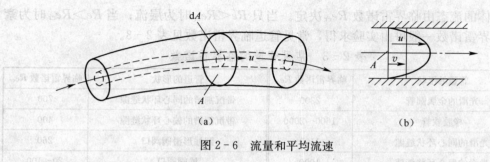

图2-6 流量和平均流速

3. 层流、紊流、雷诺数

液体的流动有两种状态：层流和紊流。这两种流动状态的物理现象可以通过一个实验观察出来，这就是雷诺实验。

实验装置如图2-7（a）所示。水管2向水箱6充水，并由溢流管1保持水箱的水面为恒定，容器3盛有红颜色水，打开阀门8后，水就从管道7中流出，这时打开阀门4，红色水即从3流入管道7中。根据红色水在管道7中的流动状态，即可观察出管道中水的流动状态。当管道中水的流速较低时，红色水在管道中呈明显的直线，如图2-7（b）所示。这时可看到红线与管道轴线平行，红色线条与周围液体没有任何混杂现象，表明管中的水流是分层的，层与层之间互不干扰，液体的这种流动状态称为层流。

将阀门8逐渐开大，当管道中水的流速逐渐增大到某一值时，可看到红线开始曲折，如图2-7（c）所示，表明液体质点在流动时不仅沿轴向运动还有横向运动，若管道中流速继续增大，则可看到红线成紊乱状态，完全与水混合，如图2-7（d）所示，这种无规律的流动状态称紊流。

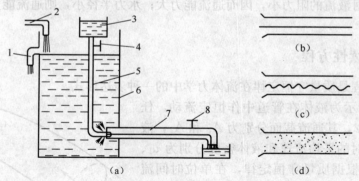

图2-7 雷诺实验装置

1—溢流管；2—水管；3—容器；4、8—阀门；5、7—管道；6—水箱。

在层流与紊流之间的中间过渡状态是一种不稳定的流态，一般按紊流处理。

如果将阀门逐渐关小，会看到相反的过程。实验证明，液体在管中流动时是层流还是紊流，不仅与管内平均流速有关，还和管径 d、液体的运动黏度 ν 有关。而决定流动状态的，是这三个参数所组成的一个称为雷诺数 Re 的无因次量，即

$$Re = \frac{vd}{\nu}$$ （2-21）

液体流动时雷诺数相同，则其流动状态也相同。

液体的流态由临界雷诺数 Re_{cr} 决定。当只 $Re<Re_{cr}$ 时为层流；当 $Re>Re_{cr}$ 时为紊流。临界雷诺数一般可由实验求得，常见管道临界雷诺数见表 2-3。

表 2-3　常见管道的临界雷诺数

管道的形状	临界雷诺数 Re_{cr}	管道的形状	临界雷诺数 Re_{cr}
光滑的金属圆管	2300	带沉割槽的同心环状缝隙	700
橡胶软管	1600~2000	带沉割槽的偏心环状缝隙	400
光滑的同心环状缝隙	1100	圆柱形滑阀阀口	260
光滑的偏心环状缝隙	1000	锥阀阀口	20~100

雷诺数的物理意义：雷诺数是液流的惯性力对黏性力的无因次比，当雷诺数大时，惯性力起主导作用，这时液体流态为紊流。当雷诺数小时，黏性力起主导作用，这时液体流态为层流。

对于非圆截面的管道，液流的雷诺数可按下式计算：

$$Re=\frac{4vR}{\nu}\tag{2-22}$$

式中　R——通流截面的水力半径。

水力半径 R，是指通流有效截面积 A 和其湿周（有效截面的周界长度）X 之比，即

$$R=\frac{A}{X}\tag{2-23}$$

水力半径的大小对管道的通流能力影响很大。水力半径大意味着液流和管壁的接触周长短，管壁对液流的阻力小，因而通流能力大；水力半径小，则通流能力就小，管路容易堵塞。

（二）连续性方程

连续性方程是质量守恒定律在流体力学中的一种表达形式。

图 2-8 所示为液体在管道中作恒定流动，任意取截面 1 和 2，其通流截面分别为 A_1 和 A_2，液体流经两截面时的平均流速和液体密度分别为 v_1、ρ_1 和 v_2、ρ_2。根据质量守恒定律，在单位时间流过两个断面的液体质量相等，即

$$\rho_1 v_1 A_1=\rho_2 v_2 A_2=常数$$

当忽略液体的可压缩性时，$\rho_1=\rho_2$，则得

$$v_1 A_1=v_2 A_2=常数$$

或

$$q_V=v_1 A_1=v_2 A_2=常数\tag{2-24}$$

由于通流截面是任意选取的，故

$$q_V=vA=常数\tag{2-25}$$

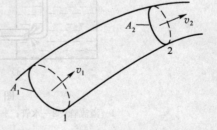

图 2-8　连续性方程示意图

这就是液流的流量连续性方程。该方程说明：在管道中作恒定流动的不可压缩液体流过各截面的流量是相等的，因而流速与通流面积成反比。

（三）伯努利方程

伯努利方程是能量守恒定律在流动液体中的表现形式，它主要反映动能、势能、压力能三种能量的转换。

1. 理想液体的伯努利方程

图 2-9 表示液流流束的一部分，其内取截面 1、2 所围的一段恒定流动的理想液体，在很短时间 $\mathrm{d}t$ 内，从截面 1、2 流到 $1'$、$2'$。因为移动距离很小，在从 1 到 $1'$ 和 2 到 $2'$ 这两小段范围内，通流截面、压力、流速和高度均可认为不变。

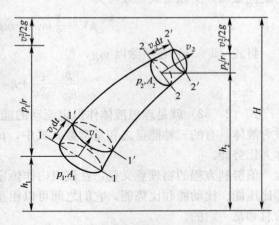

图 2-9　伯努利方程示意图

设 1、2 截面处的通流截面分别为 A_1、A_2，压力分别为 p_1、p_2，流速分别为 v_1、v_2，截面中心高度分别为 h_1、h_2。1-2 段液体前后分别受到作用力 p_1A_1 和 p_2A_2，当 1-2 段液体运动到 $1'$-$2'$ 时，外力所作的总功 W 为

$$W = p_1 v_1 A_1 \mathrm{d}t - p_2 v_2 A_2 \mathrm{d}t \tag{2-26}$$

根据液流的连续性原理有

$$A_1 v_1 = A_2 v_2$$

或

$$A_1 v_1 \mathrm{d}t = A_2 v_2 \mathrm{d}t = V \tag{2-27}$$

式中　V——1-$1'$ 或 2-$2'$ 微小段液体的体积。

将两式整理得

$$W = p_1 V - p_2 V \tag{2-28}$$

再来考察 1-2 段液体流到 $1'$-$2'$ 时的能量变化。因为是恒定流动，$1'$-$2'$ 这段液体任一点处的压力和流速均不随时间变化，所以这段液体的能量不会增减，而有变化的仅是微段液流 1-$1'$ 移到 2-$2'$ 的位置高度和流速，从而引起势能和动能的变化，其总变化量 ΔE 为

$$\Delta E = \frac{1}{2} m v_2^2 + mgh_2 - \frac{1}{2} m v_1^2 - mgh_1 \tag{2-29}$$

式中　m——1-$1'$ 或 2-$2'$ 微段液体的质量；

　　　g——重力加速度。

因假设为理想液体，没有黏滞能量损耗，故 1-2 段液体流到 $1'$-$2'$ 后所增加的能量应等于外力对其所做的功，即

$$W = \Delta E \tag{2-30}$$

将两式整理得

$$p_1 V - p_2 V = \frac{1}{2} m v_2^2 + mgh_2 - \frac{1}{2} m v_1^2 - mgh_1$$

或

$$p_1 V + \frac{1}{2} m v_1^2 + mgh_1 = p_2 V + \frac{1}{2} m v_2^2 + mgh_2$$

因为 1、2 两通流截面位置是任意取的，故上式所表示的关系适用于流束内任意两个通流截面，所以上式可改写为

$$pV + \frac{1}{2} m v^2 + mgh = 常数 \tag{2-31}$$

将式（2-31）各项除以 mg，得

$$\frac{p}{\rho g} + \frac{v^2}{2g} + h = 常数 \tag{2-32}$$

式（2-32）就是理想液体作恒定流动的能量方程，也称伯努利方程。它说明单位重力液体具有的三种能量之和是常数。式中，$p/\rho g$ 称为比压能，$v^2/2g$ 称为比动能，h 称为比势能。

伯努利方程的物理意义是：在流束内作恒定流动的理想液体具有三种形式的比能，即比压能、比动能和比势能，它们之间可以相互转化，但在流束的任一处，这三种比能的总和是一定的。

在伯努利方程中，$p/\rho g$、$v^2/2g$ 和 h 具有长度的量纲，通常又分别称为压力头、速度头和位置头。三者之和为一常量，用 H 表示，图 2-10 中流束各点处的 H 值连线为一水平线，表示流束在任何一处的压力头、速度头和位置头的总和是相等的。

若流束处于水平位置，各通流截面处的位置头均相等（或位置高低的影响甚小可以忽略不计时），则通流截面小的地方，液体流速就高，而该处的压力就低。

2. 实际液体的伯努利方程

液压传动中使用的液压油都具有黏性，流动时必须考虑因黏性而损失一部分能量。另外，实际液体的黏性使流束的通流截面上各点的真实流速并不相同，精确计算时必须引进动能修正系数。因此，实际液体的伯努利方程可写为

$$\frac{p_1}{\rho g} + \frac{a_1 v_1^2}{2g} + h_1 = \frac{p_2}{\rho g} + \frac{a_2 v_2^2}{2g} + h_2 + h_w \tag{2-33}$$

式中 h_w——液体从一个截面运动到另一个截面时，单位重量液体因克服内摩擦而损失的能量；

α_1、α_2——动能修正系数（层流时取 $\alpha = 2$，紊流时取 $\alpha = 1$）。

应用伯努利方程时须注意：

（1）截面 1 和 2 需顺流向选取，否则 h_w 为负值。

（2）截面中心在基准以上时，h 取正值；反之取负值。

（3）两通流截面压力的表示应相同，如 p_1 是相对压力，p_2 也应是相对压力。

例 2-1 液压泵装置如图 2-10 所示，油箱与大气相通，泵吸油口至油箱液面高度为 h，试分析液压泵正常吸油的条件。

解：设以油箱液面为基准面，取油箱液面 1-1 和泵进口

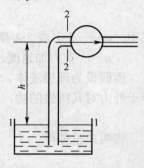

图 2-10 液压泵装置

处截面 2-2 列伯努利方程

$$\frac{p_1}{\rho g}+\frac{v_1^2}{2g}+h_1=\frac{p_2}{\rho g}+\frac{v_2^2}{2g}+h_2+h_w$$

式中：p_1＝大气压＝p，$h_1=0$，$h_2=h$，$v_2=v$，$v_1\approx0$，代入方程后可得

$$\frac{p_a}{\rho g}=\frac{p_2}{\rho g}+h+\frac{v^2}{2g}+h_w$$

即液压泵吸油口的真空度为

$$p_a-p_2=\rho gh+\frac{1}{2}\rho v^2+\rho gh_w$$

当泵安装在油箱液面之上，那么 $h>0$，因 $\rho v^2/2$ 和 ρgh_w 永远是正值，这样泵的进口处必定形成真空度。实际上液体是靠液面的大气压力压进泵去的。如果泵安装在油箱液面以下，那么 $h<0$，当 $|\rho gh|>\frac{1}{2}\rho v^2+\rho gh_w$ 时，泵进口处不形成真空度，油液自行灌入泵内。

在一般情况下，为便于安装维修，泵应安装在油箱液面以上，依靠进口处形成的真空度来吸油。为保证液压泵正常工作，进口处的真空度不能太大。若真空度太大，当绝对压力 p_2 小于油液的空气分离压时，溶于油液中的空气会分离析出形成气泡，产生气穴现象，引起振动和噪声。为此，需限制液压泵的安装高度 h，一般泵的吸油高度 h 值不大于 0.5m，并且希望吸油管内保持较低的流速。

（四）动量方程

动量方程是动量定律在流体力学中的具体应用。在液压传动中，经常需要计算液流作用在固体壁面上的力，这个问题用动量定律来解决比较方便。动量定律指出：作用在物体上的力等于物体的动量变化率，即

$$\sum F=\frac{\mathrm{d}(mv)}{\mathrm{d}t} \tag{2-34}$$

将此定律应用于图 2-11 所示作恒定流动的液体，并取截面 1 和截面 2 所围的控制体积进行分析。由于液流为恒定流动，控制体积内液体在 $\mathrm{d}t$ 时间内的动量变化，实际上是两微小单元 2-2′ 和 1-1′ 液体的动量之差，而在 1′-2 之间所围液体的动量没有变化。若忽略液体的可压缩性，则 $m_{22'}=m_{11'}=\rho q_V \mathrm{d}t$。由此得

$$\mathrm{d}(mv)=m_{22'}v_2-m_{11'}v_1=\rho q_V \mathrm{d}tv_2-\rho q_V \mathrm{d}tv_1$$

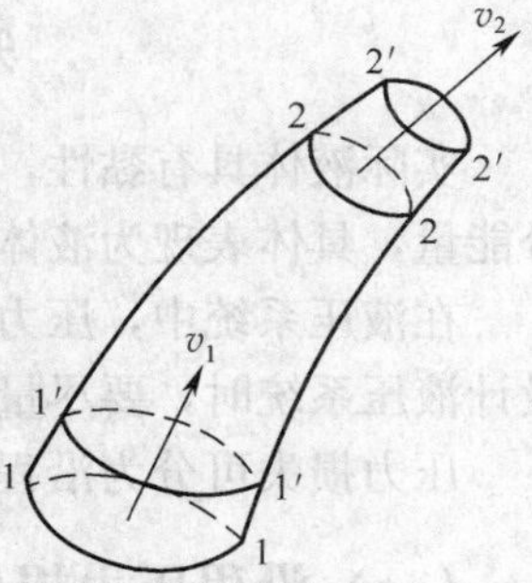

所以

图 2-11 动量方程示意图

$$\sum \boldsymbol{F}=\frac{\mathrm{d}(mv)}{\mathrm{d}t}=\rho q_V \boldsymbol{v}_2-\rho q_V \boldsymbol{v}_1 \tag{2-35}$$

式中　ρ——流动液体的密度；

　　　q_V——液体的流量；

　　　v_1、v_2——液流流经截面 1-1 和 2-2 的平均流速。

式（2-35）即为理想液体作恒定流动时的动量方程。

在应用动量方程时应注意：

(1) 实际液体有黏性，用平均流速计算动量时，会产生误差，为了修正误差，需引入动量修正系数 β。式（2-35）可写为

$$\sum F = \rho q_V (\beta_2 v_2 - \beta_1 v_1) \qquad (2-36)$$

层流时 $\beta = 1.33$，紊流时 $\beta = 1$。

(2) 式（2-35）中，F、v_1 和 v_2 均为矢量，在具体应用时，应将该矢量向某指定方向投影，列出在该方向上的动量方程。如在 x 方向，则有

$$F_x = \rho q_V (\beta_2 v_{2x} - \beta_1 v_{1x}) \qquad (2-37)$$

(3) 式（2-35）中是液体所受到固体壁面的作用力，而液体对固体壁面的作用力与 F 相同，但方向则与 F 相反。

下面以常用的滑阀为例，分析液体对滑阀阀心的作用力（即液动力）。如图 2-12 所示，油液进入阀口的速度为 v_1，油液以一射流角 θ 流出阀口，速度为 v_2。取进、出口之间的液体体积为控制液体，根据动量方程，可求出作用在控制液体上的轴向力 F，即

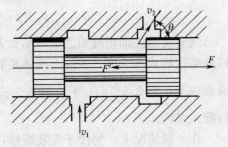

图 2-12　滑阀上的液动力

$$F = \rho q_V (\beta_2 v_2 \cos\theta - \beta_1 v_1 \cos 90°) = \rho q_V \beta_2 v_2 \cos\theta$$

滑阀阀心上所受的液动力 F' 为

$$F' = -F = -\rho q_V \beta_2 v_2 \cos\theta$$

F' 的方向与 $v_2 \cos\theta$ 的方向相反，即阀心上所受的液动力，是使滑阀阀口趋于关闭。

当液流反方向通过该阀时，同理可得相同的结果。由此可见，作用在滑阀阀心上的液动力总是使阀口趋于关闭。

知识点 5　液体流动时的压力损失

实际液体具有黏性，流动时会有阻力产生。为了克服阻力，流动液体需要损耗一部分能量，具体表现为液体的压力损失。

在液压系统中，压力损失使液压能转变为热能，将导致系统的温度升高。因此，在设计液压系统时，要尽量减少压力损失。

压力损失可分为沿程压力损失和局部压力损失。下面分别讨论。

（一）沿程压力损失

液体在直径不变的直管中流动时，由于液体内摩擦力的作用而产生的能量损失，称为沿程压力损失。液体的流动状态不同，所产生的沿程压力损失也有所不同。

如图 2-13（a）所示，假定液体在直径为 d 的管道中流动，状态为层流。在液流中取一微小圆柱体，其内径为 $2r$，长度为 l，圆柱体左端的液压力为 p_1，右端的液压力为 p_2，侧面的切应力为 τ（图 2-13（b））。

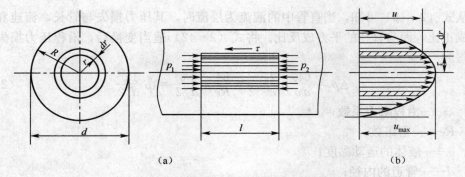

图 2-13　直管中的压力损失计算图

1. 流速的分布规律

由图 2-13 可知，微小液柱的受力方程为

$$(p_1 - p_2)\,\pi r^2 = F_f$$

式中　F_f——液柱侧面的内摩擦力。$F_f = \tau A = -2\pi r l \mu \dfrac{du}{dr}$（负号表示流速 u 随 r 的增大而减小）。

若令 $\Delta p = p_1 - p_2$，将 F_f 代入上式整理可得

$$du = \frac{-\Delta p}{2\mu l} r\,dr$$

对上式积分，并应用边界条件，当 $r = R$ 时，$u = 0$，得

$$u = \frac{\Delta p}{4\mu l}\,(R^2 - r^2) \tag{2-38}$$

式（2-38）表明，液体在直管中作层流运动时，速度对称于圆管中心线并按抛物线规律分布。

当 $r = 0$ 时流速为最大，其值为

$$u_{max} = \frac{\Delta p R^2}{4\mu l} = \frac{\Delta p d^2}{16\mu l} \tag{2-39}$$

2. 通过管道的流量

把式（2-38）代入流量式（2-19）得

$$q_V = \int_A u\,dA = \int_0^{\frac{d}{2}} \frac{\Delta p}{4\mu l}(R^2 - r^2)2\pi r\,dr = \frac{\pi d^4}{128\mu l}\Delta p \tag{2-40}$$

3. 管道内的平均流速

根据平均流速的定义，可得

$$v = \frac{q_V}{A} = \frac{1}{\frac{\pi d^2}{4}}\frac{\pi d^4}{128\mu l}\Delta p = \frac{d^2}{32\mu l}\Delta p \tag{2-41}$$

将式（2-41）与 u_{max} 值比较可知，平均流速 v 为最大流速 u_{max} 的 1/2。

4. 沿程压力损失

由式（2-41）整理后得沿程压力损失 Δp_λ 为

$$\Delta p_\lambda = \frac{32\mu l v}{d^2} \tag{2-42}$$

从式（2-42）可知，当直管中的液流为层流时，其压力损失与管长、流速和液体黏性成正比，而与管径的平方成反比。将式（2-42）适当变换后，沿程压力损失公式可改写为

$$\Delta p_\lambda = \frac{64\nu}{dv}\rho\frac{l}{d}\frac{v^2}{2} = \frac{64}{Re}\rho\frac{l}{d}\frac{v^2}{2} = \lambda\rho\frac{1}{d}\frac{v^2}{2} \qquad (2-43)$$

式中　λ——沿程阻力系数；

　　　Re——雷诺数；

　　　ν——液体的运动黏度；

　　　d——管道的内径；

　　　v——液体的平均速度；

　　　l——管道的长度；

　　　ρ——液体的密度。

式（2-43）适用于层流和紊流，只是 λ 选取的数值不同。层流时，它的理论值为 $\lambda = 64/Re$，实际值则要大些。如油液在金属管道中流动时，须取 $\lambda = 75/Re$；在橡胶软管中流动时，取 $\lambda = 80/Re$。紊流时，当雷诺数 Re 在 $3 \times 10^3 \sim 1 \times 10^5$ 范围内时，取 $\lambda = 0.3164Re^{-0.25}$。

这里应注意，层流时的压力损失 Δp 与流速 v 的一次方成正比，因为在阻力系数 λ 中含有 v 的因子。

（二）局部压力损失

局部压力损失是当液流流过弯头、突然扩大或突然缩小的管道断面以及各种控制阀时，液流将被迫改变其流速大小，或者改变其流动方向，有时两者兼而有之，因而使液流发生撞击、分离、脱流、旋涡等现象，于是产生了液体流动阻力，造成能量损失。该能量损失称为局部压力损失。液体在流过这些局部障碍时，液体的流动状态极为复杂，影响因素较多。局部压力损失值除少数从理论上进行分析、计算外，一般都依靠实验方法先求得各种类型的局部阻力系数，然后再计算局部压力损失。

局部压力损失的计算公式如下：

$$\Delta p_\xi = \xi\rho\frac{v^2}{2} \qquad (2-44)$$

式中　ξ——局部阻力系数（由实验求得，具体数值可查阅有关手册）；

　　　ρ——液体的密度；

　　　v——液体的平均流速。

各种局部压力损失的形式可能不同，但物理本质是相同的，故式（2-44）可以认为是局部压力损失的一般表达式。当液流通过阀口、弯头及突然变化的截面时，其局部阻力系数是不同的，各种局部损失的形式及其阻力系数 ξ 可由有关手册查得。

液流通过各种阀的局部压力损失，可由阀的产品目录中查得。查得压力损失为在额定流量 q_{Vn} 下的压力损失 Δp_n。当实际通过的流量 q_V 不是额定流量时，通过该阀的压力损失 Δp_ξ 可按下式计算：

$$\Delta p_\xi = \Delta p_n\left(\frac{q_V}{q_{Vn}}\right)^2 \qquad (2-45)$$

(三) 管道系统中的总压力损失

液压系统的管道通常由若干段管道和一些弯头、管接头、控制阀等组成。管道系统总的压力损失 $\sum \Delta p$ 等于所有管道的沿程压力损失 $\sum \Delta p_\lambda$ 和所有局部压力损失 $\sum \Delta p_\xi$ 之总和，即

$$\sum \Delta p = \sum \Delta p_\lambda + \sum \Delta p_\xi$$

或

$$\sum \Delta p = \sum \lambda \rho \frac{l}{d} \frac{v^2}{2} + \sum \xi \rho \frac{v^2}{2} \qquad (2-46)$$

利用式（2-46）计算时，只有在产生各局部阻力处之间有足够的距离时才是正确的。因为当液流经过一个局部阻力处后，要在直管中流经一段距离，液流才能稳定；否则，如液流尚未稳定就又经过第二个局部阻力处，将使情况复杂化，有时阻力系数可能比正常情况下大 2 倍~3 倍。一般希望在两个局部阻力处之间的直管长度 $l > (10 \sim 20)$ d，d 为管道内径。

例 2-2 在图 2-14 所示液压系统中，已知泵的流量 $q_V = 1.5 \times 10^{-3} \, \mathrm{m^3/s}$，液压缸无杆腔的面积 $A = 8 \times 10^{-3} \, \mathrm{m^2}$，负载 $F = 30000 \mathrm{N}$，回油腔压力近似为零，液压缸进油管的直径 $d = 20 \mathrm{mm}$，总长即为管的垂直高度 $H = 5 \mathrm{m}$，进油路总的局部阻力系数 $\xi = 7.2$，液压油的密度 $\rho = 900 \mathrm{kg/m^3}$，工作温度下的运动黏度 $\nu = 46 \mathrm{mm^2/s}$。试求：

(1) 进油路的压力损失；

(2) 泵的供油压力。

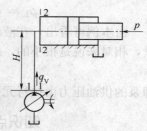

图 2-14 液压系统示意图

解 (1) 求进油路压力损失。进油管内流速为

$$v_1 = \frac{q_V}{\frac{\pi}{4} d^2} = \frac{4 \times 1.5 \times 10^{-3}}{\pi \times (20 \times 10^{-3})^2} \mathrm{m/s} = 4.77 \mathrm{m/s}$$

则

$$Re = \frac{v_1 d}{\nu} = \frac{4.77 \times 20 \times 10^{-3}}{46 \times 10^{-6}} = 2074 < 2320 \quad \text{为层流}$$

沿程阻力系数 $\qquad \lambda = \dfrac{75}{Re} = \dfrac{75}{2074} = 0.036$

故进油路的压力损失为

$$\sum \Delta p = \lambda \frac{l}{d} \frac{\rho v_1^2}{2} + \xi \frac{\rho v_1^2}{2} = \left(0.036 \frac{5}{20 \times 10^{-3}} + 7.2 \right) \frac{900 \times 4.77^2}{2} \mathrm{Pa}$$

$$= 0.166 \times 10^6 \mathrm{Pa} = 0.166 \mathrm{MPa}$$

(2) 求泵的供油压力。对泵的出口油管断面 1-1 和液压缸进口后的断面 2-2 之间列出伯努利方程：

$$\frac{p_1}{\rho g} + \frac{a_1 v_1^2}{2g} + h_1 = \frac{p_2}{\rho g} + \frac{a_2 v_2^2}{2g} + h_2 + h_w$$

或

$$p_1 = p_2 + \frac{1}{2}\rho(a_2 v_2^2 - a_2 v_1^2) + \rho g(h_2 - h_1) + \rho g h_w$$

式中 p_2——液压缸的工作压力，即

$$p_2 = F/A = 30000/8 \times 10^{-3} = 3.75 \times 10^6 \text{Pa} = 3.75 \text{MPa}$$

$\rho g h_w$ 为两截面间的压力损失，即 $\rho g h_w = \sum \Delta p = 0.166 \text{MPa}$。$v_2$ 为液压缸的运动速度，即

$$v_2 = q_V/A = 1.5 \times 10^{-3}/8 \times 10^{-3} \text{m/s} = 0.19 \text{m/s}$$

$$\alpha_1 = \alpha_2 = 2$$

则

$$\frac{1}{2}\rho(a_2 v_2^2 - a_2 v_1^2) = \frac{1}{2} \times 900(2 \times 0.19^2 - 2 \times 4.77^2)\text{Pa}$$

$$= -0.02 \times 10^6 \text{Pa} = -0.02 \text{MPa}$$

$$\rho g(h_2 - h_1) = \rho g H = 900 \times 9.8 \times 5\text{Pa} = 0.44 \times 10^{-6} \text{Pa} = 0.044 \text{MPa}$$

故泵的供油压力为

$$p_1 = (3.75 - 0.02 + 0.04 + 0.166)\text{Pa} = 4 \text{MPa}$$

由本例可看出，在液压系统中，由液体位置高度变化和流速变化引起的压力变化量，相对来说是很小的，此两项可忽略不计。因此，泵的供油压力表达式可以简化为

$$p_1 = p_2 + \sum \Delta p \tag{2-47}$$

即泵的供油压力由执行元件的工作压力 p_2 和管路中的压力损失 $\sum \Delta p$ 确定。

知识点 6   液体流经小孔和缝隙的流量计算

本节主要介绍液流经过小孔及缝隙的流量公式，液压系统中的节流调速及分析计算液压元件的泄漏，都是建立在小孔及缝隙流量公式的基础上。

(一) 液体流经小孔的流量计算

小孔可分为三种：当小孔的长度 l、直径 d 的比值 $l/d \leqslant 0.5$ 时，称薄壁小孔；当 $l/d > 4$ 时，称细长孔；当 $0.5 < l/d \leqslant 4$ 时，称为短孔。

1. 薄壁小孔的流量计算

图 2-15 所示的进口为典型薄壁小孔。当液体经管道由薄壁小孔流出时，由于液流的惯性作用，使通过小孔后的液流形成一个收缩断面 C—C，然后再扩散，这一收缩和扩散过程就产生了压力损失。

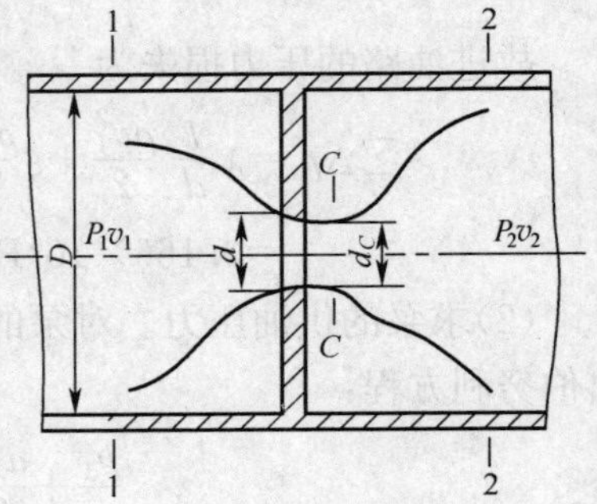

收缩断面积 A_C 与孔口断面积 A 之比称为断面收缩系数 C_C，即 $C_C = A_C/A$。收缩系数取决于雷诺数、孔口及边缘形状、孔口离管道侧壁的距离等因素。当管道直径 D 与小孔直径 d 的比值 $D/d > 7$ 时，收缩作用不受孔前管道内壁的影响，这时收缩称为完全收缩；反之，当 $D/d < 7$ 时，孔前管道对液流进入小孔起导向作用，这时的收缩称为不完全收缩。

现对小孔前后截面 1-1 和 2-2 列伯努利方程，并

图 2-15   通过薄壁小孔的液流

设动量修正系数 $\alpha_1 = \alpha_2 = 2$，则有

$$\frac{p_1}{\rho g} + \frac{v_1^2}{2g} = \frac{p_2}{\rho g} + \frac{v_2^2}{2g} + h_w$$

式中　p_1、v_1——1-1 截面处的压力和速度；

　　　　p_2、v_2——2-2 截面处的压力和速度；

　　　　h_w——能量损失。它包括两部分：液流经截面突然缩小时的局部能量损失 h_{ξ_1} 和截面突然扩大时的局部能量损失 h_{ξ_2}。$h_{\xi_1} = \xi v_C^2 / (2g)$，经查手册，$h_{\xi_2} = (1 - A_C / A_2) v_C^2 / (2g)$。因为 $A_C \ll A_2$，所以 $h_w = h_{\xi_1} + h_{\xi_2} = (\xi + 1) v_C^2 / (2g)$。

当小孔前后管道直径相同时，有 $v_1 = v_2$。上式经整理后得

$$v_C = \frac{2}{\sqrt{\xi+1}} \sqrt{\frac{2}{\rho}(p_1 - p_2)} = C_V \sqrt{\frac{2}{\rho} \Delta p} \tag{2-48}$$

式中　C_V——速度系数 $C_V = \frac{1}{\sqrt{\xi+1}}$；

　　　　Δp——压力损失 $\Delta p = p_1 - p_2$。

通过薄壁小孔的流量为

$$q_V = A_C v_C = C_C A v_C = C_C C_V A \sqrt{\frac{2}{\rho} \Delta p} = C_q A \sqrt{\frac{2}{\rho} \Delta p} \tag{2-49}$$

式中　C_q——流量系数，$C_q = C_V \cdot C_C$。

流量系数值由实验确定，当完全收缩时，$C_q = 0.61 \sim 0.62$；当不完全收缩时，$C_q = 0.7 \sim 0.8$。

薄壁小孔因其沿程阻力损失非常小，通过小孔的流量与黏度无关，即流量对油温的变化不敏感。因此，液压系统中常采用薄壁小孔作为节流元件。

2. 短孔的流量计算

短孔的流量公式仍为式（2-49），但流量系数不同，一般取 $C_q = 0.82$。短孔易加工，故常用作固定节流器。

3. 细长小孔的流量计算

液体流过细长小孔时，一般为层流状态，故细长小孔的流量公式可用前面已推导的层流时直管的流量公式（2-40），即

$$q_V = \frac{\pi d^4}{128 \mu l} \Delta p$$

由上式可知，液体流经细长小孔的流量与液体的黏度成反比，即流量受温度影响，并且流量与小孔前后的压力差成线性关系。

上述各小孔的流量可归纳为一个通用公式，即

$$q_V = C A \Delta p^m \tag{2-50}$$

式中　C——由孔的形状、尺寸和液体性质决定的系数（对细长孔，$C = d^2 / (32 \mu l)$；对薄壁孔和短孔，$C = C_q \sqrt{2/\rho}$）；

　　　　m——由孔的长径比决定的指数（细长孔 $m=1$，薄壁孔 $m=0.5$，短孔 $0.5 < m < 1$）。

（二）液体流经缝隙的流量计算

液体流经缝隙的流量计算，包括压差作用下的流动，剪切作用下的流动及压差和剪

切联合作用下的流动。下面只讨论在压差作用下的流量计算。

1. 平行平板缝隙

液体在压差 $\Delta p = p_1 - p_2$ 作用下通过固定平行平板缝隙的流动，叫做压差流动。如图 2-16 所示，平板长 l、宽度 b（图中未示出）、缝隙高度 h，且 $l \gg h$、$b \gg h$，此时通常为层流。设流体不可压缩，黏度为常数，重力不计。

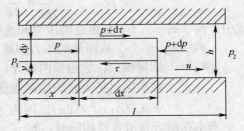

图 2-16　平行板缝隙流量计算简图

对于液体中的一个微小单元 $\mathrm{d}x\mathrm{d}y \times l$（宽度为单位长度）而言，作用在单元体垂直于液流的两个表面上的单位面积摩擦力为 τ 和 $\tau + \mathrm{d}\tau$，单元体在 x 方向的受力平衡方程式为

$$p\mathrm{d}y + (\tau + \mathrm{d}\tau)\mathrm{d}x - (p + \mathrm{d}p)\mathrm{d}y - \tau\mathrm{d}x = 0$$

整理后得

$$\frac{\mathrm{d}\tau}{\mathrm{d}y} = \frac{\mathrm{d}p}{\mathrm{d}x}$$

将 $\tau = \mu(\mathrm{d}u/\mathrm{d}y)$ 代入上式得

$$\frac{\mathrm{d}^2 u}{\mathrm{d}y^2} = \frac{1}{\mu}\frac{\mathrm{d}p}{\mathrm{d}x}$$

对上式积分两次得

$$u = \frac{y^2}{2\mu}\frac{\mathrm{d}p}{\mathrm{d}x} + C_1 y + C_2 \tag{2-51}$$

因为在 $y = 0$ 和 $y = h$ 处 $u = 0$，且 $\dfrac{\mathrm{d}p}{\mathrm{d}x} = -\dfrac{\Delta p}{l}$（层流时 p 只是 x 的函数），把这些关系代入式（2-51）得

$$u = \frac{y(h - y)}{2\mu l}\Delta p$$

因此，在压差作用下通过平行平板缝隙的流量为

$$q_{\mathrm{V}} = \int_0^h ub\,\mathrm{d}y = \int_0^h \frac{y(h - y)}{2\mu l}\Delta p b\,\mathrm{d}y = \frac{bh^3}{12\mu l}\Delta p \tag{2-52}$$

式（2-52）表明，通过缝隙的流量与缝隙高度的三次方成正比，可见液压元件内的间隙大小对泄漏影响很大，故要尽量提高液压元件的制造精度，以便减少泄漏。

2. 同心环形缝隙

如图 2-17 所示，当 $(h/r) \leqslant 1$ 时（相当于液压元件配合间隙的情况），可将环形缝隙展开，看成平行平板缝隙，将 $b = \pi d$ 代入式（2-52），即得到压差作用下的同心环形缝隙流动的流量，即

$$q_{\mathrm{V}} = \frac{\pi d h^3}{12\mu l}\Delta p \tag{2-53}$$

3. 偏心环形缝隙

在实际工作中，圆柱体与孔的配合很难保持同心，往往带有一定偏心 e，如图 2-

26

18 所示。通过此偏心圆柱环形缝隙的流量可按下式计算：

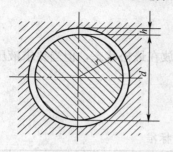

图 2-17　环状缝隙

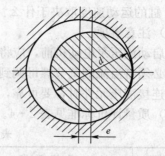

图 2-18　偏心环形间隙

$$q_{\mathrm{V}} = \frac{\pi d h^3}{12\mu l}\Delta p(1+1.5\varepsilon^2) \qquad\qquad (2-54)$$

式中　ε——偏心率，$\varepsilon=e/h$；

　　　h——同心时的缝隙量。

从式（2-54）可知，通过同心圆环形缝隙的流量公式是偏心环形缝隙流量公式在 $\varepsilon=0$ 时的特例。当完全偏心时，$e=h$，$\varepsilon=1$，此时有

$$q_{\mathrm{V}} = 2.5\,\frac{\pi d h^3}{12\mu l}\Delta p$$

可见，完全偏心时的流量是同心时的 2.5 倍。故在液压元件的设计制造和装配中，应采取适当措施，以保证较高的配合同轴度。

任务实施

（1）分析液压系统，写出所需元件名称和职能符号。

在老师的指导下，让学生首先掌握液压实验台上的元件名称，认识各个元件的外形，并将主要的液压元件的图形抄写下来。

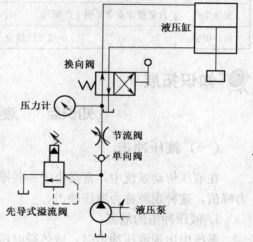

图 2-19　简单液压传动系统

（2）在老师指导下，按图 2-19 所示分析各元件在系统中的作用，固定并连接各液压元件。

（3）分组操作试验台，填写实践报告。

①启动液压泵电动机。

②改变换向阀的位置，使液压缸处于最低位置。

③改变换向阀的位置，使液压缸向上运动，记录压力计的读数。

④分别给液压缸增加负载 10kg、20kg、40kg、60kg 和 80kg，分别重复步骤（2）、（3），并分别记录压力表的读数。

⑤观察在不同负载情况下的压力变化规律。

⑥各组集中，教师点评，学生提问，并完成实训报告。整理各液压元件，并展开讨论：

a. 泵的工作压力取决于什么？为什么？

b. 缸的运动速度取决于什么？为什么？

（4）注意事项。

①启动液压泵电动机前，应将溢流阀调节螺母放在最松状态，但当要求液压元件工作时，必须将溢流阀调节螺母调到合适位置上。

②连接液压元件时，要可靠，防止松脱、泄漏。

（5）质量评价标准见表2-4。

表2-4　质量评价标准

考核项目	考核要求	配分	评分标准	扣分	得分	备注
液压元件	识读液压元件	20	元件识别错误，每个扣2分			
压力控制	液压回路压力的控制及调整	20	通过调整观察压力值及其变化			
速度控制	液压缸的运动速度的控制及调整	20	通过调整观察速度及其变化			
方向控制	液压缸的运动方向的控制及调整	20	通过调整观察运动方向			
安全生产	自觉遵守安全文明生产规程	20	不遵守安全文明生产扣20分			
自评得分		小组互评得分		教师签名		

知识拓展

知识点1　液压冲击与空穴现象

（一）液压冲击

在液压传动系统中，常常由于一些原因而使液体压力突然急剧上升，形成很高的压力峰值，这种现象称为液压冲击。

1. 液压冲击的危害

系统中出现液压冲击时，液体瞬时压力峰值可以比正常工作压力大好几倍。液压冲击会损坏密封装置、管道或液压元件，还会引起设备振动，产生很大噪声。有时冲击会使某些液压元件，如压力继电器、顺序阀等产生误动作，影响系统正常工作。

2. 液压冲击产生的原因

在阀门突然关闭或运动部件快速制动等情况下，液体在系统中的流动会突然受阻，这时，由于液流的惯性作用，液体就从受阻端开始，迅速将动能逐层转换为液压能，因而产生了压力冲击波。此后，这个压力波又从该端开始反向传递，将压力能逐层转化为动能，这使得液体又反向流动，然后在另一端又再次将动能转化为压力能，如此反复地进行能量转换。由于这种压力波的迅速往复传播，便在系统内形成压力振荡。这一振荡过程，由于液体受到摩擦力以及液体和管壁的弹性作用不断消耗能量，才使振荡过程逐渐衰减而趋向稳定，产生液压冲击的本质是动量变化。

3. 减小压力冲击的措施

液压冲击危害极大，根据其产生的原因，可以采取适当措施来减小液压冲击。减小液压冲击的主要措施如下。

（1）尽可能延长阀门关闭和运动部件制动换向的时间。在液压传动系统中采用换向时间可调的换向阀。

（2）正确设计阀口，限制管道流速及运动部件速度，使运动部件制动时速度变化比较均匀。例如，在机床液压传动系统中，通常将管道流速限制在 4.5m/s 以下，液压缸驱动的运动部件速度一般不宜超过 10m/min 等。

（3）在某些精度要求不高的工作机械上，使液压缸两腔油路在换向阀回到中位时瞬时互通。

（4）适当加大管道直径，尽量缩短管道长度。必要时，还可在冲击区附近设置卸荷阀和安装蓄能器等缓冲装置来达到此目的。

（5）采用软管，增加系统的弹性，以减少压力冲击。

（二）气穴现象

1. 气穴现象

在流动的液体中，由于压力过分降低（低于其空气分离压）而有气泡形成的现象称为气穴现象。

2. 产生气穴现象的原因

液压油中总含有一定量的空气，对于矿物油型液压油（常温时，在标准大气压下）一般有 6%～12%（体积比）的溶解空气（不包括以气泡形式混含在油液中的空气）。当液体流动中某处压力下降到低于空气分离压时，溶解到油液中的空气将突然从油液中分离出来而产生大量气泡，因此产生气穴现象的原因是压力的过度下降。

3. 气穴对系统产生的危害

气穴的产生破坏了油液的连续状态。当所形成的气泡随着液流进入高压区时，气穴体积将急速缩小或溃灭。这一过程瞬时发生，从而产生局部液压冲击，其动能迅速转变为压力能及热能，使局部压力及温度急剧上升（局部压力可达数百甚至上千大气压，局部温度可达 1000℃），并引起强烈的振动及噪声。过高的温度将加速工作液的氧化变质。如果这个局部液压冲击作用在金属表面上，金属壁面在反复液压冲击、高温及游离出来的空气中氧的侵蚀下将产生剥蚀，这种现象通常称为气蚀。

有时，在气穴现象中分离出来的气泡并不溃灭，它们会随着液流聚集在管道的最高处或流道狭窄处而形成气塞，破坏系统的正常工作。

4. 预防气穴及气蚀所采取的措施

（1）减小孔口或缝隙前后压力差，使孔口或缝隙前后压力差之比 $p_1/p_2 < 3.5$。

（2）限制泵吸油口至油箱油面的安装高度，尽量减少吸油管道中的压力损失（如及时清洗滤油器或更换滤芯）。

（3）提高各元件接合处管道的密封性，尽量防止空气渗入到液压系统中。

（4）对于易产生气蚀的零件应采用抗腐蚀性强的材料，以增加零件的力学强度，并降低其表面粗糙度。

（5）当拖动大负载运动的液压执行元件，因换向或制动在回油腔产生液压冲击的同时，会使原进油腔压力下降而产生真空。为防止气穴，应在系统中设置补油回路。

知识点 2　液压油的污染和防治措施

液压油的污染是造成系统故障的主要原因，对液压油造成污染的物质有固体颗粒物、水、空气及有害化学物质，其中最主要的是固体颗粒物。污染源及污染控制措施见表 2-5。

表 2-5　污染源及污染控制措施

污　染　源		控　制　措　施
固有污染物	液压元件加工装配残留污染物	元件在装配前要进行彻底清洗，达到规定的清洁度；对受污染的元件在装入系统前应进行清洗
	管件、油箱残留污染物及锈蚀物	系统组装前要对管件和油箱进行清洗（包括酸洗和表面处理），使其达到规定的清洁度
	系统组装过程中残留污染物	系统组装后进行循环清洗，使其达到规定的清洁度要求
外界侵入污染物	更换和补充油液时	对新油过滤净化处理
	经油箱呼吸孔侵入	采用密封式油箱（或带有挠性隔离器的油箱），安装空气滤清器和干燥器
	经油缸活塞杆侵入	采用可靠的活塞杆防尘密封，加强对密封的维护
	维护和检修时	保持工作环境和工具的清洁；彻底清除与工作油液不相容的清洗液或脱脂剂；维修后循环过滤，清洗整个系统
	水侵入	对油液进行除水处理（干燥过滤）
	空气侵入	排放空气，防止油箱内油液中气泡吸入泵内（如油箱内油量不足时）；提高各元件接合处的密封性
内部生成污染物	元件磨损产物	定期检查清洗或更换油液过滤器，过滤净化，滤除尺寸与元件关键运动副油膜厚度相当的颗粒污染物，制止磨损的链式反应
	油液氧化产物	清除油液中的水空气和金属微粒；控制油温，抑制油液氧化；定期检查及更换液压油

小　结

在学习本章液压传动基本原理时，应注意以下几点。

（1）液压传动中采用液体作为传动介质来传递力和运动。在传递力时，利用了帕斯卡定律；而在传递运动时，则利用了密封容积中主动件（泵）挤出的液体体积与从动件（液动机）接受的液体体积相等的原理（质量守恒定律）。

（2）液压传动中压力和流量是两个最重要的参数。其中压力取决于负载；流量决定执行元件的运动速度。压力与机械传动中的力相当；而流量与机械传动中的速度相当。

（3）液压传动系统中必须含有泵、执行元件、各种控制阀、辅助元件以及油液等几部分。

要注意合理选择液压用油的品种和黏度。黏度实质上就是液体的内摩擦系数，它影响液体流动时的阻力和运动副间摩擦力的大小以及通过隙缝的泄漏量。合适的黏度对保证液压系统正常工作有很重要的意义。

思考与练习

2-1 什么叫液体的黏性？常用的黏度表示方法有哪几种？它们相互如何换算？

2-2 压力的定义是什么？压力有哪几种表示方法？液压系统的工作压力与负载有什么关系？

2-3 阐述层流与紊流的物理现象及其判别方法。

2-4 伯努利方程的物理意义是什么？该方程的理论式与实际式有什么区别？

2-5 管路中的压力损失有哪几种？分别受哪些因素影响？

2-6 如图所示，直径为 d、质量为 m 的柱塞浸入充满液体的密闭容器中，在力 F 的作用下处于平衡状态。若浸入深度为 h，液体密度为 ρ，试求液体在测压管内上升的高度 x。

2-7 如图所示，泵从油箱中吸油，管道直径 $d=6\mathrm{cm}$，泵的流量 $q=150\mathrm{L/min}$，吸油高度 $h=2.16\mathrm{m}$，油的运动黏度 $\nu=30\mathrm{cst}$，密度 $\rho=900\mathrm{kg/m^3}$，弯头局部水头损失系数为 0.22，滤网的局部损失系数为 0.5，不计沿程损失，求：

（1）油管中的流动状态。

（2）泵口的真空度。

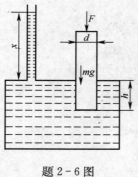

题 2-6 图

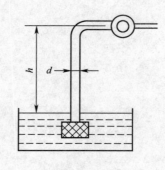

题 2-7 图

2-8 如图所示，液压缸直径 $D=150\mathrm{mm}$，柱塞直径 $d=100\mathrm{mm}$，负载 $F=5\times10^4\mathrm{N}$。若不计液压油自重及活塞或缸体重量，试求图示两种情况下液压缸内的液体压力是多少？

2-9 说明连续性方程的本质是什么？它的物理意义是什么？

2-10 何谓液压冲击与气穴现象？各有哪些危害？一般采取哪些预防措施？

2-11 有一液压千斤顶，其工作原理如图所示。大、小活塞的直径比为 $D/d=5$，杠杆比为 $L/l=5$，若作用力 $F=100\mathrm{N}$，求所顶起的重物 W 的重量是多少牛？

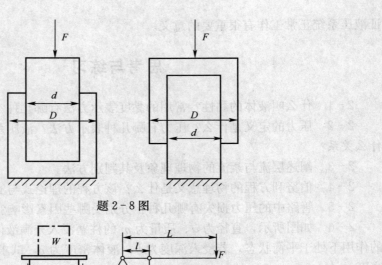

题 2-8 图

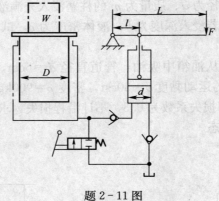

题 2-11 图

项目3　动力元件的拆装与结构分析

液压动力元件是液压传动系统不可缺少的核心元件，其主要作用是向整个液压系统提供动力源。液压传动系统以液压泵作为向系统提供一定流量和压力的动力元件，液压泵将原动机输出的机械能转换为工作液体的压力能，是一种能量转换装置。

【知识目标】

1. 液压泵的工作原理与性能参数。

2. 液压泵的分类和特点。

3. 液压泵的选用方法。

4. 液压泵常见故障及其排除方法。

【能力目标】

1. 能正确使用液压泵。

2. 掌握常见液压泵的结构和工作原理。

3. 能正确排除液压泵的常见故障。

任务描述

任务一：液压机动力元件的选择和拆装

图3-1所示为利用小型液压机驱动来弯曲薄板工件的压力机变形装置，其中，薄板工件的弯曲变形是由液压缸带动压头向下运动实现的。那么如何使液压缸实现这一运动？通过什么元件来实现这一运动？如何选择这些元件？这些元件结构如何？

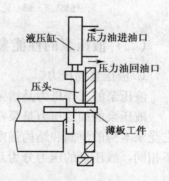

图3-1　液压机工作示意图

任务二：润滑装置动力元件的选择和拆装

在自动化机床的润滑装置中，经常采用液压泵作为动力元件自动向各润滑部位供油。由于工作的特殊性，正确选择动力元件是保证整个润滑系统可靠工作的关键。试根据具体要求，选择润滑装置的动力元件。

知识链接

知识点1　初识液压泵

（一）液压泵的工作原理和分类

液压泵的工作原理如图3-2所示，泵体4和柱塞5构成一个密封的容积a，偏心轮6由原动机带动旋转，当偏心向下转时，柱塞在弹簧2的作用下向下移动，容积a逐渐增大，形成局部真空，油箱内的油液在大气压力作用下，顶开单向阀1进入油腔 a 中，实现吸油。当偏心向上转时，推动柱塞向上移动，容积 a 逐渐减小，油液受柱塞挤压而产生压力，使单向阀1关闭，油液顶开单向阀3而输入系统，这就是压油。这样液压泵就把原动机输入的机械能转换为液流的液压能。由上可知，液压泵是通过密封容积的变化来完成吸油和压油的，其排油量的大小取决于密封腔的容积变化，故称为容积式泵，简称容积泵。为了保证液压泵的正常工作，单向阀1、3使吸、压油腔不相通，起配油的作用，因而称为阀式配油。为了保证液压泵吸油充分，油箱必须和大气相通。

液压泵按其结构形式不同分为齿轮泵、叶片泵、柱塞泵和螺杆泵等类型。按输出流量能否变化可分为定量泵和变量泵。

液压泵的图形符号如图3-3所示。

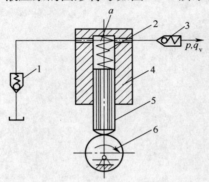

图3-2　液压泵工作原理
1、3—单向阀；2—弹簧；4—泵体；
5—柱塞；6—偏心轮。

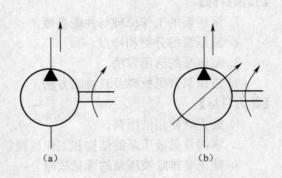

图3-3　泵的图形符号
(a)定量泵；(b)变量泵。

（二）液压泵的性能参数

1. 液压泵的压力

液压泵的工作压力是指泵工作时输出油液的实际压力，其大小由工作负载决定。

液压泵的额定压力是泵在正常工作条件下按试验标准规定、连续运转的最高压力，它受泵本身的泄漏和结构强度所制约。由于液压传动的用途不同，系统所需要的压力也不相同，液压泵的压力分为几个等级，见表3-1。

表3-1　压力分级

压力等级	低压	中压	中高压	高压	超高压
压力/MPa	≤2.5	>2.5~8	>8~16	>16~32	>32

2. 液压泵的排量和流量

（1）排量。是指泵轴每转一周由其密封容积几何尺寸变化计算而得的排出的液体体积，用 V 表示，常用单位为 cm^3/r。排量的大小取决于泵的密封工作腔的几何尺寸（而与转速无关）。

（2）流量。有理论流量和实际流量之分。

①理论流量 q_t。泵在单位时间内由密封容腔几何尺寸变化计算而得的排出的液体

体积，它等于排量 V 和转速 n 的乘积，即

$$q_t = Vn \qquad (3-1)$$

②实际流量 q_v。指泵在某工作压力下实际排出的流量。由于泵存在内泄漏，所以泵的实际流量小于理论流量。

在泵的正常工作条件下，试验标准规定必须保证的流量称为泵的额定流量。

3. 液压泵的功率和效率

1）液压泵的功率

功率是指单位时间内所做的功，用 P 表示。由物理学可知，功率等于力和速度的乘积，现以图 3-4 为例，当液压缸内油液对活塞的作用力与负载相等时，能推动活塞以 v 速度运动，则液压缸的输出功率为

$$P = Fv \qquad (3-2)$$

因 $F = pA$，$v = q_v/A$，将其代入式（3-2）中得

$$P = pA \frac{q_v}{A} = pq_v \qquad (3-3)$$

按上述原理液压泵的输出功率等于泵的输出流量和工作压力的乘积。

泵输入的机械能，表现为转矩 T 和转数 n；泵输出的压力能表现为油液的压力 p 和流量 q，若忽略泵转换过程中能量损失时，泵的输出功率等于输入功率，即称为泵的理论功率。其值为

$$pq_t = 2\pi n T_t \qquad (3-4)$$

2）液压泵的效率

液压泵在能量转换和传递过程中，必然存在能量损失，如泵的泄漏造成的流量损失、机械运动副之间的摩擦引起的机械能损失等。

液压泵由于存在泄漏，因此，它输出的实际流量 q_v，总是小于理论流量 q_t，即

$$q_v = q_t - \Delta q$$

Δq 为泄漏量，它与泵的工作压力 p 有关，随压力 p 的增高而加大，而实际流量则随压力 p 的增高而相应减小，它们之间的关系如图 3-5 所示。

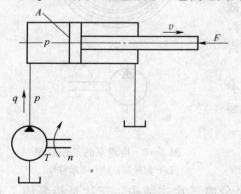

图 3-4 液压泵功率的计算

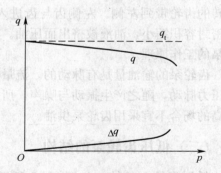

图 3-5 泵的流量和压力的关系

容积效率 η_v 可用下式表示：

$$\eta_v = \frac{q}{q_t} = \frac{q}{Vn} \qquad (3-5)$$

35

由此得出泵输出实际流量的公式为

$$q = Vn\eta_v \tag{3-6}$$

机械效率。由于存在机械损耗和液体黏性引起的摩擦损失，因此，液压泵的实际输入转矩 T_i，必然大于泵所需的理论转矩 T_t，其机械效率为

$$\eta_m = T_t/T_i \tag{3-7}$$

总效率 η。液压泵的总效率为泵的输出功率 P_o 和输入功率 P_i 之比

$$\eta = \frac{P_o}{P_i} = \frac{pq}{2\pi nT_i} = \frac{pVn}{2\pi nT_i} \frac{q}{Vn} = \eta_m\eta_v \tag{3-8}$$

即液压泵的总效率等于容积效率 η_v 和机械效率 η_m 的乘积。

知识点 2　齿 轮 泵

齿轮泵是液压系统中广泛采用的一种液压泵，它一般做成定量泵形式。齿轮泵主要结构形式有外啮合和内啮合两种。外啮合式由于齿轮泵结构简单、价格低廉、体积小、重量轻、自吸性能好、对油液污染不敏感，所以应用比较广泛。但缺点是流量脉动大、噪声大。

（一）齿轮泵的工作原理

齿轮泵的工作原理如图 3-6 所示，齿轮泵在泵体内有一对等模数、齿数的齿轮，当吸油口和压油口各用油管与油箱和系统接通后，齿轮各齿间槽和泵体以及齿轮前后端面贴合的前后端盖（图中未表示）间形成密封工作腔，而啮合线又把它们分隔为两个互不串通的吸油腔和压油腔。当齿轮按图示方向旋转时，右侧轮齿脱开啮合（齿与齿分离时）让出空间使容积增大，形成真空，在大气压力的作用下从油箱吸进油液，并被旋转的齿轮带到左侧。左侧齿与齿进入啮合时，使密封容积缩小，油液被挤出而压油。这就是齿轮泵的工作原理。

齿轮泵的输油量是有脉动的。流量的脉动引起压力脉动，随之产生振动与噪声，所以精度要求高的场合不宜采用齿轮泵供油。

（二）低压齿轮泵的结构

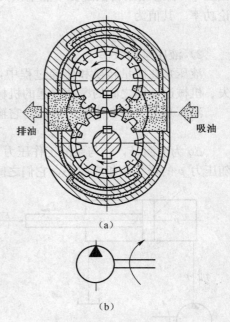

图 3-6　齿轮泵的工作原理
(a) 齿轮泵；(b) 图形符号。

低压齿轮泵的结构如图 3-7 所示，它是分离三片式结构，三片是指泵体 7 和端盖 4、8，泵体内装一对齿数相等又相互啮合的齿轮 6，长轴 10 和短轴 1 通过键与齿轮 6 相连接，两根轴借助滚针轴承支承在前后端盖 4、8 中。前后盖与泵体用两个定位销 11 定位，用 6 个螺钉 5 连接并压紧。为了使齿轮能灵活地转动，同时

又要使泄漏最小，在齿轮端面和端盖之间应有适宜间隙（0.025mm～0.04mm）。为了防止泵内油液外泄又能减轻螺钉的拉力，在泵体的两端面开有封油卸荷槽 d，此槽与吸油口相通，泄漏油由此槽流回吸油口。另外，在前后端盖中的轴承处也钻有泄漏油孔 a，使轴承处泄漏油液经短轴中心通孔 b 及通道 c 流回吸油腔。

齿轮泵工作时，压油腔的压力高，吸油腔的压力很低，这样对齿轮产生不平衡径向力，使轴弯曲变形，轴承磨损加快，严重时齿轮顶圆擦壳，为了减小径向力对泵带来的不良影响，CB 型齿轮泵采取了缩小压油口的办法，使压油腔的油压仅作用在一至两个齿的范围内，并适当增大齿顶圆与泵体内孔的间隙（0.13mm～0.16mm）。

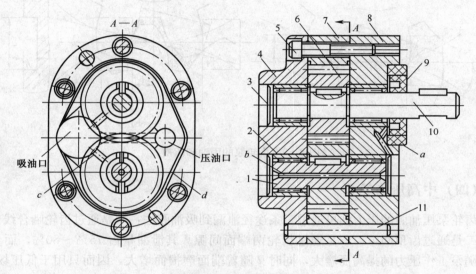

图 3-7　低压齿轮泵
1—短轴；2—滚针轴承；3—堵；4、8—前、后端盖；5—螺钉；
6—齿轮；7—泵体；9—密封圈；10—轴；11—定位销。

（三）齿轮泵的困油

齿轮泵要平稳地工作，齿轮啮合的重叠系数必须大于1，当前一对齿尚未退出啮合时，后一对齿已经进入啮合，这样在两对轮齿啮合瞬间，在两啮合处之间形成了一个封闭的容积，其内被封闭的油液随封闭容积从大到小（图 3-8（a）～图 3-8（b）），又从小到大地变化（图 3-8（b）～图 3-8（c））。被困油液压力周期性升高和下降会引起振动、噪声和空穴现象，这种现象称为困油现象。困油现象严重地影响泵的工作平稳性和使用寿命。为了减轻和消除困油现象的影响，通常在两端盖内侧面上开困油卸荷槽（图 3-9中虚线所示），有对称开的，也有偏向吸油腔开的，还有开圆形盲孔卸荷槽的。目的是使封闭容积减小时，通过卸荷槽使其与压油腔相通；封闭容积增大时，通过卸荷槽使其与吸油腔相通。两槽之间的距离应保证吸、压油腔互不相通，否则泵不能正常工作。

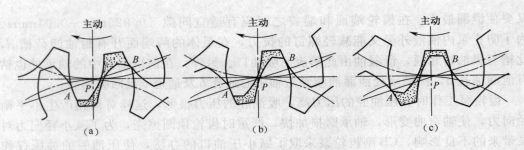

图 3-8　齿轮泵的困油现象

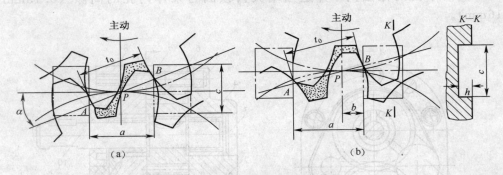

图 3-9　齿轮泵的困油卸荷槽

（四）中高压齿轮泵

齿轮泵压油腔的压力油可通过三条途径泄漏到吸油腔去：一是通过齿轮啮合线处间隙；二是通过齿顶间隙；三是通过齿轮两端面间隙。其泄漏量占 $75\% \sim 80\%$，而且泄漏量随泵工作压力的提高而增大，同时又随着端面磨损而增大，因而只用于低压场合。在中高压齿轮泵中，在减小径向不平衡力、提高轴与轴承的刚度同时，还应采用自动补偿端面间隙装置。常用的有浮动轴套式和弹性侧板式两种，其原理都是引入压力油使轴套或侧板紧贴齿轮端面。压力越高贴得越紧，因而可以自动补偿端面磨损和减小间隙。图 3-10（a）所示为采用浮动轴套的自动补偿端面间隙。图中轴套 2 浮动安装，轴套左侧的空腔 A 与泵的压油腔相通，弹簧 1 使轴套 2 靠紧齿轮形成初始良好密封，工作时轴套 2 受左侧油压的作用而向右移动，将齿轮两侧压得更紧，从而自动补偿了端面间

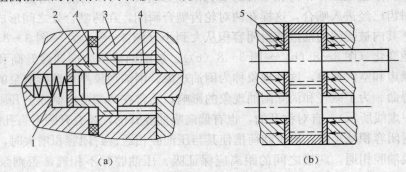

图 3-10　端面间隙补偿装置示意图
1—弹簧；2—轴套；3—泵体；4—齿轮；5—侧板面。

隙，提高了容积效率，这种齿轮泵的额定工作压力可达 10MPa～16MPa。

弹性侧板式间隙补偿装置如图 3-10（b）所示。它是利用泵的出口压力油引到侧板面 5 后，靠板自身的变形来补偿端面间隙的。侧板的厚度较薄，内侧面要耐磨。

（五）内啮合齿轮泵

内啮合齿轮泵有渐开线齿形和摆线齿形两种。其原理如图 3-11 所示，它们的工作原理也同外啮合齿轮泵一样，小齿轮为主动轮，按图示方向旋转时，轮齿退出啮合容积增大而吸油，进入啮合容积减小而压油。在渐开线齿形内啮合齿轮泵腔中，小齿轮和内齿轮之间要装一块月牙形隔板，以便把吸油腔和压油腔隔开（图 3-11（a））。摆线齿形内啮合泵又称摆线转子泵，小齿轮和内齿轮相差一齿，因而不需设置隔板（图 3-11（b））。

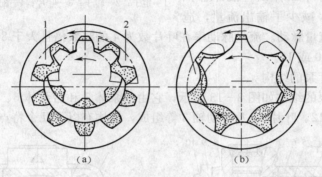

图 3-11　内啮合齿轮泵
1—吸油腔；2—压油腔。

内啮合齿轮泵具有结构紧凑、体积小、运转平稳、噪声小等优点，在高转速下工作有较高的容积效率。其缺点是制造工艺较复杂，价格较贵。

知识点 3　叶　片　泵

叶片泵在机床液压系统和部分工程机械中应用很广，它和其他液压泵相比较具有结构紧凑、外形尺寸小、流量均匀、运转平稳、噪声小等优点。但结构比较复杂、自吸性能差、对油液污染较敏感。

叶片泵按其输出流量是否可调节分为定量叶片泵和变量叶片泵两类。

（一）定量叶片泵

1. 工作原理

图 3-12 所示为定量叶片泵的工作原理图。它主要由定子 1、转子 2、叶片 3、配油盘 4、转动轴 5 和泵体等组成。定子内表面是由两段长半径 R 圆弧、两段短半径 r 圆弧和四段过渡曲线八个部分组成，且定子和转子是同心的。转子旋转时，叶片靠离心力和根部油压作用伸出紧贴在定子的内表面上，两两叶片之间和转子的外圆柱面、定子内表面及前后配油盘形成了一个个密封工作容腔。如图中转子逆时针方向旋转时，密封工作

腔的容积在右上角和左下角处逐渐增大，形成局部真空而吸油，为吸油区。在左上角和右下角处逐渐减小而压油，为压油区。吸油区和压油区之间有一段封油区把它们隔开。这种泵的转子每转一周，每个密封工作腔吸油、压油各两次，故称双作用叶片泵。泵的两个吸油区和压油区是径向对称的，作用在转子上的径向液压力平衡，所以又称为平衡式叶片泵。

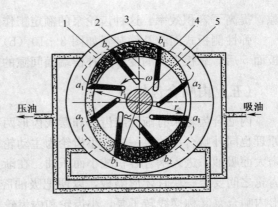

图 3-12　双作用叶片泵工作原理图
1—定子；2—转子；3—叶片；4—配油盘；5—转动轴。

由于叶片有厚度，根部又连通压油腔，在吸油区叶片不断伸出，根部容积要由压力油补充，减少了输出流量，造成叶片泵有少量流量脉动。流量脉动率在叶片数为 4 的整数倍且大于 8 时最小，故定量叶片泵叶片数为 10 或 12。

2.YB₁ 型叶片泵的结构

YB₁ 型叶片泵的结构如图 3-13 所示，它由前泵体 7 和后泵体 6、左右配油盘 1 和 5、定子 4、转子 12、叶片 11 及转动轴 3 等组成，结构有以下几个特点。

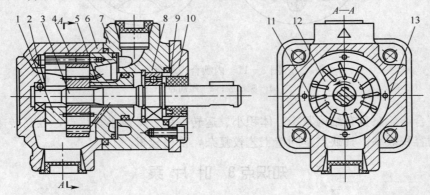

图 3-13　YB₁ 型叶片泵
1、5—配油盘；2、8—轴承；3—转动轴；4—定子；6—后泵体；
7—前泵体；9—密封圈；10—盖；11—叶片；12—转子；13—定位销。

（1）吸油口与压油口有四个相对位置。前后泵体的四个连接螺钉布置成正方形，所以前泵体的压油口可变换四个相对位置装配，方便使用。

（2）采用组合装配和压力补偿配油盘。左右配油盘、定子、转子、叶片可以组成一个组件。两个长螺钉为组件的紧固螺钉，它的头部作为定位销插入后泵体 6 的定位孔内，并保证配油盘上吸、压油窗的位置能与定子内表面的过渡曲线相对应。当泵运转建立压力后，配油盘 5 在右侧压力油作用下，产生微量弹性变形，紧贴在定子上以补偿轴向间隙，减少内泄漏，有效地提高容积效率。

（3）配油盘。配油盘上的上、下两缺口 b 为吸油窗口，两个腰形孔 a 为压油窗口，相隔部分为封油区域（图 3-14）。在腰形孔端开有三角槽，它的作用是使叶片间的密封容积逐步地和高压腔相通以避免产生液压冲击，且可减少振动和噪声。在配油盘上对应于叶片根部位置处开有一环形槽 c（图 3-14），在环形槽内有两个小孔 d 与排油孔道相通，引进压力油作用于叶片底部，保证叶片紧贴定子内表面，能可靠密封，f 为泄漏孔，将泵体间的泄漏油引入吸油腔。

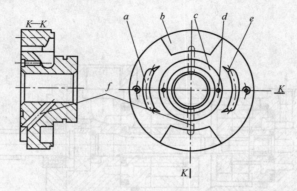

图 3-14 叶片泵的配油盘

（4）定子内曲线。定子的内曲线由四段圆弧和四段过渡曲线组成。理想的过渡曲线能使叶片顶紧定子内表面，又能使叶片在转子槽滑动速度和加速度变化均匀，在过渡曲线和弧线交接点处应圆滑过渡，这样加速度突变变小，减小了冲击、噪声及磨损。目前双作用叶片泵一般都使用综合性能较好的等加速、等减速曲线作为过渡曲线。

（5）叶片倾角。目前国产双作用叶片泵，叶片在转子槽放置不采用径向安装，而是有一个顺转向的前倾角，如图 3-15 所示，理由是在压油区，如叶片径向安放，叶片和定子曲线有压力角 β，定子对叶片的反力 F 在垂直叶片方向上的分力（$F_t = F\sin\beta$）使叶片产生弯曲，将叶片压紧在叶片槽的侧壁上。这样摩擦力增大，使叶片内缩不灵活，会使磨损增大，所以将叶片顺转向倾斜一角度 θ（通常 $\theta = 13°$）。这样使压力角减为 $\alpha = \beta - \theta$。压力角减小有利于叶片在槽内滑动。

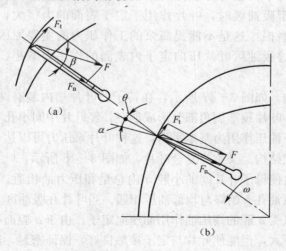

图 3-15 叶片的倾角

（二）双联叶片泵

双联叶片泵是由两套双作用叶片泵的定子、转子、配油盘在一个泵体内组成，通过一根转动轴带动两个泵同时工作，它有一个共同的进油口和两个独立的出油口（图3-16）。

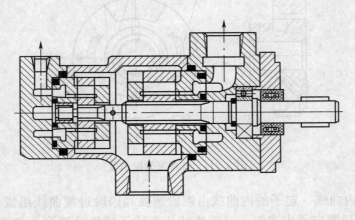

图3-16 双联叶片泵

双联叶片泵的输出流量可以分开使用，也可以合并使用。如有快速行程和工作进给要求的机床液压系统，在快速轻载时，由大小两泵同时供给低压油；在重载低速时，高压小流量泵单独供油，大泵卸荷。这样可减小功率损耗，减少油液发热。双联泵也可以两泵各自独立供油。

（三）高压叶片泵的特点

双作用叶片泵由于是卸荷式泵，配油盘还具备压力补偿轴向间隙的功能，有利于压力提高。但是为了保证叶片顶部与定子内表面紧密接触，所有的叶片的根部通压力油，当叶片处于吸油区时，叶片作用于定子表面的力很大，在高速运转下，会加速定子内表面的磨损，这是不能提高泵的工作压力的主要原因。所以必须在结构上采取措施，使通过吸油区叶片压向定子内表面的作用力减小。高压叶片泵采用措施如下：

（1）双叶片结构。如图3-17所示，在转子的叶片槽内装有两个叶片1、2，两叶片间可以相对滑动，叶片顶端倒角部分形成油室，经叶片中间小孔 c 与叶片底部 b 油室相通，使叶片上、下油压作用力基本平衡，这种叶片泵压力可以达17MPa。

（2）子母叶片式结构。又称为复合叶片，如图3-18所示，叶片分母片1和子片2两部分，通过配油盘使母子叶片间的小腔 a 内总是和压力油相通。而母叶片根部 c 腔，则经转子3上的虚线油孔 b 始终与顶部油压相通。当叶片在吸油区工作时，使叶片根部不受高压油作用，只受 a 腔的高压油作用而压向定子。由于 a 腔面积不大，所以定子表面所受的作用力也不大，但能使叶片与定子接触良好，保证密封，这种高压叶片泵压力可达20MPa。

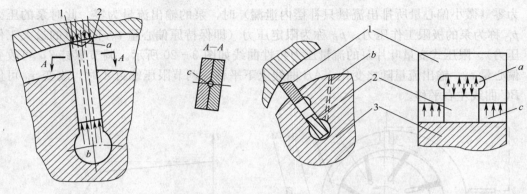

图 3-17 双叶片式结构
1、2—叶片。

图 3-18 母子叶片式结构
1—母叶片；2—子叶片；3—转子。

（四）变量叶片泵

1. 变量叶片泵工作原理

图 3-19 所示为变量叶片泵工作原理。它由定子、转子、叶片、配油盘等组成。转子和定子有偏心距 e，当电动机驱动转子朝箭头方向旋转时，由于离心力的作用，使叶片顶紧定子内表面，这样在定子、转子、叶片和两侧的配油盘之间，就形成了一个个密封容积。叶片经下半部时，从槽中逐步伸出，密封容积增大，从吸油窗口吸油。叶片经上半部时，被定子内表面又逐渐压入槽内，密封容积减小，从压油窗口将油压出。这种叶片泵，每转一周，吸油、压油各一次，称为单作用叶片泵，又因这种转子受不平衡的径向液压力作用，又称为非平衡式叶片泵。由于轴承承受负荷大，压力提高受到限制。

变量叶片泵在吸油区的叶片根部不通压力油，否则叶片给定子内壁摩擦力较大，会削弱泵的压力反馈作用。因而，为了能使叶片在惯性力作用下能顺利甩出，叶片采用后倾一个角度（$\alpha = 24°$）安放。

2. 限压式变量叶片泵

变量叶片泵的变量方式有手调和自调两种。自调变量泵又根据工作特性的不同分为限压式、恒压式和恒流式三类。其中以限压式应用较多。限压式变量叶片泵又可分为外反馈式和内反馈式。

1）外反馈式变量叶片泵

工作原理图如图 3-19 所示。转子 1 的中心 O_1 是不变，定子 2 则可以左右移动，定子在右侧限压弹簧 3 的作用下，被推向左端和柱塞 6 靠牢。使定子和转子间有原始偏心量 e_0，它决定了泵的最大流量，e_0 的大小可通过流量调节螺钉 7 调节。泵的出口压力 p，经泵体内通道作用于左侧反馈柱塞 6 上，使反馈柱塞对定子 2 产生一个作用力 pA（A 为柱塞面积）。由于泵的出口压力 p 取决于外负载，随负载而变化，当供油压力较低，$pA \leqslant kx_0$ 时（k 为弹簧刚度，x_0 为弹簧的预压缩量），定子不动，最大偏心距 e_0 保持不变，泵的输出流量为最大。当泵的工作压力升高而大于限定压力 p_B 时，$pA \geqslant kx_0$。这时限压弹簧被压缩，定子右移，偏心量减少，泵的流量也随之减小。泵的工作压力越高，偏心量就越小，泵的流量也越小。当泵的压力增加使定子与转子偏心量近似为零（微小偏心量所排出流量只补偿内泄漏）时，泵的输出流量为零。此时泵的压力 p_C 称为泵的极限工作压力。p_B 称为限定压力（即保持原偏心量 e_0 不变时的最大工作压力）。限压式变量叶片泵的流量压力特性曲线如图 3-20 所示。调节螺钉 7，可改变偏心量 e_0，输出流量随之变化，AB 曲线上下平移。调节限压螺钉 4 时，改变 x_0 可使 BC 曲线左右平移。

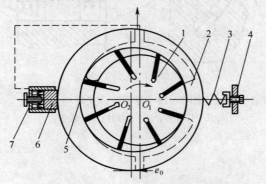

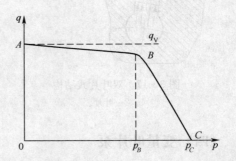

图 3-19　外反馈式变量叶片泵工作原理　　　　图 3-20　限压式变量叶片泵的特性曲线
1—转子；2—定子；3—弹簧；4—限压螺钉；
5—配油盘；6—反馈缸柱塞；7—调节螺钉。

2）内反馈式变量叶片泵

工作原理如图 3-21 所示。其结构与外反馈基本相同，只是没有"外"反馈的柱塞缸；"内"反馈力的产生，使配油盘上吸、压油窗口偏转一个角度 θ（图 3-21），致使压油区的液压力作用在定子上的径向不平衡力 F 的水平分力 F_x 与 kx_0 方向相反。当泵的工作压力 p 升高时，F_x 也增大。当 $F_x > kx_0$ 时，定子右移，e 减小，流量减小。

3）限压式变量叶片泵的调整和应用

由限压式变量叶片泵的流量压力特性曲线可知，它很适用于机床有"快进、慢进"以及"保压系统"的场合。快速时负载小，压力低，流量大，泵处于特性曲线 AB 段。慢速进给时，负载大，压力高，流量小，泵自动转换到特性曲线 BC 段某点工作。保压时，在近 p_C 点工作，提供小流量补偿系统泄漏。如某限压泵原特性曲线如图 3-22 中曲

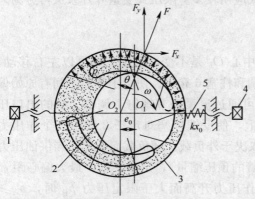

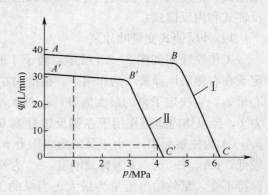

图 3-21　内反馈式变量叶片泵的工作原理　　　　图 3-22　限压式变量叶片泵 $q-p$ 特性曲线调整
1、4—调节螺钉；2—转子；3—定子；5—弹簧。

44

线 I 所示，若机床快进时所需泵的工作压力为 1MPa，流量为 30L/min，工进时泵的工作压力为 4MPa，所需要流量为 5L/min，调整泵的 $q-p$ 特性曲线以满足工作需要。

根据题意，若按泵的原始 $q-p$ 特性曲线工作，快进流量太大，工进时泵的出口工作压力也太高，与机床工作要求不相适应，所以必须进行调整。调整时一般先调节流量螺钉 1，移动定子减小偏心 e_0，使 AB 线向下移至流量为 30L/min 处，然后再调整限压螺钉，减少弹簧预压缩量，使 BC 段左移到曲线 II 上工作，以满足机床工作需要。曲线 II 为调整后泵的工作特性曲线。

4）限压式变量叶片泵的结构

图 3-23 为外反馈限压式变量叶片泵（YBX-25 型）的结构图。液压泵的轴 2 支承在两个滚针轴承 1 上，它带动转子 7 作逆时针方向回转。转子的中心是不变的，定子 6 可以上下移动。滑块 8 用来支持定子 6，并承受压力油对定子的作用力。滑块支承在滚针 9 上，提高定子随滑块对油压变化时移动反应灵敏度。在限压弹簧 4 的作用下，通过弹簧座使定子紧靠在活塞 11 上，使定子中心和转子中心之间有个偏心距 e_0，偏心距大小可用螺钉 10 来调节。螺钉 10 调定后，即确定了泵的最大偏心量，也即泵的排量最大。液压泵出口的压力油经孔 a（图中虚线所示）到活塞 11 的下端，使其产生一个改变偏心量 e 的反馈力，通过调节螺钉 3 可调节限压弹簧 4 以改变泵的限定工作压力和输出最大工作压力。

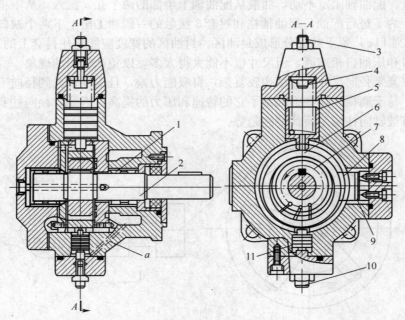

图 3-23 外反馈限压式变量叶片泵结构

1—滚针轴承；2—轴；3—调节螺钉；4—限压弹簧；5—套；6—定子；
7—转子；8—滑块；9—滚针；10—螺钉；11—活塞。

限压式变量叶片泵常用于执行元件需要有快、慢速运动的液压系统中，可以降低功率损耗，减少油液发热，与采用双联泵供油相比，可以简化油路，节省液压元件。

知识点4　柱　塞　泵

叶片泵和齿轮泵，受使用寿命或容积效率的影响，一般只宜作中、低压泵。柱塞泵是依靠柱塞在缸体内往复运动，使密封容积产生变化，来实现吸油和压油的。由于柱塞与缸体内孔均为圆柱表面，因此加工方便、配合精度高、密封性能好、容积效率高，同时，柱塞处于受压状态，能使材料的强度性能充分发挥，只要改变柱塞的工作行程就能改变泵的排量，所以柱塞泵具有压力高、结构紧凑、效率高、流量调节方便等优点。由于单柱塞泵只能断续供油，因此作为实用的柱塞泵，常以多个单柱塞泵组合而成，根据其排列方向不同可分为径向柱塞泵和轴向柱塞泵。

（一）径向柱塞泵

图3-24所示为径向柱塞泵的工作原理，这种泵由定子4、转子（缸体）2、配油轴5、衬套3和柱塞1等主要零件组成。衬套紧配在转子孔内，随着转子一起旋转，而配油轴则是不动的。当转子顺时针旋转时，柱塞在离心力，或在低压油作用下，压紧在定子内壁上。由于转子和定子间有偏心 e，故转子在上半周转动时柱塞向外伸出，径向孔内的密封工作容积逐渐增大，形成局部真空，将油箱中的油经配油轴上的 b 腔吸入；转子转到下半周时，柱塞向里推入，密封工作容积逐渐减小，将油液从配油轴上的 c 腔向外排出。转子每转一周，各柱孔吸油和压油各一次。移动定子以改变偏心 e，可以改变泵的排量。配油轴固定不动，油液从配油轴上半部的两个孔 a 流入，从下半部两个油孔 d 压出，为了进行配油，配油轴在和衬套3接触的一段加工出上下两个缺口，形成吸油口 b 和压油口 c，留下的部分形成封油区。封油区的宽度应能封住衬套上的吸压油孔，以防吸油口和压油口相连通，但尺寸也不能大得太多，以免产生困油现象。

径向柱塞泵径向尺寸大，结构较复杂，自吸能力差，且配油轴受到径向不平衡液压力的作用，易于磨损，这些都限制了它的转速和压力的提高。因此，径向柱塞泵目前应用不多，有被轴向柱塞泵所代替的趋势。

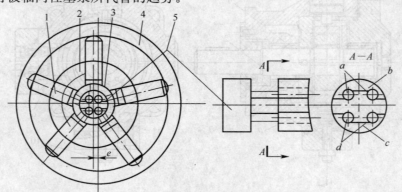

图3-24　径向柱塞泵工作原理图
1—柱塞；2—转子；3—衬套；4—定子；5—配油轴。

（二）轴向柱塞泵

1. 轴向柱塞泵的工作原理
轴向柱塞泵的柱塞平行于缸体轴心线，其工作原理如图3-25所示。它主要由柱塞

5、缸体 7、配油盘 10 和斜盘 1 等零件组成。斜盘 1 和配油盘 10 固定不动，斜盘法线和缸体轴线间的交角为 γ。缸体由轴 9 带动旋转，缸体上均匀分布了若干个轴向柱塞孔，孔内装有柱塞 5，套筒 4 在弹簧 6 作用下，通过压板 3 而使柱塞头部的滑履 2 和斜盘靠牢，同时套筒 8 则使缸体 7 和配油盘 10 紧密接触，起密封作用。当缸体按图示方向转动时，由于斜盘和压板的作用，迫使柱塞在缸体内作往复运动，使各柱塞与缸体间的密封容积增大或缩小变化，通过配油盘的吸油窗口和压油窗口进行吸油和压油。当缸孔自最低位置向前上方转动（前面半周时），柱塞在转角 0～π 范围内逐渐向左伸出，柱塞端部的缸孔内密封容积增大，经配油盘吸油窗口吸油；柱塞在转角 π～2π（里面半周）范围内，柱塞被斜盘逐步压入缸体，柱塞端部密封容积减小，经配油盘排油窗口而压油。

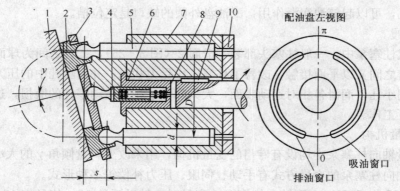

图 3-25　轴向柱塞泵的工作原理图

1—斜盘；2—滑履；3—压板；4、8—套筒；5—柱塞；6—弹簧；7—缸体；9—轴；10—配油盘。

如果改变斜盘倾角 γ 的大小，就能改变柱塞的行程长度，也就改变了泵的排量。如果改变斜盘倾角的方向，就能改变泵的吸压油方向，就成为双向变量轴向柱塞泵。

由于柱塞的瞬时移动速度不相同，因而输出流量是脉动的，不同柱塞数目的柱塞泵，其输出流量的脉动率也不同。其大小变化规律见表 3-2。

表 3-2　柱塞泵的流量脉动率

柱塞数 Z	5	6	7	8	9	10	11	12
脉动率/%	4.98	14	2.53	7.8	1.53	4.98	1.02	3.45

由表 3-2 可以看出柱塞数较多并为奇数时，脉动率较小。故柱塞泵的柱塞数一般都为奇数。从结构和工艺考虑，常取 Z＝7 或 Z＝9。

2. 轴向柱塞泵的结构

1）缸体端面间隙的自动补偿装置

由图 3-25 可见，使缸体紧压配油盘端面的作用力，除弹簧 6 的推力外，还有柱塞孔底部的液压力。此液压力比弹簧力大得多，而且随泵的工作压力增大而增大。由于缸体始终受力紧贴着配油盘，就使端面得到了自动补偿，提高了泵的容积效率。

2）配油盘

如图 3-26 所示，a 为压油窗口、c 为吸油窗口、外圈 d 为卸压槽与回油相通，两个通孔 b 和 YB 型叶片泵配油盘上的三角槽一样，起减少冲击、降低噪声的作用。其余

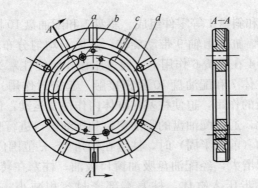

图 3-26 柱塞泵的配油盘

四个小盲孔，可以起储油润滑作用，配油盘外圆的缺口是定位槽。

3）滑履

斜盘式柱塞泵中，一般柱塞头部装一滑履 2（图 3-25），二者之间为球面接触；而滑履与斜盘之间又以平面接触，改善了柱塞工作受力状况，并由缸孔中的压力油经柱塞和滑履中间小孔，润滑各相对运动表面，大大降低了相对运动零件的磨损，这样有利于泵在高压下工作。

4）变量机构

在变量轴向柱塞泵中均设有专门的变量机构，用来改变斜盘倾角 γ 的大小以调节泵的排量，轴向柱塞泵的变量方式有手动、伺服、压力补偿等多种形式。

图 3-27 为 SCY14-1 型轴向柱塞泵，变量时，转动手轮 18，使丝杠 17 随之转动，带动变量活塞 16 沿导向键作轴向移动，通过销轴 13 使支承在变量壳体上的倾斜盘 15 绕钢球的中心转动从而改变了斜盘倾角 γ，也就改变了泵的排量，流量调好后应将锁紧螺母 19 锁紧。

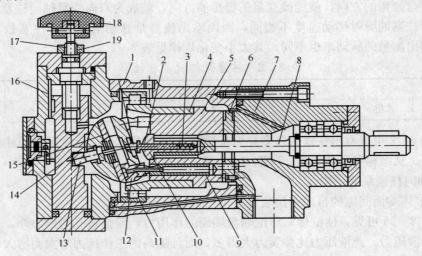

图 3-27　SCY14-1 型轴塞泵

1—泵体；2—内套；3—定心弹簧；4—钢球；5—缸体；6—配油盘；7—前泵体；8—轴；
9—柱塞；10—套筒；11—轴承；12—滑履；13—销轴；14—压盘；15—倾斜盘；16—变量
柱塞；17—丝杠；18—手轮；19—锁紧螺母。

知识点 5 螺 杆 泵

图 3-28 所示为一种三螺杆泵的结构图，在壳体 2 内放置有三根平行的双头螺杆，中间为主动螺杆（凸螺杆），两侧为从动螺杆（凹螺杆）。互相啮合的三根螺杆与壳体之间形成多个密闭容积，每个密闭的容积为一级，其长度约等于螺杆的螺距。当传动轴（图中与凸螺杆为一整体）顺时针方向旋转（从轴伸出端看）时，左端螺杆密封空间逐渐形成，容积增大为吸油腔；右端螺杆密封空间逐渐消失，容积减小为压油腔。在吸油腔与压油腔之间至少有一个完整的密闭工作腔，螺杆的级数越多，泵的额定压力越高（每一级工作压差 2MPa～2.5MPa）。

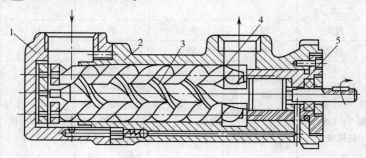

图 3-28 螺杆泵
1—后盖；2—壳体；3—主动螺杆（凸螺杆）；4—从动螺杆（凹螺杆）；5—前盖。

螺杆泵最大优点是输出流量均匀、噪声低，特别适用于对压力和流量稳定要求较高的精密机械。此外，螺杆泵的自吸性能好、容许采用高转速、流量大，因此常用在大型液压系统做补油泵。因螺杆泵内的油液由吸油腔到压油腔为无搅动地提升，因此又常被用来输送黏度较大的液体，如原油。

螺杆泵除三螺杆的结构外，尚有单螺杆泵和双螺杆泵，它们多用在石油化工部门。

螺杆泵因加工工艺复杂，加工精度要求高，需要专门的加工设备，因此应用也受到一定的限制。

知识点 6 液压泵的选用

在设计液压系统时，应根据设备的工作情况和系统要求的压力、流量、工作性能合理地选择液压泵。表 3-3 列出了液压系统中常用液压泵的一般性能比较情况。

表 3-3 各类液压泵的性能比较及应用

项目 \\ 类型	齿轮泵	双作用叶片泵	限压式变量叶片泵	轴向柱塞泵	径向柱塞泵	螺杆泵
工作压力 /MPa	<20	6.3～21	≤7	20～35	10～20	<10
转速范围 / (r·min^{-1})	300～7000	500～4000	500～2000	600～6000	700～1800	1000～18000
容积效率	0.70～0.95	0.80～0.95	0.80～0.90	0.90～0.98	0.75～0.92	0.70～0.85

项目 \\ 类型	齿轮泵	双作用叶片泵	限压式变量叶片泵	轴向柱塞泵	径向柱塞泵	螺杆泵
总效率	0.60～0.85	0.75～0.85	0.70～0.85	0.85～0.95	0.75～0.92	0.70～0.85
功率重量比	中等	中等	小	大	小	中等
流量脉动率	大	小	中等	中等	中等	很小
自吸特性	好	较差	较差	较差	差	好
对油的污染敏感性	不敏感	敏感	敏感	敏感	敏感	不敏感
噪声	大	小	较大	大	大	很小
寿命	较短	较长	较短	长	长	很长
单位功率造价	最低	中等	较高	高	高	较高
应用范围	机床、工程机械、农机、航空、船舶、一般机械	机床、注塑机、液压机、起重运输机械；工程机械、飞机	机床、注塑机	工程机械、锻压机械、起重运输机械、矿山机械、冶金机械、船舶、飞机	机床、液压机、船舶机械	精密机床、精密机械、食品、化工、石油、纺织等机械

一般在负载小、功率小的液压设备，可用齿轮泵、双作用叶片泵；精度较高的机械设备（磨床），可用双作用叶片泵、螺杆泵；在负载较大并有快速和慢速工作行程的机械设备（组合机床），可选用限压式变量叶片泵和双联叶片泵；负载大、功率大的设备（刨床、拉床、压力机）可选用柱塞泵；机械设备的辅助装置如送料、夹紧等不重要场合，可选用价格低廉的齿轮泵。

任务实施

任务一：液压机动力元件的选择和拆装

（一）分析任务

要使液压缸向下运动必须在液压缸压力油进油口输入压力油，而要使压头克服薄板工件的反向力，又要求输入的压力油的压力足够大。在液压系统中动力元件起着向系统提供动力源的作用，是系统不可缺少的核心元件，液压系统中的动力元件指的就是液压泵。

在压力机上液压泵将原动机（电动机或内燃机）输出的机械能转换为工作液体的压力能，是一种能量转换装置。液压泵有很多种，其中，齿轮泵结构简单、维护方便、造价低，对工作环境的适应性较好，而压力机上的液压泵要求维护和保养简单，成本低，所以齿轮泵能很好地满足其使用要求，为此这里选用齿轮泵作为动力元件。

（二）选择液压机的动力元件

在压力机变形装置上的液压动力元件可以选择齿轮泵。齿轮泵在实际的选用和使用时，应遵循以下几点原则。

(1) 根据不同压力级来选用齿轮泵。齿轮泵分为低压（≤2.5MPa）、中压（≤8MPa～16MPa）和高压（≤20MPa～31.5MPa）。

(2) 由于齿轮泵是定量泵，所选用齿轮泵的流量要尽可能地与实际所要求的流量相符合，以免产生不必要的损失。

(3) 当系统流量要求过大时，可采用多联泵来解决。

(4) 在使用中应注意泵的转向应根据原动机的转向来确定，并且泵的转速要与原动机的转速范围相匹配。

(5) 系统选用过滤器的精度应与泵的压力相匹配。低压齿轮泵的污染敏感度较低，所以允许系统选用过滤精度较低的过滤器；高压齿轮泵的污染敏感度较高，故系统所选用的过滤器的精度也应比较高。

（三）实施步骤

(1) 读懂图样，熟悉所拆装齿轮泵的结构。

(2) 按指导老师要求，学生分组拆解齿轮泵，逐个拆下齿轮泵各零件，并编号。拆卸顺序：先拆掉前端盖上的螺钉和定位销，使泵体与前、后端盖分离；再拆下主动轴和主动齿轮、从动轴和从动齿轮。

(3) 在拆卸过程中，学生要注意观察主要零件的结构和相互配合关系，了解各零件在齿轮泵中的作用，找出齿轮泵的密封腔、吸压油口、配流装置等。

(4) 按次序装配各零件。装配要领：装配前要清洗各零件，将轴和端盖之间、齿轮与泵体之间的配合表面涂润滑液，然后按照拆卸时的反向顺序进行装配。

(5) 正确检测齿轮泵的工作压力。

(6) 分析齿轮泵工作时出油口压力与负载之间的关系。

(7) 各组集中，教师点评，学生提问，并完成实训报告。

教师巡回指导，并及时给每位学生打操作分数。

（四）注意事项

(1) 一人负责一个元件的拆装，实行"谁拆卸、谁装配"的制度。

(2) 拆卸时要作好拆卸记录，必要时画出装配示意图。

(3) 对于容易丢失的小零件，要放入专用小盒内。

(4) 拆卸配合件时，要小心，切勿划伤配合表面，更不可轻易用硬物敲击。

(5) 防止拆下零件受污染。

(6) 安装密封件时，注意方向。

(7) 各组相互交流时不要随便拿走其他组的零件。

(8) 装配之前要分析清楚齿轮泵的密封容积和配油装置。

(9) 装配之前要列出各元件的装配顺序。

(10) 严禁野蛮拆卸和装配。

(11) 装配之后要进行试运转。

（五）质量评价标准（表3-4）

表3-4　质量评价标准

考核项目	考 核 要 求	配分	评 分 标 准	扣分	得分	备注
拆卸	1. 正确使用拆装工具 2. 按顺序拆卸	30	1. 不正确使用工具扣10分 2. 不按顺序拆卸扣30分			
安装	1. 清洗各零件 2. 按顺序装配	40	1. 不清洗各零件，扣10分 2. 不按顺序进行装配扣30分			
试运转	进行试运转	10	不进行试运转扣10分			
安全生产	自觉遵守安全文明生产规程	10	不遵守安全文明生产扣10分			
实训报告	按时按质完成实训报告	10	1. 没有按时完成报告扣5分 2. 实训报告质量差扣2分～5分			
自评得分		小组互评得分		教师签名		

任务二：润滑装置动力元件的选择和拆装

（一）分析任务

在自动化机床的润滑装置中，经常采用液压泵作为动力元件自动向各润滑部位供油。由于工作的特殊性，所以，正确选择动力元件是保证整个润滑系统可靠工作的关键。因为润滑装置工作时，不同于液压机，它不需要液压泵输出较大的流量，也不需要液压泵输出很高的压力，但是要求液压泵在工作中噪声小，工作平稳，而齿轮泵工作时噪声大，小流量供油不稳定，因此，齿轮泵用在润滑装置中不能很好地满足工作要求，故在实际应用时，常选择叶片泵和柱塞泵作为润滑装置的动力元件。

在选用叶片泵和柱塞泵作为润滑装置动力元件时，应根据各自的工作特点合理地选择和应用。

（二）选择自动化机床润滑装置的动力元件

1. 叶片泵的选用

单作用叶片泵由于吸油腔和压油腔各占一侧，转子受到压油腔油液的作用力大于吸油腔油液的作用力，致使转子所受的径向力不平衡，从而使轴向力也不平衡，使得轴承受到较大的载荷作用，所以在实际使用中要求压油腔压力不能过高，不宜用在对油压要求较高的场合。

双作用叶片泵流量较均匀，几乎没有流量脉动，运转平稳，噪声较低，转子受阻力相互平衡，轴承使用寿命长，结构紧凑，轮廓尺寸小，排量大。当润滑装置对动力元件要求较高时，可选择双作用叶片泵作为动力元件。

在选用叶片泵作为动力元件时应注意以下几点。

（1）叶片泵使用时应注意液压油的黏度。黏度过高，吸油阻力增大，将会影响泵的流量；黏度过低，则会因叶片泵内部间隙的影响，造成真空度不够，难吸油，对设备工作造成不良影响。

（2）油温应合适，一般应控制在 10℃～50℃。

（3）叶片泵对油液的污物非常敏感，油液不清洁会造成叶片卡死。因此，必须保证油液过滤良好以及环境清洁。

2. 柱塞泵的选用

与齿轮泵和叶片泵相比，柱塞泵能以最小的尺寸和最小的质量供给最大的动力，为一种高效泵。该泵输出压力高，输出流量大。润滑装置动力元件要求体积小、效率高，故一般选择轴向柱塞泵作为动力元件，而径向柱塞泵不作为润滑装置的动力元件使用。

在使用轴向柱塞泵时，同样要求油液要清洁。

（三）实施步骤

叶片泵的拆卸和装配：

（1）读懂图样，熟悉所拆装叶片泵的结构。

（2）按指导老师要求，学生分组拆解叶片泵，逐个拆下叶片泵各零件，并编号。拆卸顺序：先拆掉前端盖上的螺钉，取下端盖；卸下前泵体；卸下两个配油盘、定子、转子、叶片和传动轴，使它们与后泵体脱离。

（3）在拆卸过程中，学生要注意观察主要零件的结构和相互配合关系，注意两个配油盘、定子、转子、叶片之间及轴和轴承之间是预先组成一体的，不能分离的部分不要强行拆卸。

（4）按次序装配各零件。装配要领：装配前要清洗各零件，注意不要把叶片的底部和顶部装反，然后按照拆卸时的反向顺序进行装配。

（5）正确检测叶片泵的工作压力。

（6）分析叶片泵工作时出油口压力与负载之间的关系。

（7）各组集中，教师点评，学生提问，并完成实训报告。

教师巡回指导，并及时给每位学生打操作分数。

斜盘式轴向柱塞泵的拆卸和装配：

（1）读懂图样，熟悉所拆装斜盘式轴向柱塞泵的结构。

（2）按指导老师要求，学生分组拆解斜盘式轴向柱塞泵，逐个拆下柱塞泵各零件，并编号。拆卸顺序：先拆掉前泵体上的螺钉、销子，分离前泵体与中间泵体；再拆掉变量机构上的螺钉，分离中间泵体与变量机构。

拆卸前体部分：拆下端盖，再拆下传动轴、前轴承及轴套等。

拆卸中间泵体部分：卸下回程盘、柱塞，取出中心弹簧、钢球、内套以及外套等，卸下泵体和配油盘。

拆卸变量机构部分：卸下斜盘，拆掉手轮，拆卸两端的螺钉，卸掉端盖，取出丝杠、活塞等。

（3）在拆卸过程中，学生要注意观察主要零件的结构和相互配合关系，注意旋转手轮时斜盘倾角的变化。

（4）按次序装配各零件。装配要领：装配前要清洗各零件，然后按照拆卸时的反向顺序进行装配。

（5）正确检测斜盘式轴向柱塞泵的工作压力。

（6）分析斜盘式轴向柱塞泵工作时出油口压力与负载之间的关系。

（7）各组集中，教师点评，学生提问，并完成实训报告。

教师巡回指导，并及时给每位学生打操作分数。

（四）注意事项（同上）

（五）质量评价标准（同表3-4）

知识拓展

知识点1　液压泵的噪声

噪声对人们的健康十分有害，随着工业生产的发展，工业噪声对人们的影响越来越严重，已引起人们的广泛关注。目前液压技术向着高压、大流量和高功率的方向发展，产生的噪声也随之增加，而在液压系统的噪声中，液压泵的噪声占有很大的比重。

1. 液压泵产生噪声的原因

（1）液压泵的流量脉动和压力脉动，造成液压泵构件的振动，引起噪声。

（2）液压泵的工作腔从吸油腔突然和压油腔相通，或从压油腔突然和吸油腔相通时，产生的油液流量和压力突变，引起噪声。

（3）空穴现象，当液压泵吸油腔中的压力小于油液所在温度下的空气分离压时，溶解在油液中的空气高速析出变成气泡，这种带有气泡的油液进入高压腔时，气泡被击破，形成局部的高频压力冲击，引起噪声。

（4）液压泵内流道的截面突然扩大、收缩、急拐弯或通道截面过小而导致液体紊流、旋涡及喷流，引起噪声。

（5）机械原因，如转动部分不平衡、轴承不良、泵轴弯曲等机械振动引起的机械噪声。

2. 降低液压泵噪声的措施

（1）消除液压泵内部油液压力的急剧变化。

（2）为吸收液压泵流量及压力脉动，在液压泵的出口装置消声器。

（3）装在油箱上的液压泵应使用橡胶垫减振。

（4）压油管部分用橡胶软管，对泵和管路的连接进行隔振。

（5）防止液压泵产生空穴现象，可采用直径较大的吸油管，减小管道局部阻力；采用大容量的吸油过滤器，防止油液中混入空气；合理设计液压泵，提高零件刚度。

知识点2　液压泵站

液压泵站又称液压站，是独立的液压装置。它按逐级要求供油，并控制液压油流动方向、压力和流量，适用于主机与液压装置可分离的各种液压机械。用户只要将液压站与主机上的执行机构（液压缸或液压马达）用油管相连，液压机械即可实现各种规定的动作和工作循环。

液压泵站一般是由液压泵装置、集成块或阀组合、油箱、电气盒组合构成，如图

3-29所示。各部件功能如下：

（1）液压泵装置。其上装有电动机和液压泵，是液压站的动力源，将机械能转化为液压油的压力能。

（2）集成块。由液压阀及通道体组装而成。对液压油实行方向、压力和流量的调节。

（3）阀组合。板式阀装在立板上，板和管连接，与集成块功能相同。

（4）油箱。板焊的半封闭容器，其上还装有滤油网、空气滤清器等，用来储存、冷却及过滤液压油。

图 3-29　液压泵站

（5）电气盒。分两种形式：一种设置外接引线的端子板；一种配置全套控制电器。

液压站的工作原理：电动机带动液压泵转动，液压泵从油箱中吸油、供油，将机械能转化为液压油的压力能，液压油通过集成块（或阀组合）实现方向、压力和流量的调节后经外接管路至液压机械的液压缸或液压马达中，从而控制液动机运动方向的变换、力量的大小及速度的快慢，推动各种液压机械做功。

知识点 3　液压泵的常见故障及其排除方法

1. 齿轮泵的常见故障及其排除方法

齿轮泵常见的故障有容积效率低、压力提不高、噪声大、堵头或密封圈被冲出等。产生这些故障的原因及排除方法见表 3-5。

表 3-5　齿轮泵的常见故障及排除方法

故障现象	产 生 原 因	排 除 方 法
噪声大	1. 吸油管接头、泵体与盖板结合面、堵头和密封圈等处密封不良，有空气被吸入 2. 齿轮齿形精度太低 3. 端面间隙过小 4. 齿轮内孔与端面不垂直、盖板上两孔轴线不平行、泵体两端面不平行等 5. 两盖板端面修磨后，两困油卸荷槽距离增大，产生困油现象 6. 装配不良，如主动轴转一周有时轻时重现象 7. 滚针轴承等零件损坏 8. 泵轴与电动机轴不同轴 9. 出现空穴现象	1. 用涂脂法查出泄漏处。更换密封圈；用环氧树脂黏结剂涂敷堵头配合面再压进；用密封胶涂敷管接头并拧紧；修磨泵体与盖板结合面保证平面度不超过 0.005mm 2. 配研或更换齿轮 3. 配磨齿轮、泵体和盖板端面，保证端面间隙 4. 拆检、修磨或更换有关零件 5. 修整困油卸荷槽，保证两槽距离 6. 拆检、装配调整 7. 拆检、更换损坏件 8. 调整联轴器，使同轴度误差小于 $\phi0.1$mm 9. 检查吸油管、油箱、过滤器、油位及油液黏度等，排除空穴现象

故障现象	产 生 原 因	排 除 方 法
容积效率低、压力提不高	1. 端面间隙和径向间隙过大 2. 各连接处泄漏 3. 油液黏度太大或太小 4. 溢流阀失灵 5. 电动机转速过低 6. 出现空穴现象	1. 配磨齿轮、泵体和盖板端面，保证端面间隙；将泵体相对于两盖板向压油腔适当平移，保证吸油腔处径向间隙，再紧固螺钉，试验后，重新配钻、铰销孔，用圆锥销定位 2. 紧固各连接处 3. 测定油液黏度，按说明书要求选用油液 4. 拆检，修理或更换溢流阀 5. 检查转速，排除故障根源 6. 检查吸油管、油箱、过滤器、油位等，排除空穴现象
堵头或密封圈被冲掉	1. 堵头将泄漏通道堵塞 2. 密封圈与盖板孔配合过松 3. 泵体装反 4. 泄漏通道被堵塞	1. 将堵头取出涂敷上环氧树脂黏结剂后，重新压进 2. 检查，更换密封圈 3. 纠正装配方向 4. 清洗泄漏通道

2. 叶片泵的常见故障及其排除方法

叶片泵的常见故障及其排除方法见表 3-6。

表 3-6　叶片泵的常见故障及排除方法

故 障	原 因	排 除 方 法
吸不上油	1. 液压泵吸空 2. 叶片与槽的配合过紧，卡死 3. 电动机反转	1. 检查管道、滤油器、油箱等是否存在漏气、堵塞等 2. 检修叶片，修磨叶片或槽，保证叶片移动灵活 3. 检查电动机转向
排量及压力不足	1. 吸入空气 2. 过滤器堵塞 3. 个别叶片移动不灵活 4. 轴向间隙大 5. 溢流阀失灵 6. 系统漏油	1. 检查，排气 2. 及时清洗 3. 检修个别叶片，使之灵活运动 4. 检查间隙并修整 5. 检查调整 6. 检查排除
产生噪声	1. 液压泵吸空 2. 个别叶片在转子内卡住 3. 吸油过滤器容量小	1. 检查管道、过滤器、油箱等是否存在漏气、堵塞等 2. 检修个别叶片，使之灵活运动 3. 增加过滤器容量

小　结

通过对各种油泵的介绍，可以看出，尽管它们的结构形式多种多样，但是它们的工作原理都是利用密封容积的变化来实现能量转换（机械能—液压能—机械能），这是它们共同的本质。这一共同的本质，规定了容积式油泵具有下述共性。

（1）理论流量只和密封容积变化的大小及其变化频率有关，与压力无关。压力仅通过泄漏影响实际的流量，即影响容积效率。

（2）油泵在运转中，实际工作压力完全取决于所驱动的负载。其额定工作压力的大小与其密封性、结构、受力情况有关，而其中密封性起着主要的作用。

对于油泵来说，最重要的结构参数就是流量、额定压力及其转速。应该注意，额定压力体现了泵的能力，至于在运转过程中泵的实际压力是随外界负载变化的。在泵的性能中还应注意其效率。容积效率反映了泄漏的影响，其影响泵的实际流量；机械效率反映了机械摩擦损失，其影响驱动泵所需转矩。所以泵的总效率为这两个效率的乘积，这和一般机械中仅有机械效率的情况是不同的。

思考与练习

3-1　什么叫液压泵的容积效率、机械效率和总效率？相互关系如何？

3-2　为什么液压泵的实际工作压力不宜比额定压力低很多？为什么液压泵在低转速下工作时，容积效率和总效率均比额定转速时要低？

3-3　什么是齿轮泵的困油现象？变量叶片泵的困油现象与齿轮泵有何不同？轴向柱塞泵是否也有困油现象？怎样产生的？

3-4　为什么齿轮泵的齿轮多为修正齿轮？

3-5　有一齿轮泵的齿轮模数 $m=3\text{mm}$，齿数 $Z=15$，齿宽 $B=25\text{mm}$，转速 $n=1450\text{r/min}$，在额定压力下输出流量 $q_v=25\text{L/min}$，试求该泵的容积效率。

3-6　某液压泵的输出油压 $p=100\times10^5\text{Pa}$，转速 $n=1450\text{r/min}$，排量 $V=200\text{mL/r}$，容积效率 $\eta_v=0.95$，总效率 $\eta=0.9$。求驱动泵的电机功率至少多少？泵的输出功率是多少？

3-7　双作用式定量叶片泵的叶片在转子槽中为何向前有一倾角？而单作用式叶片泵的叶片为何向后有一倾角？

3-8　为什么双作用叶片泵的叶片数取为偶数？而单作用叶片泵的叶片数取为奇数？

3-9　为保证双作用叶片泵的叶片在转子叶片槽内自由滑动并紧贴定子内表面，通常采用叶片槽根部全部通高压油的措施。请分析这一措施带来的三个方面的副作用。

3-10　为什么轴向柱塞泵一般不能反向旋转使用？如工作时要求能够正反转，结构上应采取什么措施？

3-11　有一齿轮泵，已知顶圆直径 $D_e=48\text{mm}$，齿宽 $B=24\text{mm}$，齿数 $Z=13$。若最大工作压力 $p=10\text{MPa}$，电动机转速 $n=980\text{r/min}$，求电动机功率（泵的容积效率 $\eta_{pv}=0.90$，总效率 $\eta_p=0.8$）。

3-12　有一齿轮泵，在齿轮两侧端面间隙 $s_1=s_2=0.04\text{mm}$，转速 $n=1000\text{r/min}$，工作压力 $p=2.5\text{MPa}$ 时输出的流量 $q_v=20\text{L/min}$，容积效率 $\eta_{pv}=0.90$。工作一段时间后，端面间隙因磨损分别增大为 $s_1=0.042\text{mm}$，$s_2=0.048\text{mm}$（其他间隙不变）。若泵的工作压力和转速不变，求此时的容积效率。（提示：$s_1=s_2=0.04\text{mm}$ 时端面间隙泄漏占总泄漏的 85%）

项目4 执行元件的选择和拆装

液压执行元件是将液压能转变成机械能的能量转换装置，液压执行元件有液压缸和液压马达两种类型，二者的区别在于：液压缸将液压能转变成往复运动的机械能；而液压马达则将液压能转变成连续回转的机械能。

【知识目标】

1. 液压缸的主要类型及典型结构。
2. 双作用单杆液压缸的工作特点和运动速度以及推力的计算。
3. 差动液压缸的工作特点和运动速度以及推力的计算。
4. 液压缸常见故障及其排除方法。

【能力目标】

1. 能够理解液压缸的分类和工作原理。
2. 能够进行液压缸的推力和速度计算。
3. 能够对液压缸拆装并进行液压缸的结构分析。
4. 能够正确选用液压缸。

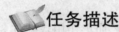 **任务描述**

任务：液压压力机动力元件的选择和拆装

如图4-1所示为液压压力机的外形图，液压压力机主轴工作时产生上下运动，那么在液压压力机中由什么元件来带动主轴完成这一运动呢？该如何选择这些元件呢？液压缸在实际使用过程中应考虑哪些参数呢？这些参数又由哪些因素来决定？液压缸的结构特点又是怎样的？

图4-1 液压压力机外形图

知识链接

液压缸既是液压传动系统中常用的执行元件，也是一种实现能量转换的元件，它可以将油液的压力能转换为机械能，从而实现执行机构的往复直线运动或摆动，输出力或扭矩。本项目以常用双作用单杆液压缸为载体，进行拆装与结构分析，使学习者能熟记执行元件的工作原理和性能参数，能正确选用和拆装液压缸，并能分析液压缸的工作压力和运动速度。

知识点1 液压缸

液压缸按结构特点的不同可分为活塞缸、柱塞缸和摆动缸三类。活塞缸和柱塞缸用以实现直线运动，输出推力和速度；摆动缸用以实现小于360°的转动，输出转矩和角速度。

液压缸按其作用方式不同可分为单作用式和双作用式两种。单作用式液压缸中液压力只能使活塞（或柱塞）单方向运动，反方向运动必须靠外力（如弹簧力或自重等）实现；双作用式液压缸可由液压力实现两个方向的运动。

1. 活塞缸

活塞缸可分为双杆式和单杆式两种结构，其固定方式有缸体固定和活塞杆固定两种。

1）双杆活塞缸

图4-2为双杆活塞缸原理图。其活塞的两侧都有伸出杆，当两活塞杆直径相同，缸两腔的供油压力和流量都相等时，活塞（或缸体）两个方向的运动速度和推力也都相等。因此，这种液压缸常用于要求往复运动速度和负载相同的场合，如各种磨床。

图4-2（a）为缸体固定式结构简图。当缸的左腔进压力油，右腔回油时，活塞带动工作台向右移动；反之，右腔进压力油，左腔回油时，活塞带动工作台向左移动。工作台的运动范围略大于缸有效长度的三倍，一般用于小型设备的液压系统。

图4-2（b）为活塞固定式结构简图。液压油经空心活塞杆的中心孔及其活塞处的径向孔 c、d 进、出液压缸。当缸的左腔进压力油，右腔回油时，缸体带动工作台向左移动；反之，右腔进压力油，左腔回油时，缸体带动工作台向右移动。其运动范围略大于缸有效行程的两倍，常用于行程长的大、中型设备的液压系统。

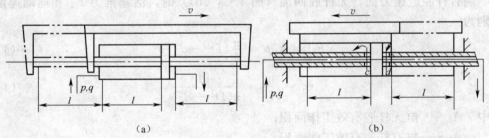

（a）   （b）

图4-2 双杆活塞缸

双杆活塞缸的推力和速度可按下式计算：

$$F = Ap = \frac{\pi}{4}(D^2 - d^2)p \qquad (4-1)$$

$$v = \frac{q}{A} = \frac{4q}{\pi(D^2 - d^2)} \qquad (4-2)$$

式中　A——液压缸有效工作面积；

　　　F——液压缸的推力；

　　　v——活塞（或缸体）的运动速度；

　　　p——进油压力；

　　　q——进入液压缸的流量；

　　　D——液压缸内径；

d——活塞杆直径。

2）单杆活塞缸

图 4-3 为单杆活塞缸原理图。其活塞的一侧有伸出杆，两腔的有效工作面积不相等。当向缸两腔分别供油，且供油压力和流量相同时，活塞（或缸体）在两个方向的推力和运动速度不相等。

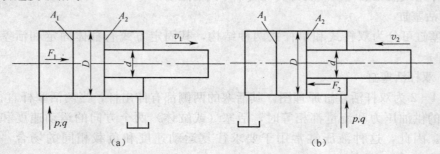

图 4-3　单杆活塞缸

当无杆腔进压力油、有杆腔回油（图 4-3（a））时，活塞推力 F_1 和运动速度 v_1 分别为

$$F_1 = A_1 p = \frac{\pi}{4} D^2 p \qquad (4-3)$$

$$v_1 = \frac{q}{A_1} = \frac{4q}{\pi D^2} \qquad (4-4)$$

当有杆腔进压力油、无杆腔回油（图 4-3（b））时，活塞推力 F_2 和运动速度 v_2 分别为

$$F_2 = A_2 p = \frac{\pi}{4}(D^2 - d^2) p \qquad (4-5)$$

$$v_2 = \frac{q}{A_2} = \frac{4q}{\pi(D^2 - d^2)} \qquad (4-6)$$

式中　A_1——缸无杆腔有效工作面积；

　　　A_2——缸有杆腔有效工作面积。

比较上面公式可知：$v_1 < v_2$，$F_1 > F_2$。即无杆腔进压力油工作时，推力大，速度低；有杆腔进压力油工作时，推力小，速度高。因此，单杆活塞缸常用于一个方向有较大负载但运行速度较低，另一个方向为空载快速退回运动的设备。例如，各种金属切削机床、压力机、注塑机、起重机的液压系统即常用单杆活塞缸。

单杆活塞缸两腔同时通入压力油时，如图 4-4 所示，由于无杆腔工作面积比有杆腔工作面积大，活塞向右的推力大于向左的推力，故其向右移动。液压缸的这种连接称为差动连接。

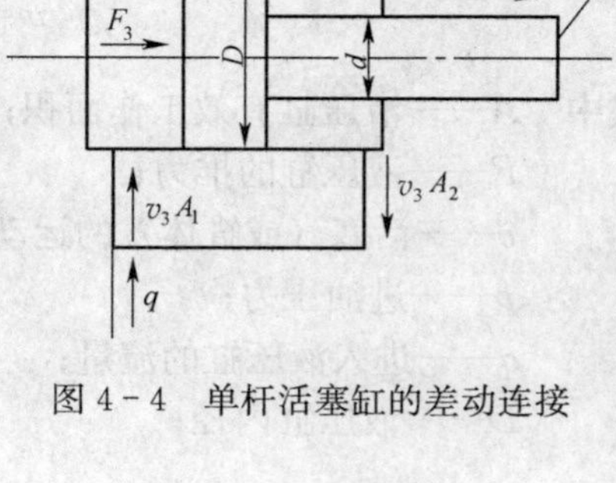

差动连接时，活塞的推力 F_3 为

$$F_3 = A_1 p - A_2 p = A_3 p = \frac{\pi d^2}{4} p \qquad (4-7)$$

图 4-4　单杆活塞缸的差动连接

若活塞的速度为 v_3，则无杆腔的进油量为 v_3A_1，有杆腔的出油量为 v_3A_2，因而有

$$v_3A_1 = q + v_3A_2$$

故

$$v_3 = \frac{q}{A_1 - A_2} = \frac{q}{A_3} = \frac{4q}{\pi d^2} \qquad (4-8)$$

比较式（4-4）、式（4-8）可知，$v_3 > v_1$；比较式（4-3）、式（4-7）可知，$F_3 < F_1$。这说明单杆活塞缸差动连接时，能使运动部件获得较高的速度和较小的推力。因此，单杆活塞缸还常用在需要实现"快进（差动连接）→工进（无杆腔进压力油）→快退（有杆腔进压力油）"工作循环的组合机床等设备的液压系统中。这时，通常要求"快进"和"快退"的速度相等，即 $v_3 = v_2$。由式（4-8）、式（4-6）知，$A_3 = A_2$，即 $D = \sqrt{2}\,d$（或 $d = 0.71D$）。

单杆活塞缸不论是缸体固定，还是活塞杆固定，工作台的活动范围都略大于缸有效行程的两倍。

2. 柱塞缸

活塞缸缸体内孔加工精度要求很高，当缸体较长时加工困难，因而常采用柱塞缸。图 4-5（a）所示柱塞缸由缸筒 1、柱塞 2、导向套 3、密封圈 4 和压盖 5 等零件组成。柱塞由导向套 3 导向，与缸体内壁不接触，因而缸体内孔不需要精加工，工艺性好，成本低。

柱塞端面受压，为了能输出较大的推力，柱塞一般较粗、较重。水平安装时易产生单边磨损，故柱塞缸适宜于垂直安装使用。当其水平安装时，为防止柱塞因自重而下垂，常制成空心柱塞并设置支承套和托架。

柱塞缸只能实现单向运动，它的回程需借自重（立式缸）或其他外力（如弹簧力）来实现。在龙门刨床、导轨磨床、大型拉床等大行程设备的液压系统中，为了使工作台得到双向运动，柱塞缸常成对使用，如图 4-5（b）所示。

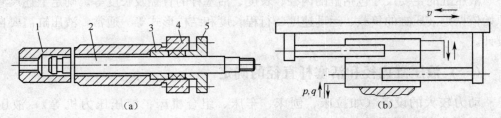

图 4-5　柱塞缸
1—缸筒；2—柱塞；3—导向套；4—密封圈；5—压盖。

3. 摆动缸

摆动缸用于将油液的压力能转变为叶片及输出轴往复摆动的机械能。它有单叶片和双叶片两种形式。图 4-6（a）、（b）为其工作原理图。它们由缸体 1、叶片 2、定子块 3、摆动输出轴 4、两端支承盘及端盖（图中未画出）等零件组成。定子块固定在缸体上，叶片与输出轴连为一体。当两油口交替通入压力油（交替接通油箱）时，叶片即带动输出轴作往复摆动。

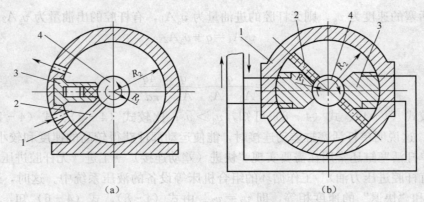

图 4-6 摆动缸
1—缸体; 2—叶片; 3—定子块; 4—摆动输出轴。

若叶片的宽度为 b, 缸的内径为 D, 输出轴直径为 d, 叶片数为 Z, 在进油压力为 p、流量为 q, 且不计回油腔压力时, 摆动缸输出的转矩 T 和回转角速度 ω 为

$$T = Zpb\frac{D-d}{2}\frac{D+d}{2} = \frac{Zpb(D^2-d^2)}{8} \tag{4-9}$$

$$\omega = \frac{pq}{T} = \frac{8q}{Zb(D^2-d^2)} \tag{4-10}$$

单叶片缸的摆动角一般不超过 $280°$, 双叶片缸当其他结构尺寸相同时, 其输出转矩是单叶片缸的两倍, 而摆动角度为单叶片缸的 $1/2$ (一般不超过 $150°$)。

摆动缸常用于机床的送料装置、间歇进给机构、回转夹具、工业机器人手臂和手腕的回转装置及工程机械回转机构等的液压系统中。

知识点 2   液压缸主要尺寸的确定

液压缸的主要尺寸包括缸的内径、长度、活塞杆的直径及长度等。确定上述尺寸的原始依据是液压缸的负载、运动速度、行程长度和结构形式等。通常, 液压缸需要自行设计。

(一) 液压缸内径和活塞杆直径的确定

动力较大的设备 (如拉床、刨床、车床、组合机床、液压压力机等), 液压缸的内径通常是先根据设备类型及缸所受负载 F 参照表 4-1 和表 4-2 确定出缸的工作压力 p, 再按表 4-3 确定出 λ ($\lambda = d/D$), 然后根据承载情况按下面的公式计算得出。

表 4-1   各类液压设备常用工作压力

设备类型	磨床	车床、铣床 钻床、镗床	组合机床	龙门刨床、 拉床	注塑机、 农业机械 小工程机械	液压压力机、 重型机械 起重运输机械
工作压力 p/MPa	0.8~2	2~4	3~5	8~10	10~16	20~32

62

表 4-2　液压缸工作压力与负载之间的关系

负载 F/kN	<5	$5\sim10$	$10\sim20$	$20\sim30$	$30\sim50$	>50
工作压力 p/MPa	$<0.8\sim1.0$	$1.5\sim2.0$	$2.5\sim3.0$	$3.0\sim4.0$	$4.0\sim5.0$	>5.0

表 4-3　系数 λ 的推荐值

	工作压力 p/MPa		
λ	<5	$5\sim7$	>7
活塞杆受拉力		$0.3\sim0.45$	
活塞杆受压力	$0.50\sim0.55$	$0.6\sim0.7$	0.7

当有杆腔进压力油驱动负载时，由于

$$F=\frac{\pi}{4}(D^2-d^2)p=\frac{\pi}{4}D^2(1-\lambda^2)p$$

故

$$D=\sqrt{\frac{4F}{\pi(1-\lambda^2)p}} \qquad (4-11)$$

当无杆腔进压力油驱动负载时，由于

$$F=\frac{\pi}{4}D^2p$$

故

$$D=\sqrt{\frac{4F}{\pi p}} \qquad (4-12)$$

由式（4-11）、式（4-12）算出的 D 值及选定的 λ 值即可求出活塞杆的直径 d ($d=\lambda D$)。D、d 的取值应按标准进行圆整。

动力较小的设备（如磨床、研磨机床、珩磨机床等），液压缸的尺寸若按负载计算，其数值可能很小，故多按结构需要而确定。对单杆活塞缸，一般是先按结构要求选定活塞杆直径 d，再按给定的速比 φ ($\varphi=v_2/v_1=D^2/(D^2-d^2)$)，并根据下式计算出缸的内径 D，即

$$D=\sqrt{\frac{\varphi}{\varphi-1}}d \quad 或 \quad D=\sqrt{\frac{v_2}{v_2-v_1}}d \qquad (4-13)$$

（二）液压缸壁厚的确定

在中、低压系统中，液压缸壁厚 δ 根据结构和工艺上的需要确定，一般不进行计算。当液压缸工作压力较高或直径较大时，才有必要对其最薄弱部位的壁厚进行强度校核。

当 $D/\delta\geqslant10$ 时，按以下薄壁筒公式校核：

$$\delta\geqslant\frac{p_yD}{2[\sigma]} \qquad (4-14)$$

当 $D/\delta<10$ 时，按以下厚壁筒公式校核：

$$\delta\geqslant\frac{D}{2}\left(\sqrt{\frac{[\sigma]+0.4p_y}{[\sigma]-1.3p_y}}-1\right) \qquad (4-15)$$

式中　p_y——试验压力，比缸最高工作压力大 20%～30%；

　　　$[\delta]$——缸筒材料的许用应力。

（三）液压缸其他尺寸的确定

液压缸的长度按其最大行程确定，一般不大于（20～30）D。活塞的宽度按缸的工作压力和活塞的密封方式确定，一般为（0.6～1）D。导向套滑动面的长度，当 $D<$ 80mm 时，取（0.6～1）D；当 $D \geqslant$ 80mm 时，取（0.6～1）d。活塞杆的长度按缸的长度、活塞的宽度、导向套的长度、端盖的有关尺寸及它与工作台的连接方式确定。对长度与直径之比大于 15 的受压活塞杆，应按材料力学公式进行稳定性校核计算。端盖的尺寸、紧固螺钉的个数和尺寸，当压力不高时可由结构决定；对高压系统，则必须进行螺钉强度的校核。

知识点 3　液压缸的结构设计

（一）液压缸典型结构举例

图 4-7 为外圆磨床空心双杆活塞缸结构图。它由压盖 1、活塞杆 2、托架 3、端盖 4、V 形密封圈 5、导向套 7、销钉 8、O 形密封圈 9、活塞 10、缸筒 11、压环 12、半环 13、密封纸垫 14 及端盖 15 等零件组成。

该液压缸用托架 3 和端盖 15 与机床工作台连接在一起。两活塞杆 2 用螺母与床身支座固定在一起，螺母在支座的外侧，使活塞杆只受拉力，受热伸长时不会弯曲。活塞杆与活塞 10 用销钉 8 连接。活塞与缸筒 11 之间用 O 形密封圈 9 密封。活塞杆与端盖 4、15 之间用 V 形密封圈 5 密封，这种密封圈的密封性能可随工作压力的升高而提高。导向套 7 的内孔与活塞杆外径配合，起导向作用。

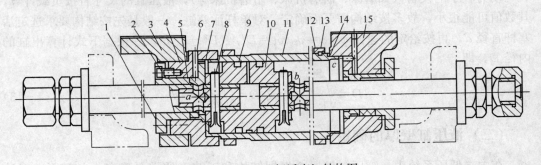

图 4-7　空心双杆活塞缸结构图

1—压盖；2—活塞杆；3—托架；4、15—端盖；5—V 形密封圈；6—堵；7—导向套；
8—销钉；9—O 形密封圈；10—活塞；11—缸筒；12—压环；13—半环；14—密封纸垫。

这种液压缸一般缸筒较长，多采用无缝钢管制成。缸筒 11 两端的环槽内嵌装两个半环 13，用以防止压环 12 向端部移动。端盖 15 和 4 通过螺钉与压环连接。端盖 4 的部分外圆面与托架 3 的光孔滑动配合，使缸体受热变形时可自由伸长。

当压力油通过左空心活塞杆经 a 孔进入液压缸的左腔，缸右腔通过 b 孔及右活塞杆中心孔回油时，液压力推动缸体带动工作台向左移动；反之，当液压缸右腔进压力油，左腔回油时，液压力推动缸体带动工作台向右移动。两端盖的上部有小孔 c 与排气阀相通，用以排除液压缸中的空气。

由上例可知，液压缸主要由缸体组件（缸筒、端盖、压环等）和活塞组件（活塞、活塞杆、导向套、密封圈等）组成。

（二）液压缸端部与端盖的连接

液压缸端部与端盖的连接方式很多。铸铁、铸钢和锻钢制造的缸体多采用法兰式连接（图 4-8（a））。这种结构易于加工和装配，其缺点是外形尺寸较大。用无缝钢管制作的缸筒，常采用半环式连接（图 4-8（b））和螺纹连接（图 4-8（d））。这两种连接方式，结构紧凑、重量轻。但半环式连接，须在缸筒上加工环形槽，削弱缸筒的强度；螺纹连接，须在缸筒上加工螺纹，端部的结构比较复杂，装拆时需要专门的工具，拧紧端盖时有可能将密封圈拧扭。较短的液压缸常采用拉杆连接（图 4-8（c））。这种连接具有加工和装配方便等优点，其缺点是外廓尺寸和重量较大。此外，还有焊接式连接，其结构简单、尺寸小，但焊后缸体有变形，且不易加工，故使用较少。

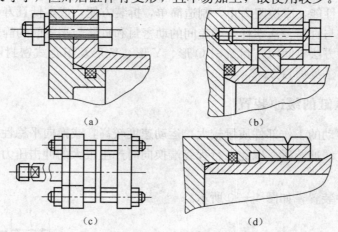

图 4-8 液压缸端部与端盖的连接
（a）法兰式；（b）半环式；（c）拉杆式；（d）螺纹式。

（三）活塞与活塞杆的连接

活塞与活塞杆的连接方式很多，常见的有锥销连接和螺纹连接（图 4-9（a）、（b）、（c））。锥销连接结构简单，装拆方便，多用于中、低压轻载液压缸中。螺纹连接装卸方便，连接可靠，适用尺寸范围广；缺点是加工和装配时都要用可靠的方法将螺母锁紧。在高压大负载的场合，特别是在振动比较大的情况下，常采用半环式连接（图 4-9（d）、（e）、（f））。这种连接拆装简单，连接可靠，但结构比较复杂。

（四）液压缸的密封装置

液压缸的密封装置用以防止油液的泄漏（液压缸一般不允许外泄漏，其内泄漏也应尽可能小），其设计的好坏对液压缸的工作性能和效率有直接的影响。因而要求密封装

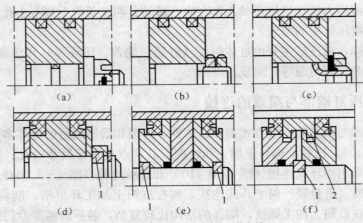

图 4-9　活塞与活塞杆的连接

(a)、(b)、(c) 螺纹连接；(d)、(e)、(f) 半环式连接。

1、2—半环。

置有良好的密封性能，摩擦阻力小，制造简单，拆装方便，成本低且寿命长。液压缸的密封主要指活塞与缸筒，活塞杆与端盖间的动密封和缸筒与端盖间的静密封。

常见的密封方法有间隙密封及用 O 形、Y 形、V 形及组合式密封圈密封。密封件的结构及选用方法见项目 5。

（五）液压缸的缓冲装置

当液压缸驱动的工作部件质量较大，运动速度较高，或换向平稳性要求较高时，应在液压缸中设置缓冲装置。以免在行程终端换向时产生很大的冲击压力、噪声、甚至机械碰撞。

常见的缓冲装置，如图 4-10 所示。

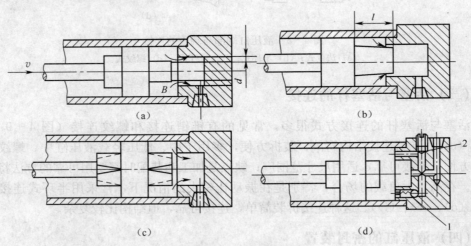

图 4-10　液压缸的缓冲装置

(a) 圆柱形环隙式；(b) 圆锥形环隙式；(c) 可变节流式；(d) 可调节流式。

1—单向阀；2—可调节流阀。

1. 环状间隙式缓冲装置

图 4-10 (a) 为圆柱形环隙式缓冲装置，活塞端部有圆柱形缓冲柱塞，当柱塞运行至液压缸端盖上的圆柱光孔内时，封闭在缸筒内的油液只能从环形间隙 δ 处挤出去。这时活塞即受到一个很大的阻力而减速制动，从而减缓了冲击。图 4-10 (b) 为圆锥形环隙式缓冲装置，其缓冲柱塞加工成圆锥体（锥角约为 10°），环形间隙 δ 将随柱塞伸入端盖孔中距离的增长而减小，从而获得更好的缓冲效果。

2. 可变节流式缓冲装置

图 4-10 (c) 为可变节流式缓冲装置；在其圆柱形的缓冲柱塞上开有几个均布的三角形节流沟槽，随着柱塞伸入孔中距离的增长，其节流面积减小，使缓冲作用均匀，冲击压力小，制动位置精度高。

3. 可调节流式缓冲装置

图 4-10 (d) 为可调节流式缓冲装置。其在液压缸的端盖上设有单向阀 1 和可调节流阀 2。当缓冲柱塞伸入端盖上的内孔后，活塞与端盖间的油液须经节流阀 2 流出。由于节流口的大小可根据液压缸负载及速度的不同进行调整，因此能获得最理想的缓冲效果。当活塞反向运动时，压力油可经单向阀 1 进入活塞端部，使其迅速启动。

（六）液压缸的排气装置

液压系统中混入空气后会使其工作不稳定，产生振动、噪声、低速爬行及启动时突然前冲等现象。因此，在设计液压缸时必须考虑空气的排除。

对于要求不高的液压缸可以不设专门的排气装置，而将油口布置在缸筒两端的最高处，由流出的油液将缸中的空气带往油箱，再从油箱中逸出。对速度的稳定性要求高的液压缸和大型液压缸，则需在其最高部位设置排气孔并用管道与排气阀相连（图 4-11）排气，或在其最高部位设置排气塞（图 4-12）排气。当打开排气阀（图示位置）或松开排气塞的螺钉并使液压缸活塞（或缸体）以最大的行程快速运行时，缸中的空气即可排出。一般空行程往复 8 次～10 次即可将排气阀或排气塞关闭，液压缸便可进入正常工作。

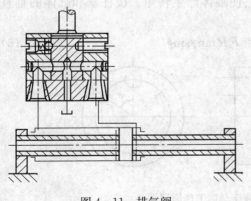

图 4-11 排气阀

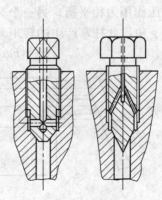

图 4-12 排气塞

知识点4 液 压 马 达

液压马达和液压泵在结构上是基本相同的。液压马达按结构也可分为齿轮式、叶片式和柱塞式三大类。液压马达是把液压能转换为机械能的元件。但由于泵和马达二者的任务和工作条件不同，故在实际结构上有的也存在着一定的区别。

（一）叶片式液压马达

图4-13所示为叶片式液压马达的工作原理图，图中1～8均为叶片。当压力油通入压油腔后，在叶片1、3（或5、7）上，一面作用有压力油，另一面则为无压油，由于叶片1、5受力面积大于叶片3、7，从而由叶片受力差构成的力矩推动转子和叶片作顺时方向旋转。

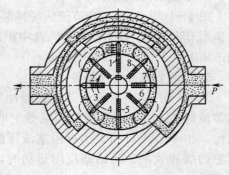

为使液压马达正常工作，叶片式液压马达在结构上与叶片泵有一些重要区别。根据液压马达要双向旋转的要求，马达的叶片既不前倾也不后倾，而是径向放置。叶片应始终紧贴定

图4-13 叶片式液压马达工作原理

子内表面，以保证正常启动，因此，在吸、压油腔通入叶片根部的通路上应设置单向阀，使叶片底部能与压力油相通外，还另设弹簧，使叶片始终处于伸出状态，保证初始密封。

叶片式液压马达的转子惯性小，动作灵敏，可以频繁换向，但泄漏量较大，不宜在低速下工作，因此叶片式液压马达一般用于转速高、转矩小、动作要求灵敏的场合。

（二）轴向柱塞式液压马达

图4-14是轴向柱塞式液压马达的工作原理图。当压力油经配油盘通入柱塞底部孔时，柱塞受压力油作用向外伸出，并紧紧压在斜盘上，这时斜盘对柱塞产生一反作用力 F。由于斜盘倾斜角为 γ，所以 F 可分解为两个分力：一个轴向分力 F_x，它和作用在柱塞上的液压作用力相平衡；另一个分力 F_y，它使缸体产生转矩。设柱塞和缸体的垂直中心线成 ϕ 角，此柱塞产生的转矩为

$$T_i = F_y a = F_y R \sin\phi = F_x R \tan\gamma \sin\phi \qquad (4-16)$$

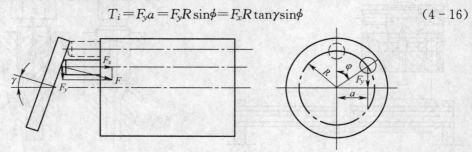

图4-14 轴向柱塞式液压马达工作原理

式中 R——柱塞在缸体中的分布圆半径。

液压马达输出的转矩应是处于高压腔柱塞产生转矩的总和，即

$$T=\sum F_x R\tan\gamma\sin\phi \qquad (4-17)$$

由于柱塞的瞬时方位角 ϕ 是变量，柱塞产生的转矩也发生变化，故液压马达产生的总转矩也是脉动的。

任务实施

（一）分析任务

分析上述任务可知，液压机主轴要完成工作所需的上下运动必须靠液压传动系统中相关的元件来带动，这个元件就是液压传动系统中的执行元件。在液压传动系统中执行元件一般有液压缸和液压马达两种，液压缸将压力油转化为直线运动，液压马达将压力油转化为旋转运动。此任务中需要采用液压缸作为执行元件来带动主轴产生上下运动。

（二）选择液压机的执行元件

双作用单杆液压缸带动工作部件的往复运动不一致，常用于实现机床设备中的快速退回和慢速工作进给。同时，双作用单出杆液压缸由于两端有效作用面积不同，无杆腔进油产生的推力大于有杆腔进油的推力，当无杆腔进油时能克服较大的外载荷，因此，也常用在需要液压缸产生较大推力的场合。如该课题任务引入中的压力机工作时，向下工进时需要慢速运动并要克服较大的工作阻力，向上退回时需要快速返回，这时候选择双作用单杆液压缸就非常合适。

双作用双出杆液压缸带动工作部件的往返速度一致，常应用于需要工作部件作等速往返直线运动的场合，如外圆磨床的工作台就由双作用双出杆液压缸驱动。对于差动液压缸，因为只需要较小的牵引力并能获得相等的往返速度，更重要的是可以使用小流量液压泵来得到较快的运动速度，所以在机床上使用也较多，如在组合机床上用于要求推力不大、速度相同的快进和快退工作循环的液压传动系统中去。

液压缸无论是用在平面磨床或是其他场合，都要在满足使用要求的前提下尽量使其质量轻、效率高、耐用、结构简单。而要达到这一目的，必须了解液压缸工作时哪些因素会影响液压缸的性能参数，这些参数与液压缸本身的工作参数有什么联系？如何确定液压缸的工作参数？

在实际选用液压缸时应考虑以下几点。

（1）根据机构运动和结构要求，选择液压缸的类型。

（2）根据机构工作力的要求，确定液压缸的输出力。

（3）根据系统压力和往返速度比，确定液压缸的主要尺寸，如缸径、活塞杆直径等，并按标准尺寸系列选择恰当的尺寸。

（4）根据机构运动的行程和速度要求，确定液压缸的长度和流量，并由此确定液压缸的通油口尺寸。

（5）根据工作压力和材料，确定液压缸的壁厚尺寸、活塞杆尺寸、螺钉尺寸及端盖结构。

（6）可靠的密封是保证液压缸正常工作的重要因素，应选择适当的密封结构。

（7）根据缓冲要求，选择适用的缓冲机构，对高速液压缸必须要设置缓冲装置。

（8）在保证获得所需要的往复运动行程和驱动力条件下，尽可能减小液压缸的轮廓尺寸。

（9）对运动平稳性要求高的液压缸应设置排气装置。

（三）实施步骤

（1）读懂图样，熟悉所拆装液压缸的结构。

（2）按指导老师要求，学生分组拆解液压缸，逐个拆下液压缸各零件，并编号。

双活塞杆液压缸拆卸顺序：先拆掉前端盖上的螺钉，卸下压盖；拆掉端盖；将活塞与活塞杆从缸体中分离。

单活塞杆液压缸拆卸顺序：先拆掉两端盖上的螺钉，卸下压盖；拆掉端盖；将活塞与活塞杆从缸体中分离。

摆动液压马达拆卸顺序：先拆掉端盖；将摆动叶片和转子从定子中取出。

（3）在拆卸过程中，学生要注意观察主要零件的结构，分析其作用。指出所拆液压缸的密封方式、活塞连接形式、端盖连接形式以及液压缸的固定安装特点。

（4）按次序装配各零件。装配要领：装配前要清洗各零件，将活塞杆与导向套、活塞与活塞杆、活塞与缸筒等配合表面涂润滑油，然后按照拆卸时的反向顺序进行装配。

（5）正确进行液压缸的推力和速度计算。

（6）各组集中，教师点评，学生提问，并完成实训报告。

教师巡回指导，并及时给每位学生打操作分数。

（四）注意事项

（1）一人负责一个元件的拆装，实行"谁拆卸、谁装配"的制度。

（2）拆卸时要作好拆卸记录，必要时画出装配示意图。

（3）对于容易丢失的小零件，要放入专用小盒内。

（4）拆卸配合件时，要小心，切勿划伤配合表面，更不可轻易用硬物敲击。

（5）防止拆下零件受污染。

（6）安装密封件时，注意方向。

（7）各组相互交流时不要随便拿走其他组的零件。

（8）装配之前要列出各元件的装配顺序。

（9）严禁野蛮拆卸和装配。

（五）质量评价标准（表4-4）

表4-4　质量评价标准

考核项目	考核要求	配分	评分标准	扣分	得分	备注
拆卸	1. 正确使用拆装工具 2. 按顺序拆卸	30	1. 不正确使用工具扣10分 2. 不按顺序拆卸扣30分			
安装	1. 清洗各零件 2. 按顺序装配	40	1. 不清洗各零件，扣10分 2. 不按顺序进行装配扣30分			

考核项目	考 核 要 求	配分	评 分 标 准	扣分	得分	备注
画图	画出各种液压缸的图形符号	10	每画错一个扣2分			
安全生产	自觉遵守安全文明生产规程	10	不遵守安全文明生产扣10分			
实训报告	按时按质完成实训报告	10	1. 没有按时完成报告扣5分 2. 实训报告质量差扣2分～5分			
自评得分		小组互评得分		教师签名		

知识拓展

知识点 其他液压缸

1. 增压缸

增压缸能将输入的低压油转变为高压油，供液压系统中的某一支油路使用。它由大、小直径分别为 D 和 d 的复合缸筒及有特殊结构的复合活塞等件组成，如图 4-15 所示。

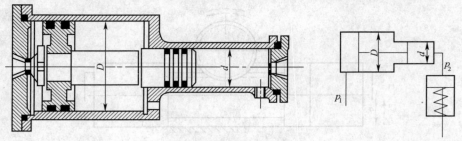

图 4-15 增压缸

若输入增压缸大端油的压力为 p_1，由小端输出油的压力为 p_2，且不计摩擦阻力，则根据力学平衡关系有

$$\frac{\pi}{4}D^2 p_1 = \frac{\pi}{4}d^2 p_2$$

故

$$p_2 = \frac{D^2}{d^2}p_1 \tag{4-18}$$

式中 D^2/d^2——增压比。

由式（4-18）可知，当 $D=2d$ 时，$p_2=4p_1$，即可增压4倍。

应该指出，增压缸只能将高压端输出油通入其他液压缸以获取大的推力，其本身不能直接作为执行元件，所以安装时应尽量使它靠近执行元件。

增压缸常用于压铸机、造型机等设备的液压系统中。

2. 伸缩缸

伸缩缸由两级或多级活塞缸套装而成，如图 4-16 所示。前一级的活塞与后一级的缸筒连为一体（图中活塞2与缸筒3连为一体）。活塞伸出的顺序是先大后小，相应的推力也是由大到小，而伸出时的速度是由慢到快。活塞缩回的顺序，一般是先小后大，而缩回的速度是由快到慢。

伸缩缸活塞杆伸出时行程大，而收缩后结构尺寸小，适用于起重运输车辆等需占空间小的机械上，如起重机伸缩臂缸、自卸汽车举升缸等。

3. 齿条活塞缸

齿条活塞缸由带齿条杆身的双活塞缸及齿轮齿条机构组成，如图 4-17 所示。它将活塞的直线往复运动转变为齿轮轴的往复摆动。调节缸两端盖上的螺钉，可调节活塞杆移动的距离，即调节了齿轮轴的摆动角度。

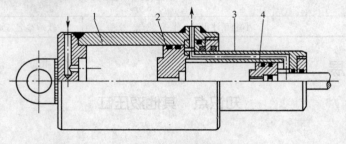

图 4-16　伸缩缸

1——级缸筒；2——级活塞；3——二级缸筒；4——二级活塞。

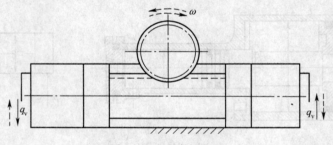

图 4-17　齿条活塞缸

齿条活塞缸常用于机械手、回转工作台、回转夹具、磨床进给系统等转位机构的驱动。

4. 多位液压缸

多位液压缸通常为杆径相等的双杆活塞缸，如图 4-18 所示。缸的两端有进油口 a、b，缸筒沿轴线方向上有多个出油孔，如 c_1、c_2、c_3、c_4、c_5。每个出油孔口都有管道与一控制阀相连，可使出油口关闭，也可使其与油箱连通（图中未画出）。当 a、b 同时通入压力相等的液压油，而且所有出油口均关闭时，由于活塞两端受力相等，故保持原位置不动（图 4-18（a））。若 a、b 通入压力相等的液压油，而某一出油口的控制阀开启，使其与油箱连通，例如 c_4 与油箱连通，则缸右腔油压降低，活塞右移，直到活塞将 c_4 油口关闭，缸两腔的压力又相等时，活塞停止在该位置上（图 4-18（b））。

由于缸体上出油孔口的数量、间距及其出油管道上开关阀的开启顺序均可按需要设计，所以这种液压缸多用于位置精度要求不很高的多工位、不等送进距离的送料装置。

5. 数字液压缸

数字液压缸是由多级活塞串联而成的复合式液压缸，其每级活塞的行程长度为前一级行程长度的两倍。图 4-19 所示为 16 个位置的数字液压缸。它由四级活塞组成，其

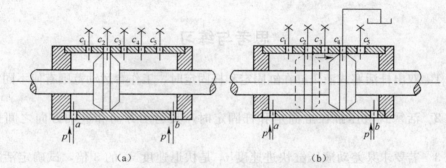

图 4-18 多位液压缸工作原理图

活塞的行程长度分别为 l、$2l$、$4l$、$8l$。缸体上有 a、b、c、d 四个油口及一个低压油进油口 e。当四个油口按不同的组合（由阀控制）通入压力较高的压力油时，其末级活塞及运动部件可以得到 16 种不同的行程，见表 4-5。

数字液压缸定位精度高，能在二进制的输入信号下获得十进制的输出，多用于工业机器人等具有微机控制的设备中。

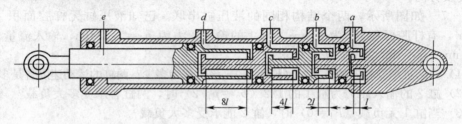

图 4-19 16 位数字液压缸

表 4-5 16 位数字缸末级活塞行程表

末级活塞行程		0	l	$2l$	$3l$	$4l$	$5l$	$6l$	$7l$	$8l$	$9l$	$10l$	$11l$	$12l$	$13l$	$14l$	$15l$
油口通油状态	a	−	+	−	+	−	+	−	+	−	+	−	+	−	+	−	+
	b	−	−	+	+	−	−	+	+	−	−	+	+	−	−	+	+
	c	−	−	−	−	+	+	+	+	−	−	−	−	+	+	+	+
	d	−	−	−	−	−	−	−	−	+	+	+	+	+	+	+	+
注："+"表示油口通压力油；"−"表示油口接通油箱																	

小 结

液压缸是用以实现直线往复运动的油马达，是液压系统中最广泛应用的一种液压执行元件。油缸有时需专门设计。设计油缸的主要内容如下：

（1）根据需要的作用力计算油缸内径、活塞杆直径等主要参数。

（2）对缸壁厚度、活塞杆直径以及螺纹连接的强度、刚度等进行必要的校核。

（3）确定各部分结构，其中包括密封装置、缸筒与缸盖的连接、活塞结构以及缸筒的固定形式等，进行工作图设计。

思考与练习

4-1 双出杆活塞式液压缸在缸固定和杆固定时，工作台运动范围有何不同？试绘图说明。

4-2 活塞式液压缸在缸固定和杆固定时，其运动方向和进油方向之间是什么关系？

· 4-3 若要求某差动液压缸快进速度 v_1 是快退速度 v_2 的 3 倍，试确定活塞面积 A_1 和活塞杆截面积 A_2 之比 A_1/A_2 为多少？

4-4 活塞式、柱塞式和摆动液压缸各有什么特点？适用于什么场合？

4-5 为什么液压缸内径 D 和活塞杆直径 d 在计算后要圆整，还要再查表取标准值？

4-6 有一柱塞式缸，当柱塞固定、缸体运动时，压力油从空心柱塞中流入，压力为 p，流量为 q_v，缸体内径为 D，柱塞外径为 d，内孔为 d_0。试求缸所产生的推力和运动速度及方向。

4-7 如图所示，两个结构相同的液压缸串联。已知液压缸无杆腔面积 A_1 为 100cm^2，有杆腔面积 A_2 为 80cm^2，缸 1 的输入压力为 $p_1=1.8\text{MPa}$，输入流量 $q_{v1}=12\text{L/min}$，若不计泄漏和损失，试求：

(1) 当两缸承受相同的负载时（$F_1=F_2$），该负载为多少？两缸的运动速度各是多少？

(2) 缸 2 的输入压力为缸 1 的 1/2（$p_2=p_1/2$）时，两缸各承受多大负载？

(3) 当缸 1 无负载（$F_1=0$）时，缸 2 能承受多大负载？

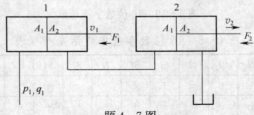

题 4-7 图

4-8 如图所示，液压缸活塞直径 $D=100\text{mm}$，活塞杆直径 $d=70\text{mm}$，进入液压缸的油液流量 $q=25\text{L/min}$，压力 $p_1=20\times10^5\text{Pa}$，回油背压 $p_2=2\times10^5\text{Pa}$，试计算图示 a、b、c 三种情况下缸体的运动速度大小和方向，最大推力的大小和方向，以及活塞杆受拉还是受压？

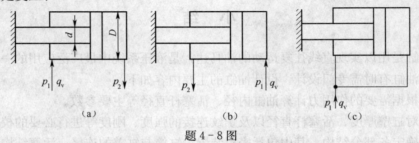

题 4-8 图

项目 5　液压辅助元件作用分析

液压系统中的辅助元件主要包括油管、管接头、蓄能器、滤油器、油箱及密封元件等。这些元件对液压系统的性能、效率、温升、噪声和寿命有很大的影响。因此，在选择和使用液压系统时，对辅助元件必须予以足够的重视。

【知识目标】

1. 蓄能器的工作原理、功用及应用。
2. 滤油器的工作原理及应用。
3. 油箱功用及油箱的设计。
4. 密封元件的工作机理及应用。

【能力目标】

1. 能正确使用蓄能器。
2. 能正确使用滤油器。

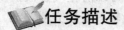**任务描述**

任务：简单液压传动系统的搭接

搭接一个如图 5-7 所示简单液压传动系统，以掌握液压辅助元件的功能及管接头连接方法等。

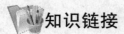**知识链接**

知识点 1　蓄 能 器

（一）蓄能器的功用

蓄能器是用来储存和释放液体压力能的装置，其主要功用如下：

1. 作辅助动力源

在液压系统工作循环中不同阶段需要的流量变化很大时，常采用蓄能器和一个流量较小的泵组成油源。当系统需要的流量不多时，蓄能器将液压泵多余的流量储存起来；当系统短时期需要较大流量时，蓄能器将储存的压力油释放出来与泵一起向系统供油。另外，蓄能器可作应急能源紧急使用，避免在突然停电或驱动泵的电机发生故障时油液供应中断。

2. 保压和补充泄漏

有的液压系统需要较长时间保压而液压泵卸荷，此时可利用蓄能器释放所储存的压力油，补偿系统的泄漏，维持系统的压力。

3. 吸收压力冲击和消除压力脉动

由于液压阀突然关闭或换向，系统可能产生液压冲击，此时可在产生液压冲击源附近处安装蓄能器吸收这种冲击，使压力冲击峰值降低。

（二）蓄能器的类型和结构

蓄能器的类型主要有重锤式、弹簧式和气体式三类。常用的是气体式，它是利用密封气体的压缩、膨胀来储存和释放能量的，所充气体一般采用惰性气体或氮气。气体式又分为气瓶式、活塞式和气囊式三种。下面主要介绍常用的活塞式和气囊式两种蓄能器。

1. 活塞式蓄能器

图 5-1（a）为活塞式蓄能器。它利用在缸中浮动的活塞使气体与油液隔开，气体经充气阀进入上腔，活塞的凹部面向充气，以增加气塞的容积，下腔油口 a 充压力油。该蓄能器结构较简单，安装与维修方便，但活塞惯性和摩擦阻力会影响蓄能器动作的灵敏性，而且活塞不能完全防止气体渗入油液，故这种蓄能器的性能并不十分理想。其适用于压力低于 20MPa 的系统储能或吸收压力脉动。

2. 气囊式蓄能器

图 5-1（b）所示为气囊式蓄能器。壳体 4 内有一个用耐油橡胶作原料与充气阀 3 一起压制而成的气囊 5。充气阀只在为气囊充气时才打开，平时关闭。壳体下部装有限位阀 6，在工作状态下，压力油经限位阀进出，当油液排空时，限位阀可以防止气囊被挤出。这种蓄能器的特点是气囊惯性小，反应灵敏，结构尺寸小，重量轻，安装方便，维护容易，适用温度范围为 −20℃～70℃。气囊有折合型和波纹型两种，前者容量较大，可用来储蓄能量，后者则适用于吸收冲击，工作压力可达 32MPa。

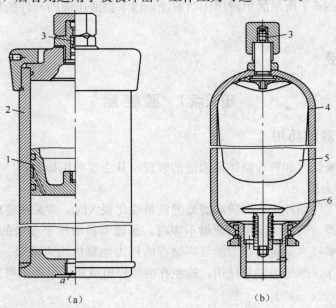

（a）　　　　　　　　　（b）

图 5-1　气体式蓄能器

（a）活塞式蓄能器；（b）皮囊式蓄能器。

1—活塞；2—缸筒；3—充气阀；4—壳体；5—气囊；6—限位阀。

（三）蓄能器容量计算

不同类型或不同功用的蓄能器，其计算方法不同，下面仅介绍应用最广的气囊式蓄能器的容量计算方法。

蓄能器容量 V_A 和充气压力 P_A 是根据它在工作中将要输送出去的油液体积 V_w、系统最高压力 p_1 和所要维持的最低工作压力 p_2 来决定的。由波义耳气体定律可知

$$p_A A_A^n = p_1 V_1^n = p_2 V_2^n = 常数 \tag{5-1}$$

式中　V_1——最高压力下气体的体积；

V_2——最低压力下气体的体积；

n——指数（当蓄能器用来保持系统压力、补偿泄漏时，它释放能量的速度是缓慢的，可以认为气体是在等温条件下工作，取 $n=1$；当蓄能器用来大量供应油液时，它释放能量的速度是迅速的，可以认为气体是在绝热条件下工作，取 $n=1.4$）。

很明显，$V_w = V_2 - V_1$，因此由式（5-1）得

$$V_A = \left(\frac{p_2}{p_A}\right)^{\frac{1}{n}} V_2 = \left(\frac{p_2}{p_A}\right)^{\frac{1}{n}} (V_w + V_1) = \left(\frac{p_2}{p_A}\right)^{\frac{1}{n}} \left[V_w + \left(\frac{p_A}{p_1}\right)^{\frac{1}{n}} V_A\right]$$

整理后，得

$$V_A = V_w \left(\frac{p_2}{p_A}\right)^{\frac{1}{n}} \Big/ \left[1 - \left(\frac{p_2}{p_1}\right)^{\frac{1}{n}}\right]$$

故有

$$A_w = V_A (p_A)^{\frac{1}{n}} \left[\left(\frac{1}{p_2}\right)^{\frac{1}{n}} - \left(\frac{1}{p_1}\right)^{\frac{1}{n}}\right] \tag{5-2}$$

p_A 值在理论上可与 p_2 值相等，但由于系统中有泄漏，为了保证系统压力为 p_2 时蓄能器还有可能补偿泄漏，应使 $p_A < p_2$，一般取 $p_A = (0.8 \sim 0.85) p_2$。

（四）蓄能器的使用和安装

蓄能器在液压回路中的安放位置，随其功用的不同而异。在安装蓄能器时应注意以下几点。

（1）气囊式蓄能器原则上应垂直安装（油口向下），只有在空间位置受到限制时才考虑倾斜或水平安装。

（2）吸收冲击压力和脉动压力的蓄能器应尽可能装在振源附近。

（3）装在管道上的蓄能器，要承受一个相当于其入口面积与油液压力乘积的力，因而必须用支持板或支持架固定。

（4）蓄能器与管道系统之间应安装截止阀，供充气、检修时使用。蓄能器与液压泵之间应安装单向阀，以防止停泵时压力油倒流。

知识点 2　滤 油 器

（一）液压油的污染和过滤

保持液压油清洁是液压系统正常工作的必要条件。当液压油中存在杂质时，这些杂

质轻则会加速元件的磨损、擦伤密封件，影响元件及系统的性能和使用寿命，重则堵塞节流孔，卡住阀类元件，使元件动作失灵以至损坏。据统计，液压系统的故障中，至少有 70%～80% 以上是由于液压油被污染而造成的。系统滤油器的作用就在于不断净化油液，使其污染程度控制在允许范围内。

（二）对滤油器的要求

（1）过滤精度。过滤精度是指被过滤器阻挡的最小杂质颗粒的尺寸。若以直径 d 表示，则可分为四级：粗（$d \geqslant 0.1mm$）、普通（$d \geqslant 0.01mm$）、精（$d \geqslant 0.005mm$）、特精（$d \geqslant 0.001mm$）。工作压力越高，在液压元件中相对运动零件间的间隙越小，要求过滤精度越高。一般要求颗粒直径 d 小于间隙值的 1/2，如在伺服系统中，因伺服阀阀心与阀套的间隙仅为 $0.002mm～0.004mm$，所以应选用特精级滤油器，高压系统用精密级过滤，中、低压系统则用普通级过滤。

（2）通油能力。通油能力系指在一定压差下通过滤油器的最大流量，也可用滤芯的有效 过滤面积表示。

（3）滤芯应有足够的机械强度。

（4）滤芯抗腐蚀性好。

（5）便于清洗、更换、成本低。

（三）滤油器类型和结构

滤油器主要有机械式滤油器和磁性滤油器两大类。其中，机械式滤油器又分为网式、线隙式、纸芯式、烧结式等多种类型；按其连接形式不同又可分为管式、板式和法兰式三种。

1. 网式滤油器

如图 5-2 所示，网式滤油器由筒形骨架上包一层或两层铜丝网组成。其过滤精度与网孔大小及网的层数有关，过滤精度有 $80\mu m$、$100\mu m$、$180\mu m$ 三个等级。其特点是结构简单，通油能力大，清洗方便，但过滤精度较低。

2. 线隙式滤油器

图 5-3 所示为线隙式滤油器，滤芯由铜线或铝线绕成，依靠线间缝隙过滤。它分为吸油管用和压油管用两种，前者过滤精度为 $0.05mm～0.1mm$，通过额定流量时压力损失小于 $0.02MPa$；后者过滤精度为 $0.03mm～0.08mm$，压力损失小于 $0.06MPa$。其特点是结构简单，通油能力大，过滤精度比网式的高，但不易清洗，滤芯强度较低。这种滤油器多用于中、低压系统。

3. 纸芯式滤油器

图 5-4 所示为纸芯式滤油器，滤心由 $0.35mm～0.7mm$ 厚的平纹或波纹的酚醛树脂或木浆的微孔滤纸组成。滤纸制成折叠式，以增加过滤面积。滤纸用骨架支撑，以增大滤芯强度。其特点是过滤精度高（$0.005mm～0.03mm$），压力损失小（$0.04MPa$），重量轻，成本低，但不能清洗，需定期更换滤芯。

4. 烧结式滤油器

图 5-5 所示为烧结式滤油器，滤芯 3 由颗粒状金属（青铜、碳钢、镍铬钢等）烧

结而成。它通过颗粒间的微孔进行过滤，粉末粒度越细、间隙越小，过滤精度越高。其特点是过滤精度高，抗腐蚀，滤芯强度大，能在较高油温下工作，但易堵塞，难于清洗，颗粒易脱落。

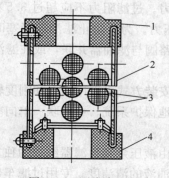

图 5-2 网式滤油器
1、4—端盖；2—骨架；3—滤网。

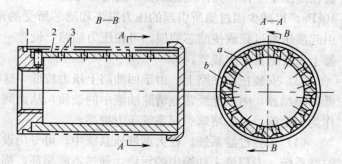

图 5-3 线隙式滤油器
1—端盖；2—骨架；3—线圈。

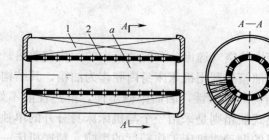

图 5-4 纸芯式滤油器
1—滤纸；2—骨架。

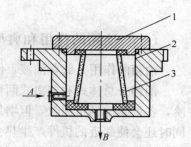

图 5-5 烧结式滤油器
1—端盖；2—壳体；3—滤芯。

5. 磁性滤油器

磁性滤油器的工作原理就是利用磁铁吸附油液中的铁质微粒。它常与其他形式滤芯一起制成复合式滤油器，对加工金属的机床液压系统特别适用。

（四）滤油器的选用与安装

选用滤油器时，应考虑以下几点。

（1）具有足够大的通油能力，压力损失小。

（2）过滤精度满足使用要求。

（3）滤芯具有足够的强度，不因压力作用而损坏。

（4）滤芯抗腐蚀性好，能在规定温度下持久地工作。

（5）滤芯的清洗和维护要方便。

因此，滤油器应根据液压系统的技术要求，按过滤精度、通油能力、工作压力、油液粘度、工作温度等条件，查手册确定其型号。

滤油器在液压系统中的安装位置，通常有以下几种。

（1）安装在液压泵的吸油路上。这种安装方式要求滤油器有较大的通油能力和较小的阻力（阻力不超过 0.01MPa～0.02MPa），否则将造成液压泵吸油不畅或空穴现象。该安装方式一般都采用过滤精度较低的网式滤油器。这种安装方式的作用主要是保护液压泵。

（2）安装在压油路上。这种安装方式可以保护除泵以外的其他液压元件。由于滤油器在高压下工作，壳体应能承受系统的工作压力和冲击压力。过滤阻力不应超过 3.5×10^5 Pa，以减少因过滤所引起的压力损失和滤芯所受的液压力。为了防止滤油器堵塞时引起液压泵过载或使滤芯裂损，可在压力油路上设置一旁路阀与滤油器并联，或在滤油器上设置堵塞指示装置。

（3）安装在回油路上。由于回油路上压力较低，这种安装方式可采用强度和刚度较低的滤油器，而且能经常地清除油液中的杂质，从而间接地保护系统。可并联一单向阀作为安全阀，以防堵塞引起系统压力提高。

（4）单独过滤系统。在大型液压系统中，可专门设置由液压泵和过滤器组成的独立过滤系统，专门滤去油箱中的污物，通过不断循环，提高油液的清洁度。专用过滤车也是一种独立的过滤系统。

知识点3　油　箱

（一）油箱的作用和典型结构

油箱的作用是储存油液，使渗入油液中的空气逸出，沉淀油液中的污物和散热。

油箱分总体式和分离式两种。总体式油箱是利用机床床身内腔作为油箱，其结构紧凑，各处漏油易于回收，但增加了床身结构的复杂性，因而维修不便，散热性能不好，同时还会使邻近的机件产生热变形。分离式油箱则是采用一个与机床床身分开的单独的油箱，它可以减少温升和液压泵驱动电机的振动对机床工作精度的影响，精密机床一般都采用这种形式。

图 5-6 是一个分离式油箱的结构，它由箱体 10 和两个端盖 11 组成。箱体内装有隔板 7，将液压泵吸油管 4、滤油器 9 与泄油管 2 及回油管 3 分隔开来；油箱的一个侧盖上装有注油器 1 和油位器 12，油箱顶部有空气滤清器（图上未表示出）的通气孔 5，底部装有排放污油的堵塞 8，安装液压泵和电动机的安装板 6 固定在油箱的顶面上。

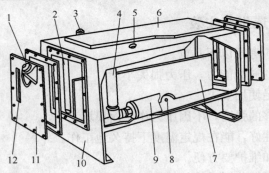

图 5-6　油箱

1—注油器；2—泄油管；3—回油管；4—吸油管；5—通气孔；
6—安装板；7—隔板；8—堵塞；9—滤油器；10—箱体；11—端盖；12—油位器。

（二）油箱的容量估算

合理地确定油箱容量是保证液压系统正常工作的重要条件。初步设计时，可用下述经验公式确定油箱的有效容积：

$$V=aq_{v_p} \tag{5-3}$$

式中　V——油箱容积（L）；

　　　q_{v_p}——液压泵的总额定流量（L/min）；

　　　a——经验系数（min），其数值如下：

低压系统：$a=2\text{min}\sim4\text{min}$；

中压系统：$a=5\text{min}\sim7\text{min}$；

中、高压或高压大功率系统：$a=6\text{min}\sim12\text{min}$。

（三）设计时的注意事项

设计油箱结构时应注意以下几点。

（1）油箱要有足够的强度和刚度。油箱一般用 2.5mm～4mm 的钢板焊接而成，尺寸大者要加焊加强筋。箱盖若安装液压站，则更应加厚及局部加强。

（2）防污密封。为防止油液污染，盖板及窗口各连接处均需加密封垫，各油管通过的孔都要加密封圈，注油器上要加滤油网。

（3）吸油管与回油管设置。吸、回油管距离应尽量远些，管口应插入最低油面以下。回油管切 45°斜口并应面向箱壁。

（4）油温控制。油箱正常工作温度应为 15℃～65℃。必要时应设温度计和热交换器。

（5）油箱内壁的加工。新油箱内壁要经喷丸、酸洗和表面清洗，然后可涂一层与工作液相容的塑料薄膜或耐油清漆。

（6）对功率较大且连续工作的液压系统，应进行热平衡计算，然后再确定油箱的有效容积。

任务实施

搭接一个简单液压或气压传动系统。

（1）分析要搭接的液压系统，写出所需元件名称和职能符号。

在老师的指导下，让学生首先认识液压实验台上的元件名称，认识各个元件的外形和符号，并将主要液压元件的图形抄写下来。

（2）在老师指导下，按图 5-7 所示分析各元件在系统中的作用，固定并连接各液压元件。

（3）分组操作试验台，展开讨论。

①启动液压泵电动机。

②在老师指导下，将溢流阀调整到一个合适的状态。

③改变换向阀的位置，观察液压缸运动方向。

④调节节流阀的开口大小，观察液压缸的运动速度。

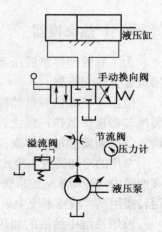

图 5-7　简单液压传动系统

⑤调节溢流阀，观察压力计变化情况，监听液压泵的声音。

⑥各组集中，教师点评，学生提问，并完成实训报告。整理各液压元件，并展开讨论：

a. 泵的工作压力取决于什么？为什么？

b. 缸的运动速度取决于什么？为什么？

（4）注意事项。

①正确安装和固定元件。

②按照要求连接好回路，检查无误后才能启动电动机。

③在有压力的情况下不准拆卸管子。

④不得使用超过限制的工作压力。

⑤启动液压泵电动机前，应将溢流阀调节螺母放在最松状态。

⑥连接液压元件时，要可靠，防止松脱、泄漏。

（5）质量评价标准（见表5-1）。

表5-1　质量评价标准

考核项目	考核要求	配分	评分标准	扣分	得分	备注
液压元件	识读液压元件	20	元件识别错误，每个扣2分			
压力控制	液压回路压力的控制及调整	20	通过调整观察压力值及其变化			
速度控制	液压缸的运动速度的控制及调整	20	通过调整观察速度及其变化			
方向控制	液压缸的运动方向的控制及调整	20	通过调整观察运动方向			
安全生产	自觉遵守安全文明生产规程	20	不遵守安全文明生产扣20分			
自评得分		小组互评得分			教师签名	

知识拓展

知识点　其他辅件简介

（一）热交换器

为了有效地控制液压系统的油温，在油箱中常配有冷却器和加热器。冷却器和加热器统称为热交换器。

液压系统如依靠自然冷却，不能把油液温度控制在允许最高温度值以下，就必须安装冷却器进行散热；反之，如环境温度过低，油液黏度太大，使液压系统不能正常启动，就必须安装加热器来提高油液温度。

常用的冷却器有水冷式和风冷式两种。最简单的冷却器是蛇形管式冷却器，它直接装在油箱内，冷却水从蛇形管内部通过。这种冷却器结构简单，但冷却效率低，耗水量大，运转费用高。液压系统中采用较多的是多管式水冷却器，它是一种强制对流式冷却器。

液压系统中油液的加热一般都采用电加热器。

（二）管系元件

管件是用来连接液压元件、输送液压油的连接件。因此要求管件应保证有足够强度，密封性能好，压力损失小，拆装方便等。管件主要包括油管和管接头。

1. 油管

1）油管的选用

液压系统中使用的油管，有钢管、铜管、尼龙管、塑料管、橡胶软管等多种类型，应根据液压元件的安装位置、使用环境和工作压力等进行选择。

钢管能承受高压（25MPa～32MPa）、价格低廉、耐油、抗腐蚀、刚性好，但装配时不能任意弯曲，因而多用于中、高压系统的压力管道。一般中、高压系统用 10 号、15 号冷拔无缝钢管，低压系统可用焊接钢管。

紫铜管装配时易弯曲成各种形状，但承压能力较低（一般不超过 6.5MPa～10MPa）。铜是贵重材料，抗振能力较差，又易使油液氧化，应尽量少用。紫铜管一般只用在液压装置内部配接不便之处。黄铜管可承受较高的压力（25MPa），但不如紫铜管那样容易弯曲成形。

尼龙管是一种新型的乳白色半透明管，承压能力因材料而异，有 2.5MPa～8MPa 不等，目前大都在低压管道中使用。将尼龙管加热到 140℃左右后可随意弯曲和扩口，然后浸入冷水冷却定形，因而它有着广泛的使用前途。

耐油塑料管价格便宜，装配方便，但承压能力差，只适用于工作压力小于 0.5MPa 的管道，如回油路、泄油路等处。塑料管长期使用后会变质老化。

橡胶软管用于两个相对运动件之间的连接，分为高压和低压两种。高压橡胶软管由夹有几层钢丝编织的耐油橡胶制成，钢丝层数越多，耐压越高。低压橡胶软管由夹有帆布的耐油橡胶或聚氯乙烯制成，多用于低压回油管道。

2）油管尺寸的确定

油管尺寸主要指内径 d 和管壁厚 δ。

油管内径 d 按下式计算：

$$d = 2\sqrt{\frac{q_{\mathrm{V}}}{\pi v}} \tag{5-4}$$

式中　q_{V}——通过油管的流量；

　　　　v——油管中允许的流速（一般对吸油管取 0.5m/s～1.5m/s，压油管取 2.5m/s～5m/s，回油管取 1.5m/s～2m/s；压力高时取大值，压力低时取小值）。

油管内径的计算值应圆整为标准值。

油管壁厚 δ 按下式计算：

$$\delta \geqslant \frac{pd}{2[\sigma]} \tag{5-5}$$

式中　p——管内工作压力；

　　　　$[\delta]$——油管材料的许用拉应力。

2. 管接头

管接头是管道和管道、管道和其他元件（如泵、阀、阀块等）之间的可拆卸连接件。管接头与其他元件之间可采用普通细牙螺纹连接或米制锥螺纹连接。常用的管接头如下：

（1）焊接式管接头。如图 5-8 所示，螺母 3 套在接管 2 上，把油管端部焊上接管

2，旋转螺母3将接管与接头体1连接在一起。在图5-8（a）中接管与接头体接合处采用球面密封；在图5-8（b）中接管与接头体接合处采用O形圈密封。前者有自位性，安装时不很严格，但密封可靠性较差，适用于工作压力在8MPa以下系统；后者相反，可用于31.5MPa系统。

（2）卡套式管接头。如图5-9（a）所示，这种管接头利用卡套2卡住油管1进行密封，轴向尺寸要求不严，装拆简便，不必事先焊接或扩口，但对油管的径向尺寸精度要求较高，一般用精度较高的冷拔钢管作油管。

（3）扩口式管接头（图5-9（b））。适用于铜管和薄壁钢管，也可以用来连接尼龙管和塑料管。这种管接头利用油管1管端的扩口在管套3的紧压下进行密封。其结构简单，适用于低压系统。

图5-8和图5-9所示皆为直通管接头。此外还有二通、三通、四通、铰接等多种形式，供不同情况下选用，具体可查阅有关手册。

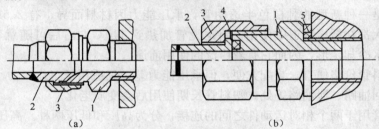

图5-8　焊接式管接头

(a) 球面密封式；(b) O形圈密封式。

1—接头体；2—接管；3—螺母；4—O形密封圈；5—组合密封圈。

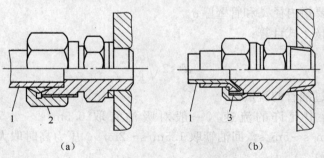

图5-9　管接头

(a) 卡套式管接头；(b) 扩口式管接头。

1—油管；2—卡套；3—管套。

（4）橡胶软管接头。橡胶软管接头有可拆式和扣压式两种，各有A、B、C三种形式分别与焊接式、卡套式和扩口式管接头连接使用。图5-10为扣压式管接头，装配时剥去胶管一段外层胶，将外套套装在胶管上再将接头体拧入，然后在专门设备上挤压收缩，使外套变形后紧紧地与橡胶管和接头连成一体。随管径不同该管接头可用于工作压力为6MPa～40MPa的系统。

（5）快速管接头。图5-11所示为一种快速管接头。它能快速装拆，无需工具，适用于经常接通或断开处。图示是油路接通的工作位置。当需要断开油路时，可用力将外套6向左移，钢球8（有6颗～12颗）从槽中滑出，拉出接头体10，同时单向阀阀芯4

和 11 分别在弹簧 3 和 12 作用下封闭阀口，油路断开。此种管接头结构复杂，压力损失较大。

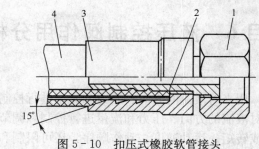

图 5-10　扣压式橡胶软管接头
1—接头螺母；2—接头体；3—外套；4—胶管。

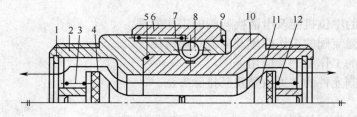

图 5-11　快速管接头
1—挡圈；2、10—接头体；3、7、12—弹簧；4、11—单向阀阀芯；
5—O 形密封较；6—外套；8—钢球；9—弹簧圈。

小　结

液压系统的辅助装置从液压传动的工作原理来看是起辅助作用的，但从保证完成液压系统传递力和运动的任务来看，它们却是非常重要的。经验证明，它们对液压系统和元件的正常工作、工作效率、使用寿命等影响极大。由于液压传动系统的标准化、系列化和通用化程度较高，因而在实际设计、安装、调试和使用中，连接和密封等辅助性工作所占的比重越来越大，也极易出现问题，必须予以足够的重视。

通过学习，要求了解这些元件的主要类型，掌握其工作原理、选用原则及一些必要的计算。

思考与练习

5-1　蓄能器有哪些功用？安装和使用蓄能器应注意哪些事项？

5-2　滤油器在液压系统中应安装在什么位置？起什么作用？

5-3　油箱的功用是什么？设计油箱时应注意哪些问题？

5-4　油管有几种？各用在什么场合？

5-5　管接头有几种？各用在什么场合？

项目6　液压控制阀作用分析

在液压传动系统中，用来对液流的方向、压力和流量进行控制和调节的液压元件称为控制阀。控制阀通过对液流的方向、压力和流量进行控制和调节，从而控制执行元件的运动方向、输出的力或转矩、运动速度、动作顺序，还可限制和调节液压系统的工作压力，防止系统过载等。

【知识目标】

1. 三位阀的中位机能及电液换向阀的工作原理。
2. 先导式溢流阀的工作原理及溢流阀的应用。
3. 调速阀的工作原理及应用。
4. 液压控制元件的常见故障及其排除方法。

【能力目标】

1. 能够理解液压控制阀的类型、结构及工作原理。
2. 理解液压控制阀的应用。

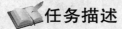 任务描述

任务一：方向控制阀的拆装

（1）图 6-1 所示的平面磨床工作台在工作中由液压传动系统带动进行往复运动，那么液压传动系统中控制转向的是哪些元件呢？这些元件是如何在系统中工作的呢？

（2）在吊装机液压系统中，要求执行元件在停止运动时不受外界影响而发生漂移或窜动，也就是要求液压缸或活塞杆能可靠地停留在行程的任意位置上。应选用何种液压元件来实现这一功能呢？

任务二：压力控制阀的拆装

（1）液压式压锻机在工作时需克服很大的材料变形阻力，这就需要液压系统主供油回路中的液压油提供稳定的工作压力，同时为了保证系统安全，还必须保证系统过载时能有效地卸荷。那么在液压传动系统中是依靠什么元件来实现这一目的的呢？这些元件又是如何工作的呢？

（2）图 6-2 所示为液压钻床工作示意图，钻头的进给和工件的夹紧都是由液压系统来控制的。由于加工的工件不同，加工时所需的夹紧力也不同，所以工作时液压缸 A 的夹紧力必须能够固定在不同的压力值，同时为了保证安全，液压缸 B 必须在液压缸 A 夹紧力达到规定值时才能推动钻头进给。要达到这一要求，系统中应采用什么样的液压元件来控制这些动作呢？它们又是如何工作的呢？

任务三：流量控制阀的拆装

在各个液压传动系统中，执行件的运动速度必须控制在设计范围之内，那么在液压传动系统中是依靠什么元件来实现这一目的的呢？这些元件又是如何工作的呢？

图 6-1　平面磨床液压系统

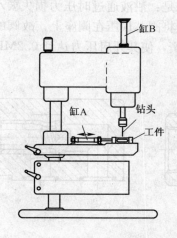

图 6-2　液压钻床工作示意图

　　液压控制阀在液压系统中被用来控制液流的压力、流量和方向，从而对执行元件的启动、停止、运动方向、速度、动作顺序和克服负载的能力进行调节与控制。本项目以常用液压控制阀为载体，进行拆装与结构分析，使学习者能熟记液压控制阀的结构及工作原理，懂得其应用方法，会进行日常维护与故障排除。

知识链接

　　液压控制阀的种类很多，通常按照它在系统中所起的作用不同，分为三大类。
　　方向控制阀——单向阀、换向阀等。
　　压力控制阀——溢流阀、减压阀、顺序阀、压力继电器等。
　　流量控制阀——节流阀、调速阀等。
　　有时为简化系统的组成，常将两个或两个以上阀类元件的阀芯安装在一个阀体内，制成独立单元，如单向顺序阀、单向节流阀等，称为组合阀。也可在基本类型阀上加装控制部分，构成一些特殊阀，如电液比例阀、电液数字阀等。

根据液压控制阀在系统中的安装方式不同，分为管式连接和板式连接。

尽管各类阀的功能不同，但在结构和原理上却有相似之处，即几乎所有阀都由阀体、阀芯和控制部分组成；都是通过改变油液的通路或液阻来进行调节和控制的。

知识点1　方向控制阀

方向控制阀分为单向阀和换向阀两类。

（一）单向阀

1. 普通单向阀

普通单向阀控制油液只能按一个方向流动而反向截止，故又称止回阀，也简称单向阀。它由阀体1、阀芯2、弹簧3等零件组成，如图6-3所示。图6-3（a）为管式单向阀，图6-3（b）为板式单向阀。

对单向阀的主要性能要求是：油液通过时压力损失要小，反向截止时密封性要好。单向阀的弹簧很弱小，仅用于将阀芯顶压在阀座上，故阀的开启压力仅有 0.035MPa～0.1MPa。若将弹簧换为硬弹簧，使其开启压力达到 0.2MPa～0.6MPa，则可将其作为背压阀用。

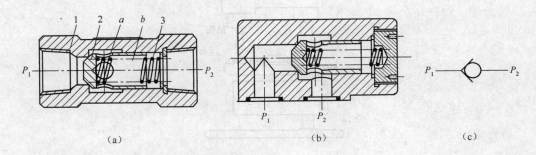

图 6-3　单向阀
1—阀体；2—阀芯；3—弹簧。

2. 液控单向阀

图 6-4（a）所示为液控单向阀。它与普通单向阀相比，在结构上增加了控制油腔 a、控制活塞1及控制油口 K。当控制油口通以一定压力的压力油时，推动活塞1使锥阀芯2右移，阀即保持开启状态，使单向阀也可以反方向通过油流。为了减小控制活塞移动的阻力，控制活塞制成台阶状并设一外泄油口 L。控制油的压力不应低于油路压力的30%～50%。

当几处油腔压力较高时，顶开锥阀所需要的控制压力可能很高。为了减少控制油口 K 的开启压力，在锥阀内部可增加了一个卸荷阀芯3（图6-4（c））。在控制活塞1顶起锥阀芯2之前，先顶起卸荷阀芯3，使上下腔油液经卸荷阀芯上的缺口沟通，锥阀上腔 P_2 的压力油泄到下腔，压力降低。此时控制活塞便可以较小的力将锥阀芯顶起，使 P_1 和 P_2 两腔完全连通，这样，液控单向阀用较低的控制油压即可控制有较高油压的主油路。液压压力机的液压系统常采用这种有卸压阀芯的液控单向阀使

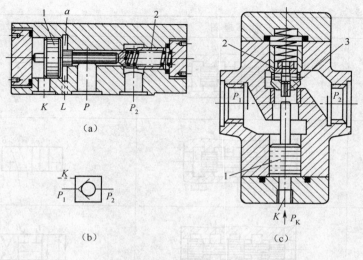

图 6-4　液控单向阀
1—控制活塞；2—锥阀芯；3—卸荷阀芯。

主缸卸压后再反向退回。

液控单向阀具有良好的单向密封性，常用于执行元件需要长时间保压、锁紧的情况下，也常用于防止立式液压缸停止运动时因自重而下滑以及速度换接回路中。这种阀也称液压锁。

（二）换向阀

换向阀的作用是利用阀芯位置的改变，改变阀体上各油口的连通或断开状态，从而控制油路连通、断开或改变方向。

1. 换向阀的分类及图形符号

按阀的操纵方式不同，换向阀可分为手动、机动、电磁动、液动、电液动换向阀。

按阀芯位置数不同，换向阀可分为二位、三位、多位换向阀；按阀体上主油路进、出油口数目不同，又可分为二通、三通、四通、五通等。换向阀位和通的符号、相应的结构原理见表 6-1。

表 6-1　换向阀的结构原理及图形符号

名　称	结 构 原 理 图	图 形 符 号
二位二通阀		
二位三通阀		

89

名　称	结构原理图	图形符号
二位四通阀	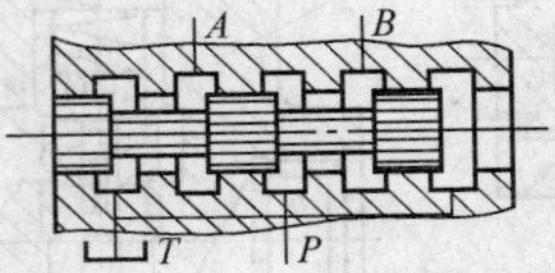	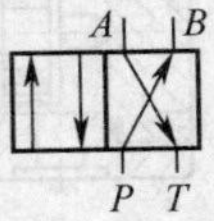
二位五通阀	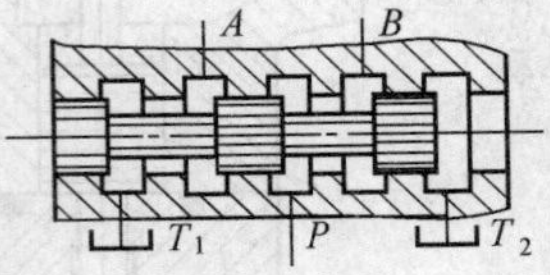	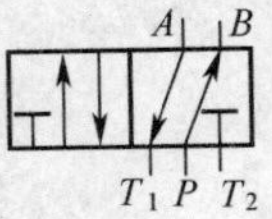
三位四通阀	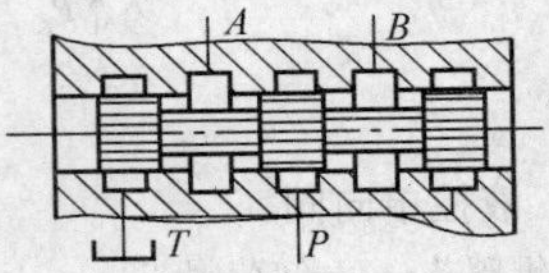	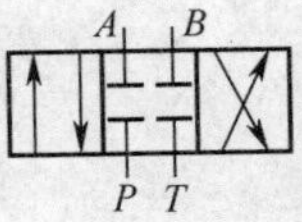
三位五通阀	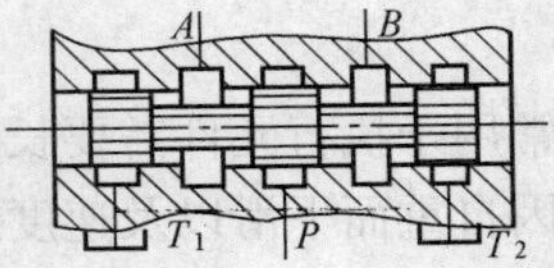	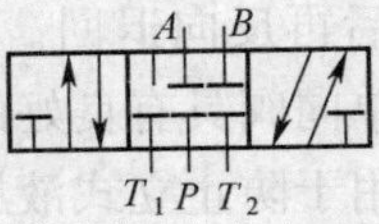

表中图形符号所表达的意义如下：

（1）方格数即"位"数，三格即三位。

（2）箭头表示两油口连通，但不表示流向。"⊥"表示油口不通流。在一个方格内，箭头或"⊥"符号与方格的交点数为油口的通路数，即"通"数。

（3）控制方式和复位弹簧的符号应画在方格的两端。

（4）P 表示压力油的进口，T 表示与油箱连通的回油口，A 和 B 表示连接其他工作油路的油口。

（5）三位阀的中格及二位阀侧面画有弹簧的那一方格为常态位。在液压原理图中，换向阀的符号与油路的连接一般应画在常态位上。二位二通阀有常开型（常态位置两油口连通）和常闭型（常态位置两油口不连通），应注意区别。

2. 几种常用的换向阀

1）机动换向阀

机动换向阀又称行程阀。它利用安装在运动部件上的挡块或凸轮，压阀芯端部的滚轮使阀芯移动，从而使油路换向。这种阀通常为二位阀，并且用弹簧复位。图 6-5 所示为二位二通机动换向阀。在图示位置，阀芯 2 在弹簧作用下处于左位，P 与 A 不连通；当运动部件上的挡块压住滚轮 1 使阀芯移至右位时，油口 P 与 A 连通。

机动换向阀结构简单，换向时阀口逐渐关闭或打开，故换向平稳、可靠、位置精度高，常用于控制运动部件的行程，或快、慢速度的转换。其缺点是它必须安装在运动部件附近，一般油管较长。

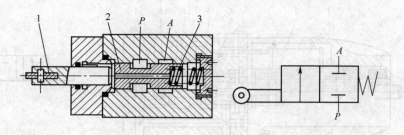

图 6-5　机动换向阀

1—滚轮；2—阀芯；3—弹簧。

2）电磁换向阀

电磁换向阀是利用电磁铁的吸力控制阀芯换位的换向阀。它操作方便，布局灵活，有利于提高设备的自动化程度，因而应用最广泛。

电磁换向阀包括换向滑阀和电磁铁两部分。电磁铁因其所用电源不同而分为交流电磁铁和直流电磁铁。交流电磁铁常用电压为 220V 和 380V，不需要特殊电源，电磁吸力大，换向时间短（0.01s～0.03s），但换向冲击大、噪声大、发热大、换向频率不能太高（30 次/min 左右），寿命较低。若阀芯被卡住或电压低，电磁吸力小衔铁未动作。其线圈很容易烧坏。因而常用于换向平稳性要求不高，换向频率不高的液压系统。直流电磁铁的工作电压一般为 24V，其换向平稳，工作可靠，噪声小，发热少，寿命高，允许使用的换向频率可达 120 次/min。缺点是启动力小，换向时间较长（0.05s～0.08s），且需要专门的直流电源，成本较高，因而常用于换向性能要求较高的液压系统。近年来出现一种自整流型电磁铁，这种电磁铁上附有整流装置和冲击吸收装置，使衔铁的移动由自整流直流电控制，使用很方便。

电磁铁按衔铁工作腔是否有油液，又可分为"干式"和"湿式"。干式电磁铁不允许油液流入电磁铁内部，因此必须在滑阀和电磁铁之间设置密封装置，而在推杆移动时产生较大的摩擦阻力，也易造成油的泄漏。湿式电磁铁的衔铁和椎杆均浸在油液中，运动阻力小，且油还能起到冷却和吸振作用，从而提高了换向的可靠性及使用寿命。

图 6-6（a）所示为二位三通干式交流电磁换向阀。其左边为一交流电磁铁，右边为滑阀。当电磁铁不通电时（图示位置），其油口 P 与 A 连通；当电磁铁通电时，衔铁 1 右移，通过推杆 2 使阀芯 3 推压弹簧 4 并向右移至端部，其油口 P 与 B 连通，而 P 与 A 断开。

图 6-6（c）所示为三位四通直流湿式电磁换向阀，其阀的两端各有一个电磁铁和一个对中弹簧。当右端电磁铁通电时，右衔铁 1 通过推杆 2 将阀芯 3 推至左端，阀右位工作，其油口 P 通 A，B 通 T；当左端电磁铁通电时，阀左位工作，其阀芯移至右端，油口 P 通 B，A 通 T。

近年出现了一种电磁球阀，它以电磁力为动力，推动钢球来实现油路的通断和切换。这种阀比电磁滑阀密封性好，反应速度快，使用压力高，适应能力强。其换向时间仅 0.03s～0.05s，复位时间仅 0.02s～0.03s，允许的换向频率可达 250 次/min 以上，进口油压力可达 63MPa，出口油背压可达 20MPa。用该种阀切断油路时是靠钢球压紧在阀座上实现的，因而可实现无泄漏，可用于要求保压的系统。电磁球阀在小流量系统中可直接用于控制主油路，在大流量系统中可作为先导控制元件用。

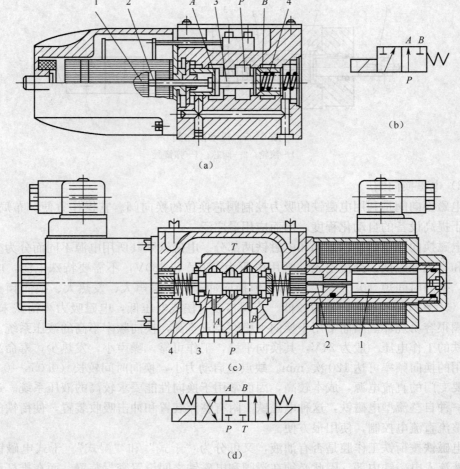

图 6-6 电磁换向阀

(a)、(b) 二位三通电磁换向阀；(c)、(d) 三位四通电磁换向阀。

1—衔铁；2—推杆；3—阀芯；4—弹簧。

目前国外新发展了一种油浸式电磁铁，其衔铁和激磁线圈均浸在油液中工作，发热很小，寿命很长，但造价较高。

3）液动换向阀

电磁换向阀布置灵活，易实现程序控制，但受电磁铁尺寸限制，难以用于切换大流量油路。当阀的通径大于 10mm 时，常用压力油操纵阀芯换位。这种利用控制油路的压力油推动阀芯改变位置的阀，即为液动换向阀。

图 6-7 为三位四通液动换向阀。当其两端控制油口 K_1 和 K_2 均不通入压力油时，阀芯在两端弹簧的作用下处于中位；当 K_1 进压力油，K_2 接油箱时，阀芯移至右端，其通油状态为 P 通 A，B 通 T；反之，K_2 进压力油，K_1 接油箱时，阀芯移至左端，其通油状态为 P 通 B，A 通 T。

液动换向阀经常与机动换向阀或电磁换向阀组合成机液换向阀或电液换向阀，实现自动换向或大流量主油路换向。

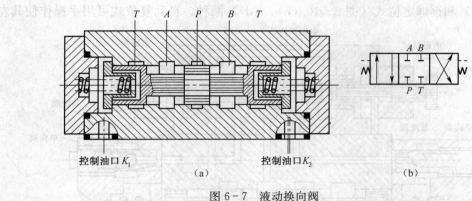

（a）

（b）

图 6-7 液动换向阀

4）电液换向阀

电液换向阀是由电磁换向阀和液动换向阀组成的复合阀。电磁换向阀为先导阀，它用以改变控制油路的方向；液动换向阀为主阀，它用以改变主油路的方向。这种阀的优点是可用反应灵敏的小规格电磁阀方便地控制大流量的液动阀换向。

图 6-8（a）、（b）、（c）为三位四通电液换向阀的结构简图、图形符号和简化符号。当电磁换向阀的两电磁铁均不通电时（图示位置），电磁阀芯在两端弹簧力作用下处于中位。这时液动换向阀芯两端的油经两个小节流阀及电磁换向阀的通路与油箱（T）连通，因而它也在两端弹簧的作用下处于中位，主油路中，A、B、P、T 油口均不相通。当左端电磁铁通电时，电磁阀芯移至右端，由 P 口进入的压力油经电磁阀油路及左端单向阀进入液动换向阀的左端油腔，而液动换向阀右端的油则可经右节流阀及电磁阀上的通道与油箱连通，液动换向阀芯即在左端液压推力的作用下移至右端，即液动换向阀左位工作。其主油路的通油状态为 P 通 A，B 通 T；反之，当右端电磁铁通电时，电磁阀芯移至左端时，液动换向阀右端进压力油，左端经左节流阀通油箱，阀芯移至左端，即液动换向阀右位工作。其通油状态为 P 通 B，A 通 T。液动换向阀的换向时间可由两端节流阀调整，因而可使换向平稳，无冲击。

若在液动换向阀的两端盖处加调节螺钉，则可调节液动换向阀芯移动的行程和各主阀口的开度，从而改变通过主阀的流量，对执行元件起粗略的速度调节作用。

5）转阀

转阀是用手动或机动使阀芯转位而改变油流方向的换向阀。图 6-9 为三位四通转阀。进油口 P 与阀芯上左环形槽 c 及向左开口的轴向槽 b 相通，回油口 T 与阀芯上右环形槽 a 及向右开口的轴向槽 e、d 相通。在图示位置时，P 经 c、b 与 A 相通；B 经 e、a 与 T 相通；当手柄带阀芯逆时针转 90°时，其油路即变为 P 经 c、b 与 B 相通，A 经 d、a 与 T 相通；当手柄位于上两个位置的中间时，P、A、B、T 各油口均不相通。手柄座上有叉形拨杆 3、4，当挡块拨动拨杆时可使阀芯转动实现机动换向。

转阀阀芯上的径向液压力不平衡，转动比较费力，而且密封性较差，一般只用于低压小流量系统，或用作先导阀。

6）手动换向阀

手动换向阀是用手动杠杆操纵阀芯换位的换向阀。它有自动复位式（图 6-10

（a)、(c)）和钢球定位式（图6-10（b)、(d)）两种。自动复位式可用手操作使其左

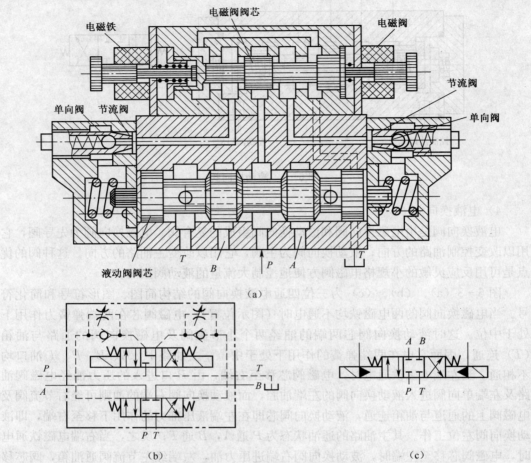

图6-8 电液换向阀

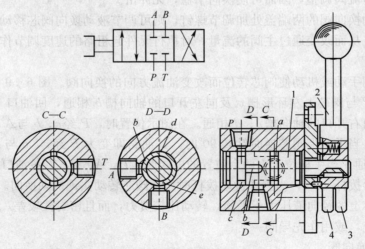

图6-9 三位四通转阀
1—阀芯；2—手柄；3、4—手柄座叉形拨叉。

94

位或右位工作，但当操纵力取消后，阀芯便在弹簧力作用下自动恢复中位，停止工作，因而适用于动作频繁、工作持续时间短、必须由人操作的场合，如工程机械的液压系统。钢球定位式手动换向阀，其阀芯端部的钢球定位装置可使阀芯分别停止在左、中、右三个不同的位置上，使执行机构工作或停止工作，因而可用于工作持续时间较长的场合。

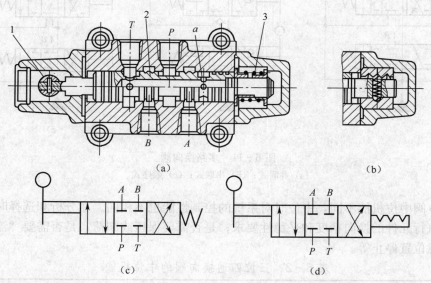

图 6-10　手动换向阀

(a)、(c) 自动复位式；(b)、(d) 钢球定位式。

1—手柄；2—阀芯；3—弹簧。

7) 多路换向阀

多路换向阀是一种集中布置的组合式手动换向阀，常用于工程机械等要求集中操纵多个执行元件的设备中。按组合方式不同，它有并联式、串联式和顺序单动式三种，其图形符号如图 6-11 (a)、(b)、(c) 所示。在并联式多路换向阀的油路中，泵可同时向各执行元件供油（这时负载小的执行元件先动作；若负载相同，则执行元件的流量之和等于泵的流量），也可只对其中一个或两个执行元件供油。串联式多路换向阀的油路中，泵只能依次向各执行元件供油，其第一阀的回油口与第二阀的进油口连通，各执行元件可以单独动作，也可以同时动作。在各执行元件同时动作的情况下，多个负载压力之和不应超过泵的工作压力，但每个执行元件都可以获得高的运动速度。顺序单动式多路换向阀的油路中，泵只能顺序向各执行元件分别供油。操作前一个阀时就切断了后面阀的油路，从而可避免各执行元件动作间的干扰，并防止其误动作。

3. 三位换向阀的中位机能

三位换向阀中位时各油口的连通方式称为它的中位机能。中位机能不同的同规格阀，其阀体通用，但阀芯台肩的结构尺寸不同，内部通油情况不同。

表 6-2 列出了六种常用中位机能三位换向阀的结构简图和中位符号。结构简图中为四通阀，若将阀体两端的沉割槽由 O_1 和 O_2 两上回油口分别回油，四通阀即成为五通阀。此外还有 J、C 等多种型式中位机能的三位阀，必要时可由液压设计手册中查找。

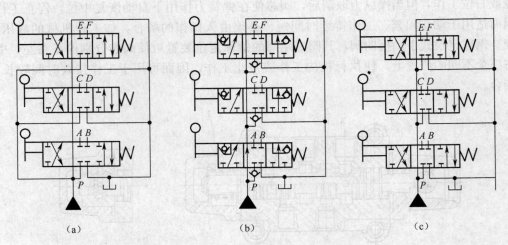

图 6-11　多路换向阀

(a) 并联式；(b) 串联式；(c) 顺序式。

　　三位阀中位机能不同，中位时对系统的控制性能也不相同。在分析和选择时，通常要考虑执行元件的换向精度和平稳性要求；是否需要保压或卸荷；是否需要"浮动"或可在任意位置停止等。

表 6-2　三位四通换向阀的中位机能

机能形式	中间位置的符号	油口的状况及性能特点
O 型	A B ⊥⊤⊥⊤ P O	P、A、B、O 口全部封闭，液压泵不卸荷，系统保持压力，执行元件闭锁，可用于多个换向阀并联工作
H 型	A B P O	P、A、B、O 口全部连通，液压泵卸荷，执行元件两腔连通，处于浮动状态，在外力作用下可移动
Y 型	A B P O	P 口封闭，A、B、O 口连通，液压泵不卸荷，执行元件两腔连通，处于浮动状态，在外力作用下可移动
P 型	A B P O	P、A、B 口连通，液压泵与执行元件两腔相通，可以实现液压缸的差动连接
K 型	A B P O	P、A、O 口连通，B 口封闭，液压泵卸荷
M 型	A B P O	P、O 口连通，A、B 口封闭，液压泵卸荷，执行元件处于闭锁状态

（1）换向精度及换向平稳性。中位时通液压缸两腔的 A、B 油口均堵塞（如 O 型、M 型），换向位置精度高，但换向不平稳，有冲击。中位时 A、B、T 油口连通（如 H 型、Y 型），换向平稳，无冲击，但换向时前冲量大，换向位置精度不高。

（2）系统的保压与卸荷。中位时 P 油口堵塞（如 O 型、Y 型、P 型），系统保压，液压泵能向多缸系统的其他执行元件供油。中位时 P、T 油口连通时（如 H 型、M 型），系统卸荷，可节省能量消耗，但不能与其他缸并联用。

（3）"浮动"或在任意位置锁住。中位时 A、B 油口连通（如 H 型、Y 型），则卧式液压缸呈"浮动"状态，这时可利用其他机构（如齿轮—齿条机构）移动工作台，调整位置。若中位时 A、B 油口均堵塞（如 O 型、M 型），液压缸可在任意位置停止并被锁住，而不能"浮动"。

知识点 2　压力控制阀

在液压系统中，控制液体压力的阀（溢流阀、减压阀等）和控制执行元件或电气元件等在某一调定压力下产生动作的阀（顺序阀、压力继电器等），统称为压力控制阀。这类阀的共同特点是，利用作用于阀芯上的液体压力和弹簧力相平衡的原理来进行工作。

（一）溢流阀

1. 溢流阀的结构及工作原理

常用的溢流阀有直动式和先导式两种。

1）直动式溢流阀

直动式溢流阀是依靠系统中的压力油直接作用在阀芯上与弹簧力相平衡，以控制阀芯的启闭动作的溢流阀。图 6-12（a）为一低压直动式溢流阀，其进油口 P 的压力油经阀芯 3 上的阻尼孔 a 通入阀芯底部，当进油压力较小时，阀芯在弹簧 2 的作用下处于下端位置，将进油口 P 和与油箱连通的出油口 T 隔开，即不溢流；当进油压力升高，阀芯所受的油压推力超过弹簧的压紧力 F_s 时，阀芯抬起，将油口 P 和 T 连通，使多余的油液排回油箱，即溢流。阻尼孔 a 的作用是减小油压的脉动，提高阀工作的平稳性。弹簧的压紧力可通过调整螺母 1 调整。

当通过溢流阀的流量变化时，阀口的开度也随之改变，但在弹簧压紧力 F_s 调好以后作用于阀芯上的液压力 $P=F_s/A$（A 为阀芯的有效作用面积）。因而，当不考虑阀芯自重、摩擦力和液动力的影响时，可以认为溢流阀进口处的压力 P 基本保持为定值，故调整弹簧的压紧力 F_s，也就调整了溢流阀的工作压力 P。

若用直动式溢流阀控制较高压力或较大流量时，需用刚度较大的硬弹簧，结构尺寸也将较大，调节困难，油的压力和流量的波动也较大。因此，直动式溢流阀一般只用于低压小流量系统，或作为先导阀使用。图 6-12 所示锥阀芯直动式溢流阀即常作为先导式溢流阀的先导阀用。中、高压系统常采用先导式溢流阀。

2）先导式溢流阀

先导式溢流阀由先导阀和主阀两部分组成。图 6-13（a）、（b）分别为高压、中压先导式溢流阀的结构简图。其先导阀是一个小规格锥阀芯直动式溢流阀，其主阀的阀芯 5 上开有阻尼小孔 e。在它们的阀体上还加工了孔道 a、b、c、d。

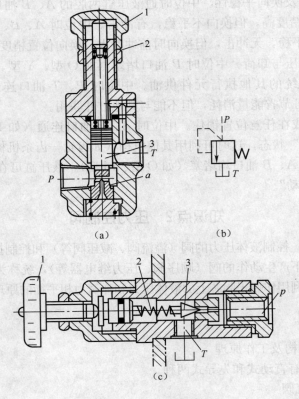

图 6-12　直动式溢流阀
1—调整螺母；2—弹簧；3—阀芯。

　　油液从进油口 P 进入，经阻尼孔 e 及孔道 c 到达先导阀的进油腔（在一般情况下，外控口 K 是堵塞的）。当进油口压力低于先导阀弹簧调定压力时，先导阀关闭，阀内无油液流动，主阀芯上、下腔油压相等，因而它被主阀弹簧抵住在主阀下端，主阀关闭，阀不溢流。当进油口 P 的压力升高时，先导阀进油腔油压也升高，直至达到先导阀弹簧的调定压力时，先导阀被打开，主阀芯上腔油经先导阀口及阀体上的孔道 a，由回油口 T 流回油箱。主阀芯下腔油液则经阻尼小孔 e 流动，由于小孔阻尼大，使主阀芯两端产生压力差，主阀芯便在此压差作用下克服其弹簧力上抬，主阀进、回油口连通，达到溢流和稳压的目的。调节先导阀的手轮，便可调整溢流阀的工作压力；更换先导阀的弹簧（刚度不同的弹簧），便可得到不同的调压范围。

　　这种结构的阀，其主阀芯是利用压差作用开启的，主阀芯弹簧很弱小，因而即使压力较高，流量较大，其结构尺寸仍较紧凑、小巧，且压力和流量的波动也比直动式小，但其灵敏度不如直动式溢流阀。联邦德国力士乐公司 DB 型先导溢流阀和美国丹尼逊公司的先导溢流阀均属于此类溢流阀。前者的特点是在先导阀和主阀上腔处增加了两个阻尼孔，从而提高了阀的稳定性；后者的特点是先导锥阀芯前增加了导向柱塞、导向套和消振垫，使先导锥阀芯开启和关闭时既不歪邪，又不偏摆振动，明显提高了阀工作的平稳性。

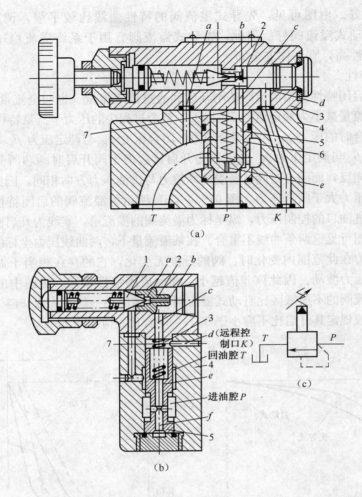

图 6 - 13　先导式溢流阀

1—先导阀芯；2—先导阀座；3—先导阀体；4—主阀体；

5—主阀芯；6—主阀套；7—主阀弹簧。

2. 溢流阀的静态特性

溢流阀是液压系统中极为重要的控制元件，其工作性能的优劣对液压系统的工作性能影响很大。所谓溢流阀的静态特性，是指溢流阀在稳定工作状态下（即系统压力没有突变时）的压力—流量特性、启闭特性、卸荷压力及压力稳定性等。

1）压力—流量特性（p—q 特性）

压力—流量特性又称溢流特性，它表示溢流阀在某一调定压力下工作时，其溢流量的变化与阀进口实际压力之间的关系。图 6 - 14（a）为直动式和先导式溢流阀的压力—流量特性曲线。图中，横坐标为溢流量 q，纵坐标为阀进油口压力 p。溢流量为额定值 q_n 时所对应的压力 p_n 称为溢流阀的调定压力。溢流阀刚开启时（溢流量为额定溢流量的 1% 时），阀进口的压力 p_0 称为开启压力。调定压力 p_n 与开启压力 p_0 的差值称为调压偏差，也即溢流量变化时溢流阀工作压力的变化范围。调压偏差越小，其性能越好。由图可见，先导式溢流阀的特性曲线比较平缓，调压偏差也小，故其性能比直动式溢流阀好。因此，先导式溢流阀宜用于系统溢流稳压，直动式溢流阀因其灵敏性高，宜用作安全阀。

2）启闭特性

溢流阀的启闭特性是指溢流阀从刚开启到通过额定流量（也叫全流量），再由全流量到闭合（溢流量减小为额定值的 1% 以下）整个过程中的压力—流量特性。

溢流阀闭合时的压力 p_K 称为闭合压力。闭合压力 p_K 与调定压力 p_n 之比称为闭合比。开启压力 p_0 与调定压力 p_n 之比称为开启比。由于阀开启时阀芯所受的摩擦力与进油压力方向相反，而闭合时阀芯所受的摩擦力与进油压力方向相同，因此在相同的溢流量下，开启压力大于闭合压力。图 6-14（b）所示为溢流阀的启闭特性。图中，横坐标为溢流阀进油口的控制压力，纵坐标为溢流阀的溢流量，实线为开启曲线，虚线为闭合曲线。由图可见这两条曲线不重合。在某溢流量下，两曲线压力坐标的差值称为不灵敏区。因压力在此范围内变化时，阀的开度无变化，它的存在相当于加大了调压偏差，且加剧了压力波动。因此该差值越小，阀的启闭特性越好。由图中的两组曲线可知，先导式溢流阀的不灵敏区比直动式溢流阀不灵敏区小一些。为保证溢流阀有良好的静态特性，一般规定其开启比不应小于 90%，闭合比不应小于 85%。

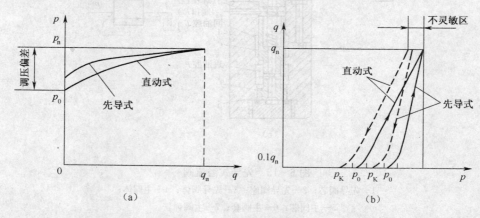

图 6-14 溢流阀的静态特性
(a) 压力—流量特性；(b) 启闭特性。

3）压力稳定性

溢流阀工作压力的稳定性由两个指标来衡量：一是在额定流量 q_n 和额定压力 p_n 下，其进口压力在一定时间（一般为 3min）内的偏移值；二是在整个调压范围内，通过额定流量 q_n 时进口压力的振摆值。对中压溢流阀这两项指标均不应大于 ±0.2MPa。如果溢流阀的压力稳定性不好，就会出现剧烈的振动和噪声。

4）卸荷压力

将溢流阀的外控口 K 与油箱连通时，其主阀阀口开度最大，液压泵卸荷。这时溢流阀进出油口的压力差，称为卸荷压力。卸荷压力越小，油液通过阀口时的能量损失就越小，发热也越小，说明阀的性能越好。

（二）顺序阀

顺序阀是利用油路中压力的变化控制阀口启闭，以实现执行元件顺序动作的液压元件。其结构与溢流阀类同，也分为直动式和先导式两种。一般先导式用于压力较高的场合。

图6-15（a）所示为直动式顺序阀的结构图。它由螺堵1、下阀盖2、控制活塞3、阀体4、阀芯5、弹簧6等零件组成。当其进油口的油压低于弹簧6的调定压力时，控制活塞3下端油液向上的推力小，阀芯5处于最下端位置，阀口关闭，油液不能通过顺序阀流出。当进油口油压达到弹簧调定压力时，阀芯5抬起，阀口开启，压力油即可从顺序阀的出口流出，使阀后的油路工作。这种顺序阀利用其进油口压力控制，称为普通顺序阀（也称为内控式顺序阀），其图形符号如图6-15（b）所示。由于阀出油口接压力油路，因此其上端弹簧处的泄油口必须另接一油管通油箱。这种连接方式称为外泄。

若将下端盖2相对于阀体转过90°或180°，将螺堵1拆下，在该处接控制油管并通入控制油，则阀的启闭便可由外供控制油控制。这时即成为液控顺序阀，其图形符号如图6-15（c）所示。若再将上端盖3转过180°，使泄油口处的小孔a与阀体上的小孔b连通，将泄油口用螺堵封住，并使顺序阀的出油口与油箱连通，则顺序阀就成为卸荷阀。其泄漏油可由阀的出油口流回油箱，这种连接方式称为内泄。卸荷阀的图形符号如图6-15（d）所示。

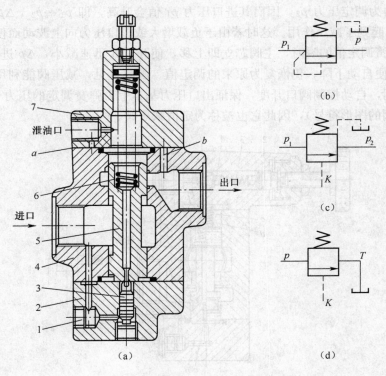

图6-15　直动式顺序阀
1—螺堵；2—下阀盖；3—控制活塞；4—阀体；5—阀芯；6—弹簧；7—上阀盖。

101

顺序阀常与单向阀组合成单向顺序阀、液控单向阀等使用。直动式顺序阀设置控制活塞的目的是缩小阀芯受油压作用的面积，以便采用较软的弹簧来提高阀的压力—流量特性。直动式顺序阀的最高工作压力一般在8MPa以下。先导式顺序阀其主阀弹簧的刚度可以很小，故可省去阀芯下面的控制柱塞，不仅启闭特性好，且工作压力也可大大提高。

（三）减压阀

减压阀是利用油液流过缝隙时产生压降的原理，使系统某一支油路获得比系统压力低而平稳的压力油的液压控制阀。减压阀也有直动式和先导式两种。直动式很少单独使用，先导式则应用较多。

图6-16所示为先导式减压阀，它由先导阀与主阀组成。油压为 p_1 的压力油，由主阀的进油口流入，经减压阀口 h 后由出油口流出，其压力为 p_2。出口油液经阀体7和下阀盖8上的孔道 a、b 及主阀芯6上的阻尼孔 c 流入主阀芯上腔 d 及先导阀右腔 e。当出口压力 p_2 低于先导阀弹簧的调定压力时，先导阀呈关闭状态，主阀芯上、下腔油压相等，它在主阀弹簧力作用下处于最下端位置（图示位置）。这时减压阀口 h 开度最大，不起减压作用，其进、出口油压基本相等。当 p_2 达到先导阀弹簧调定压力时，先导阀开启，主阀芯上腔油经先导阀流回油箱了 T，下腔油经阻尼孔向上流动，使阀芯两端产生压力差。主阀芯在此压差作用下向上抬起，关小减压阀口 h，阀口压降 Δp 增加。由于出口压力为调定压力 p_2，因而其进口压力 p_1 值会升高，即 $p_1 = p_2 + \Delta p$（或 $p_2 = p_1 - \Delta p$），阀起到了减压作用。这时若由于负载增大或进口压力向上波动而使 p_2 增大，在 p_2 大于弹簧调定值的瞬时，主阀芯立即上移，使开口 h 迅速减小，Δp 进一步增大，出口压力 p_2 便自动下降，仍恢复为原来的调定值。由此可见，减压阀能利用出油口压力的反馈作用，自动控制阀口开度，保证出口压力基本上为弹簧调定的压力（图6-16（b）为减压阀的图形符号），因此它也被称为定值减压阀。

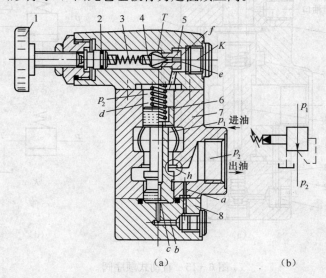

（a） （b）

图6-16 先导式减压阀

1—调压手轮；2—密封圈；3—弹簧；4—先导阀芯；5—阀座；6—主阀芯；7—主阀体；8—阀盖。

减压阀的阀口为常开型，其泄油口必须由单独设置的油管通往油箱，且泄油管不能插入油箱液面以下，以免造成背压，使泄油不畅，影响阀的正常工作。

当阀的外控口 K 接一远程调压阀，且远程调压阀的调定压力低于减压阀的调定压力时，可以实现二级减压。

（四）压力继电器

压力继电器是使油液压力达到预定值时发出电信号的液—电信号转换元件。当其进油口压力达到弹簧的调定值时，能自动接通或断开电路，使电磁铁、继电器、电动机等电气元件通电运转或停止工作，以实现对液压系统工作程序的控制、安全保护或动作的联动等。

图 6-17 所示为膜片式压力继电器。当进口 K 的压力达到弹簧 7 的调定值时，膜片 1 在液压力的作用下产生中凸变形，使柱塞 2 向上移动。柱塞上的圆锥面使钢球 5 和 6 作径向运动，钢球 6 推动杠杆 10 绕销轴 9 逆时针偏转，至使其端部压下微动开关 11，发出电信号，接通或断开某一电路。当进口压力因漏油或其他原因下降到一定值时，弹簧 7 使柱塞 2 下移，钢球 5 和 6 又回落入柱塞的锥面槽内，微动开关 11 复位，切断电信号，并将杠杆 10 推回，断开或接通电路。

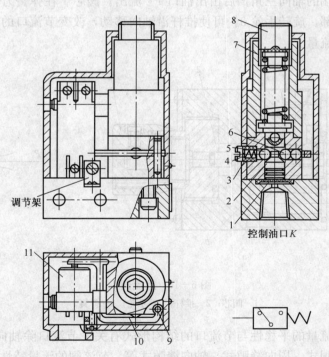

图 6-17　膜片式压力继电器

1—膜片；2—柱塞；3—弹簧；4—调节螺钉；5、6—钢球；
7—弹簧；8—调压螺钉；9—销轴；10—杠杆；11—微动开关。

压力继电器发出电信号的最低压力和最高压力间的范围称为调压范围。拧动调压螺钉 8 即可调整其工作压力。压力继电器发出电信号时的压力，称为开启压力；切断电信号时的压力称为闭合压力。由于开启时摩擦力的方向与油压力的方向相反，闭合时则相同，故开启压力大于闭合压力。两者之差称为压力继电器通断返回区间，它应有足够大的数值，否则，系统压力脉动时，压力继电器发出的电信号会时断时续。返回区间可用螺钉 4 调节弹簧 3 对钢球 6 的压力来调整。中压系统中使用的压力继电器其返回区间一般为 0.35MPa～0.8MPa。

膜片式压力继电器膜片位移小、反应快、重复精度高。其缺点是易受压力波动的影响，不宜用于高压系统，常用于中、低压液压系统中。高压系统中常使用单触点柱塞式压力继电器。

知识点 3　流量控制阀

流量控制阀是通过改变阀口过流面积来调节通过阀口流量，从而控制执行元件运动速度的控制阀。流量控制阀主要有节流阀、调速阀和同步阀等。

（一）节流阀

图 6‐18 所示为普通节流阀。它的节流油口为轴向三角槽式。压力油从进油口 P_1 流入，经阀芯左端的轴向三角槽后由出油口 P_2 流出。阀芯 1 在弹簧力的作用下始终紧贴在推杆 2 的端部。旋转手轮 3，可使推杆沿轴向移动，改变节流口的通流截面积，从而调节通过阀的流量。

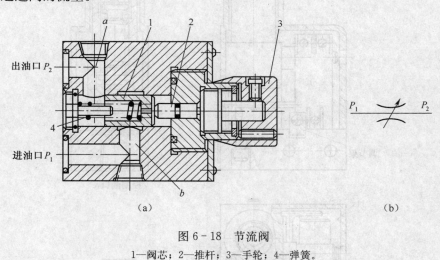

（a）　　　　　　　　　　　　　　　　（b）

图 6‐18　节流阀
1—阀芯；2—推杆；3—手轮；4—弹簧。

节流阀输出流量的平稳性与节流口的结构形式有关。节流口除轴向三角槽式之外，还有偏心式、针阀式、周向缝隙式、轴向缝隙式等。节流阀的流量特性可用小孔流量通用公式 $q = kA_T \Delta P^\varphi$ 来描述，其特性曲线如图 6‐19 所示。由于液压缸的负载常发生变化，节流阀前后的压差 Δp 为变值，因而在阀开口面积 A_T 一定时，通过阀口的流量 q 是变化的，执行元件的运动速度也就不平稳。节流阀流量 q 随其压差而变化的关系见图 6‐19 中曲线 1。

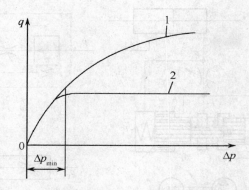

图 6-19　节流阀和调速阀的特性曲线

节流阀结构简单，制造容易，体积小，使用方便，造价低。但负载和温度的变化对流量稳定性的影响较大，因此只适用于负载和温度变化不大或速度稳定性要求不高的液压系统。

节流阀能正常工作（不断流，且流量变化率不大于10%）的最小流量限制值，称为节流阀的最小稳定流量。轴向三角槽式节流口的最小稳定流量为 30mL/min～50mL/min，薄刃孔可为 15mL/min。它影响液压缸或液压马达的最低速度值，设计和使用液压系统时应予以考虑。

（二）调速阀

调速阀是由定差减压阀与节流阀串联而成的组合阀。节流阀用来调节通过的流量，定差减压阀则自动补偿负载变化的影响，使节流阀前后的压差为定值，消除了负载变化对流量的影响。

图 6-20（a）、（b）、（c）所示为调速阀的工作原理图，图形符号和简化符号。图中定差减压阀 1 与节流阀 2 串联。若减压阀进口压力为 p_1，出口压力为 p_2，节流阀出口压力为 p_3，则减压阀 a 腔、b 腔油压为 p_2，c 腔油压为 p_3。若减压阀 a、b、c 腔有效工作面积分别为 A_1、A_2、A，则 $A=A_1+A_2$。节流阀出口的压力 p_3 由液压缸的负载决定。

当减压阀阀芯在其弹簧力 F_S、油液压力 p_2 和 p_3 的作用下处于某一平衡位置时，则有

$$p_2 A_1 + p_2 A_2 = p_3 A + F_S$$

即

$$p_2 - p_3 = \frac{F_S}{A}$$

由于弹簧刚度较低，且工作过程中减压阀阀芯位移很小，可以认为 F_S 基本不变，故节流阀两端的压差 $\Delta p = p_2 - p_3$ 也基本保持不变。因此，当节流阀通流面积 A_T 不变时，通过它的流量 q（$q=kA_T \Delta p^\varphi$）为定值。也就是说，无论负载如何变化，只要节流阀通流面积不变，液压缸的速度亦会保持恒定值。例如，当负载增加，使 p_3 增大的瞬间，减压阀右腔推力增大，其阀芯左移，阀口开大，阀口液阻减小，使 p_2 也增大，p_2

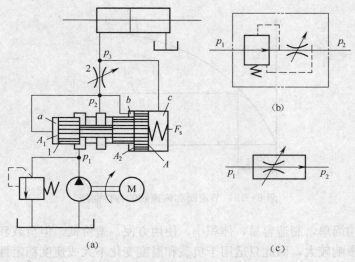

图 6 - 20　调速阀的工作原理

1—减压阀；2—节流阀。

与 p_3 的差值 $\Delta p = F_S/A$ 却不变。当负载减小 p_3 减小时，减压阀芯右移，p_2 也减小，其差值亦不变。因此调速阀适用于负载变化较大、速度平稳性要求较高的液压系统。例如，各类组合机床、车床、铣床等设备的液压系统常用调速阀调速。

当调速阀的出口堵住时，其节流阀两端压力相等，减压阀芯在弹簧力的作用下移至最左端，阀开口最大。因此，当将调速阀出口迅速打开时，因减压阀口来不及关小，不起减压作用，会使瞬时流量增加，使液压缸产生前冲现象。为此有的调速阀在减压阀体上装有能调节减压阀芯行程的限位器，以限制和减小这种启动时的冲击。

调速阀的流量特性如图 6 - 19 中的曲线 2 所示。由图可见，当其前后压差大于最小值 Δp_{min} 以后，其流量稳定不变（特性曲线为一水平直线）；当其压差小于 Δp_{min} 时，由于减压阀未起作用，故其特性曲线与节流阀特性曲线重合。所以在设计液压系统时，分配给调速阀的压差应略大于 Δp_{min}。调速阀的最小压差约为 1MPa（中低压阀为 0.5MPa）。

对速度稳定性要求高的液压系统，需要用温度补偿调速阀。这种阀中有由热膨胀系数大的聚氯乙烯塑料推杆，当温度升高时其受热伸长使阀口关小，以补偿因油变稀流量变大造成的流量增加，维持其流量基本不变。

任务实施

任务一：方向控制阀的拆装

（一）分析任务

分析图 6 - 1 所示任务可知，只要使液压油进入驱动工作台运动的液压缸的不同工作腔，就能使液压缸带动工作台完成往复运动。这种能够使液压油进入不同的液压缸工作油腔，从而实现液压缸不同的运动方向的元件称为换向阀。换向阀是如何改变和控制液压传动系统中油液流动的方向、油路的接通和关闭，从而改变液压系统的工作状态的呢？平面磨床工作台在工作时，需要自动地完成往复运动，液压泵由电动机驱动后，从油箱中吸油，油液经滤油器进入液压泵，油液在泵腔中从入口低压到泵出口高压，通过溢流阀、节流阀、换向阀进入液压缸左腔或右腔，推动活塞使工作台向右或向左移动。

通过图6-1所示任务的分析，我们知道液压传动系统中执行机构（液压缸或活塞杆）的运动是依靠换向阀来控制的，而换向阀的阀芯和阀体间总是存在着间隙，这就造成了换向阀内部的泄漏。若要求执行机构在停止运动时不受外界的影响，仅依靠换向阀是不能保证的，这时就要利用单向阀来控制液压油的流动，从而可靠地使控制执行元件能停在某处而不受外界影响。

（二）选择控制元件

因为平面磨床工作台在工作时，需要自动地完成往复运动，所以选择二位四通双作用电磁换向阀控制双作用双出杆液压缸带动工作台实现所需的运动要求，其液压回路如图6-21所示。

在吊装机液压系统所示任务中，吊装机液压系统对执行机构的来回运动过程中停止位置要求较高，其本质就是对执行机构进行锁紧，使之不动，这种起锁紧作用的回路称为锁紧回路。图6-22所示便是采用液控单向阀的锁紧回路。为了保证中位锁紧可靠，换向阀宜采用H型或Y型。由于液控单向阀的密封性能很好，从而能使执行元件长期锁紧。

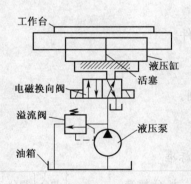
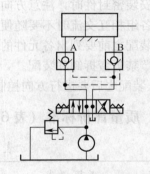

图6-21　平面磨床液压系统图　　　　图6-22　吊装机液压系统图

（三）实施步骤

（1）读懂图样，熟悉所拆装单向阀、液控单向阀及换向阀等方向控制阀的结构。

（2）按指导老师要求，学生分组拆解方向控制阀，逐个拆下方向控制阀各零件，并编号。

单向阀拆卸顺序：先拆卸螺钉，取出弹簧，分离阀芯和阀体。观察阀芯的结构和阀体上的油口尺寸。

液控单向阀拆卸顺序：先拆掉控制端的螺钉，取出控制活塞和顶杆，再卸下阀芯端螺钉，取出弹簧，分离阀芯和阀体，观察阀芯与活塞的结构和尺寸。

换向阀拆卸顺序：先拆卸提供外部力的控制部分，取下卡簧，取出弹簧，分离阀芯和阀体。观察阀芯的结构和阀体上的油口尺寸及油口数量，观察阀芯在阀体内的工作位置。

（3）在拆卸过程中，学生要注意观察方向控制阀的结构，分析其作用。指出所拆方向控制阀的控制方式。

（4）按次序装配各零件。装配要领：装配前要清洗各零件，将阀芯与阀体等配合表面涂润滑油，然后按照拆卸时的反向顺序进行装配。

（5）方向控制阀通、断的检测。启动空气压缩机，将换向阀接上软管接头，在没有给阀芯施加外力的情况下向换向阀中通入压缩空气，观察进气口与出气口的关系，然后对换向阀的阀芯两端分别施力，并通入压缩空气，再次观察进气口与出气口的关系。

（6）各组集中，教师点评，学生提问，并完成实训报告。

教师巡回指导，并及时给每位学生打操作分数。

（四）注意事项

（1）一人负责一个元件的拆装，实行"谁拆卸、谁装配"的制度。

（2）拆卸时要作好拆卸记录，必要时画出装配示意图。

（3）对于容易丢失的小零件，要放入专用小盒内。

（4）拆卸配合件时，要小心，切勿划伤配合表面，更不可轻易用硬物敲击。

（5）防止拆下零件受污染。

（6）安装密封件时，注意方向。

（7）各组相互交流时不要随便拿走其他组的零件。

（8）装配之前要列出各元件的装配顺序。

（9）严禁野蛮拆卸和装配。

（10）装配之后要进行方向控制阀通、断的检测。

（五）质量评价标准（表6-3）

表6-3 质量评价标准

考核项目	考核要求	配分	评分标准	扣分	得分	备注
拆卸	1. 正确使用拆装工具 2. 按顺序拆卸	35	1. 不正确使用工具扣5分 2. 不按顺序拆卸扣30分			
安装	1. 清洗各零件 2. 按顺序装配	35	1. 不清洗各零件，扣5分 2. 不按顺序进行装配扣30分			
画图	画出各种换向阀的图形符号	10	每画错一个扣2分			
安全生产	自觉遵守安全文明生产规程	10	不遵守安全文明生产扣10分			
实训报告	按时按质完成实训报告	10	1. 没有按时完成报告扣5分 2. 实训报告质量差扣2分～5分			
自评得分		小组互评得分		教师签名		

任务二：压力控制阀的拆装

（一）分析任务

稳定的工作压力是保证系统工作平稳的先决条件，同时，如果液压传动系统一旦过载，如无有效的卸荷措施，将会使液压传动系统中的液压泵处于过载状态，很容易发生损坏，液压传动系统中其他元件也会因超过自身的额定工作压力而损坏。因此，液压传动系统必须能有效地控制系统压力。在液压传动系统中，担负此重任的就是压力控制阀。在液压传动系统中控制工作液体压力的阀称压力控制阀，简称压力阀。常用的压力阀有溢流阀、减压阀和顺序阀等。它们的共同特点是利用作用于阀芯上的油液压力和弹簧力相平衡的原理进行工作的。

分析图 6-2 所示液压钻床的工作过程可以知道，要控制液压缸 A 的夹紧力，就要求输入端的液压油压力能够随输出端的压力降低而自动减小，实现这一功能的液压元件就是减压阀。此外，系统还要求液压缸 B 必须在液压缸 A 夹紧力达到规定值时才能动作，即动作前需要通过检测 A 缸的压力，把 A 缸的压力作为控制 B 缸动作的信号，这在液压系统中可以使用顺序阀通过压力信号来接通和断开液压回路，从而达到控制执行元件动作的目的。

（二）选择控制元件

压锻机工作时，系统的压力必须与负载相适应，可以通过溢流阀来调整回路的压力来实现。溢流阀在系统中的主要作用就是稳压和卸荷，因而液压式压锻机功能的实现就是依靠溢流阀。

针对图 6-2 所示液压钻床的工作任务提出的要求，可以利用减压阀来控制 A 缸的夹紧力，用顺序阀来控制 A 缸和 B 缸的动作顺序。那么不难看出，只要在上图的基础上，在夹紧缸（A 缸）的回油路油路上接上减压阀就可以实现任务要求。

（三）实施步骤

（1）读懂图样，熟悉所拆装溢流阀、减压阀等压力控制阀的结构。

（2）按指导老师要求，学生分组拆解压力控制阀，逐个拆下压力控制阀各零件，并编号。

压力控制阀拆卸顺序：拆卸调压螺母，取出弹簧，分离阀芯与阀体，观察阀芯的结构和阀体上的油口尺寸（特别是直动式与先导式压力阀的区别）。

压力继电器拆卸顺序：先拆卸控制端的螺钉，取出弹簧、杠杆和阀芯，再拆卸微动开关，观察阀芯与杠杆的结构和尺寸。

（3）在拆卸过程中，学生要注意观察压力控制阀的结构，分析其作用。指出所拆压力控制阀的控制方式。

（4）按次序装配各零件。装配要领：装配前要清洗各零件，将阀芯与阀体等重要的配合表面涂润滑油，然后按照拆卸时的反向顺序进行装配。

（5）压力控制阀的检测。启动空气压缩机，将压力阀接上软管接头，同时接入压力计，在调节压力阀的同时观察压力计压力值的变化。

（6）各组集中，教师点评，学生提问，并完成实训报告。

教师巡回指导，并及时给每位学生打操作分数。

（四）注意事项（同上）

（五）质量评价标准（表6-3）

任务三：流量控制阀的拆装

（一）分析任务

在各个液压传动系统中，执行件的运动速度是可以通过流量控制阀来控制的。流经阀的最大压力和流量是选择阀规格的两个主要参数。因为阀的压力和流量范围必须满足使用要求，否则将引起阀的工作失常。为此要求阀的额定压力应略大于最大压力，但最多不得超过10%。阀的额定流量应大于最大流量，必要时允许通过阀的最大流量超过其额定流量的20%，但也不宜过大，以免引起油液发热、噪声、压力损失增大和阀的工作性能变坏。流量控制阀就是靠改变阀口过流面积的大小来调节通过阀口的流量，从而控制执行元件（液压缸或液压马达）的运动速度。但应注意，选择流量阀时，不仅要考虑最大流量，而且要考虑最小稳定流量。

（二）选择控制元件

节流阀，是调节和控制阀内开口的大小直接限制流体通过的流量达到节流的目的。由于是强制受阻节流，所以节流前后会产生较大的压力差，受控流体的压力损失比较大，也就是说节流后的压力会减小。

调速阀，是在节流阀节流原理的基础上，又在阀门内部结构上增设了一套压力补偿装置，改善的节流后压力损失大的现象，使节流后流体的压力基本上等同于节流前的压力，并且减少流体的发热。

节流阀只是调定流量，使负载（油缸）可以快慢变化，优点是快速有效，价格便宜。但是在进口和出口存在着很大的压差，流量也不稳定，因此仅在不要求紧密的系统中广泛采用。而调速阀具有压力补偿的功能，里面有减压回路，噪声低，更稳定，流量更精密，广泛采用在机床领域。其缺点是成本高，维修不便，价格略高。

（三）实施步骤

（1）读懂图样，熟悉所拆装节流阀、调速阀等流量控制阀的结构。

（2）按指导老师要求，学生分组拆解流量控制阀，逐个拆下流量控制阀各零件，并编号。

节流阀拆卸顺序：先拆卸流量调压螺母，取出推杆、阀芯、弹簧，观察阀芯的结构和阀体上的油口尺寸。

调速阀拆卸顺序：先拆卸调速阀中的节流阀，再拆卸减压阀的螺钉，取出减压阀的弹簧和阀芯，观察阀芯的结构和阀体上的油口尺寸。

（3）在拆卸过程中，学生要注意观察流量控制阀的结构，分析其作用，并指出所拆流量控制阀的控制方式。

（4）按次序装配各零件。装配要领：装配前要清洗各零件，将阀芯与阀体等重要的配合表面涂上润滑油，然后按照拆卸时的反向顺序进行装配。

（5）各组集中，教师点评，学生提问，并完成实训报告。

教师巡回指导，并及时给每位学生打操作分数。

（四）注意事项（同上）

（五）质量评价标准（表6-3）

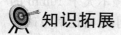 知识拓展

知识点　比例阀、插装阀和叠加阀

比例阀、插装阀和叠加阀分别是20世纪60年代末、70年代初和80年代才出现并得到发展的液压控制阀。与普通液压控制阀相比，它们具有许多显著的优点。因此，随着技术的进步这些新型液压元件必将会以更快的速度发展，并广泛用于各类设备的液压系统中。

（一）比例阀

普通液压阀只能对液流的压力、流量进行定值控制，对液流的方向进行开关控制。而当工作机构的动作要求对其液压系统的压力、流量参数进行连续控制，或控制精度要求较高时，则不能满足要求。这时就需要用电液比例控制阀（简称比例阀）进行控制。

大多数比例阀具有类似普通液压阀的结构特征。它与普通液压阀的主要区别在于，其阀芯的运动是采用比例电磁铁控制，使输出的压力或流量与输入的电流成正比，所以可用改变输入电信号的方法对压力、流量进行连续控制。有的阀还兼有控制流量大小和方向的功能。这种阀在加工制造方面的要求接近普通阀，但其性能却大为提高。比例阀的采用能使液压系统简化，所用液压元件数大为减少，且使其可用计算机控制，自动化程度可明显提高。

比例阀常用直流比例电磁铁控制，电磁铁的前端都附有位移传感器（或称差动变压器），其作用是检测比例电磁铁的行程，并向放大器发出反馈信号。电放大器将输入信号与反馈信号比较后再向电磁铁发出纠正信号，以补偿误差，保证阀有准确的输出参数，因此它的输出压力和流量可以不受负载变化的影响。

比例阀也分为压力阀、流量阀和方向阀三大类。

1. 比例压力阀

用比例电磁铁取代直动式溢流阀的手动调压装置，便成为直动式比例溢流阀，如图6-23所示。将直动式比例溢流阀作为先导阀与普通压力阀的主阀相结合，便可组成先导式比例溢流阀、比例顺序阀和比例减压阀。使这些阀能随电流的变化而连续地或按比例地控制输出油的压力。

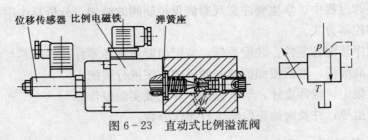

图 6-23 直动式比例溢流阀

2. 比例流量阀

用比例电磁铁取代节流阀或调速阀的手动调速装置，便成为比例节流阀或比例调速阀。它能用电信号控制油液流量，使其与压力和温度的变化无关。它也分为直动式和先导式两种。受比例电磁铁推力的限制，直动式比例流量阀适用作通径不大于 10mm 的小规格阀。当通径大于 10mm 时，常采用先导式比例流量阀。它用小规格比例电磁铁带动小规格先导阀，再利用先导阀的输出放大作用来控制流量大的主节流阀或调速阀，因此能用于压力较高的大流量油路的控制。

3. 比例方向阀

用比例电磁铁取代电磁换向阀中的普通电磁铁，便构成直动式比例方向阀，如图6-24所示。其阀芯的行程可以连续地或按比例地改变，且其阀芯上的凸肩制作出三角形阀口（不是全周长阀口），因而利用比例换向阀不仅能改变执行元件的运动方向，还能通过控制换向阀的阀芯位置来调节阀口的开度。故实质上，它是兼有方向控制和流量控制两种功能的复合控制阀。

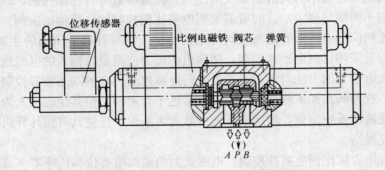

图 6-24 电反馈直动式比例方向阀

当流量较大时（阀的通径大于 10mm），需采用先导式比例方向阀，如压力控制型先导比例方向阀、电反馈型先导比例方向阀等。此外，多个比例方向阀也能组成比例多路阀。

用比例溢流阀、比例节流阀等元件与变量叶片泵组合可构成比例复合叶片泵，使泵的输出压力和流量用电信号比例控制得到最佳值。用先导式比例方向阀与内装位移传感器的液压缸组合可构成比例复合缸，这种复合缸很容易实现活塞位移或速度的电气比例控制。

总之，采用比例阀既能提高液压系统性能参数及控制的适应性，又能明显地提高其控制的自动化程度。

112

（二）插装阀

插装阀也称为插装式锥阀或逻辑阀。它是一种结构简单，标准化、通用化程度高，通油能力大，液阻小，密封性能和动态特性好的新型液压控制阀，目前在液压压力机、塑料成型机械、压铸机等高压大流量系统中应用很广泛。

插装阀主要由锥阀组件、阀体、控制盖板及先导元件组成。图 6-25 中，阀套 2、弹簧 3 和锥阀 4 组成锥阀组件，插装在阀体 5 的孔内。上面的盖板 1 上设有控制油路与其先导元件连通（先导元件图未画出）。锥阀组件上配置不同的盖板，就能实现各种不同的功能。同一阀体内可装入若干个不同机能的锥阀组件，加相应的盖板和控制元件组成所需要的液压回路或系统，可使结构很紧凑。

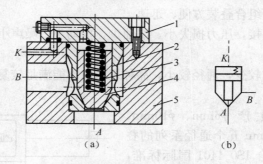

图 6-25　插装式锥阀
1—盖板；2—阀套；3—弹簧；4—锥阀；5—阀体。

从工作原理讲，插装阀是一个液控单向阀。图 6-25 中，A、B 为主油路通口，K 为控制油口。设 A、B、K 油口所通油腔的油液压力及有效工作面积分别为 p_A、p_B、p_K 和 A_1、A_2、A_K（$A_1+A_2=A_K$），弹簧的作用力为 F_S，且不考虑锥阀的质量、液动力和摩擦力等的影响，则当 $p_A A_1 + p_B A_2 < F_S + p_K A_K$ 时，锥阀闭合，A、B 油口不通；当 $p_A A_1 + p_B A_2 > F_S + p_K A_K$ 时，锥阀打开，油路 A、B 连通。因此可知，当 p_A、p_B 一定时，改变控制油腔 K 的油压 p_K，可以控制 A、B 油路的通断。当控制油口 K 接通油箱时，$p_K=0$，锥阀下部的液压力超过弹簧力时，锥阀即打开，使油路 A、B 连通。这时若 $p_A > p_B$，则油由 A 流向 B；若 $p_A < p_B$，则油由 B 流向 A。当 $p_K \geqslant p_A$，$p_K \geqslant p_B$ 时，锥阀关闭，A、B 不通。

插装阀锥阀芯的端部可开阻尼孔或节流三角槽，也可以制成圆柱形。插装式锥阀可用作方向控制阀、压力控制阀和流量控制阀。

（三）叠加阀

1. 概述

叠加式液压阀简称叠加阀，它是近十年内在板式阀集成化基础上发展起来的新型液压元件。这种阀既具有板式液压阀的工作功能，其阀体本身又同时具有通道体的作用，从而能用其上、下安装面呈叠加式无管连接，组成集成化液压系统。

叠加阀自成体系，每一种通径系列的叠加阀，其主油路通道和螺钉孔的大小、位

113

置、数量都与相应通径的板式换向阀相同。因此，同一通径系列的叠加阀可按需要组合叠加起来组成不同的系统。通常用于控制同一个执行件的各个叠加阀与板式换向阀及底板纵向叠加成一叠，组成一个子系统。其换向阀（不属于叠加阀）安装在最上面，与执行件连接的底板块放在最下面。控制液流压力、流量或单向流动的叠加阀安装在换向阀与底板块之间，其顺序应按子系统动作要求安排。由不同执行件构成的各子系统之间可以通过底板块横向叠加成为一个完整的液压系统，其外观图如图6-26所示。

叠加阀的主要优点如下：

（1）标准化、通用化、集成化程度高，设计、加工、装配周期短。

（2）用叠加阀组成的液压系统结构紧凑，体积小，重量轻，外形整齐美观。

（3）叠加阀可集中配置在液压站上，也可分散安装在设备上，配置形式灵活，而且系统变化时，元件重新组合叠装方便、迅速。

（4）因不用油管连接，压力损失小，漏油少，振动小，噪声小，动作干稳，使用安全可靠，维修容易。

其缺点是回路形式较少，通径较小，品种规格尚不能满足较复杂和大功率液压系统的需要。

目前，我国已生产 $\phi6mm$、$\phi10mm$、$\phi16mm$、$\phi20mm$、$\phi32mm$ 五个通径系列的叠加阀，其连接尺寸符合 ISO 4401 国际标准，最高工作压力为 20MPa。

根据叠加阀的工作功能，它可以分为单功能阀和复合功能阀两类。

2. 单功能叠加阀

单功能叠加阀与普通板式液压阀类同，也具有压力控制阀（如溢流阀、减压阀、顺序阀等）、流量控制阀（如节流阀、单向节流阀、调速阀、单向调速阀等）和方向控制阀（仅包括单向阀、液控单向阀）。在一块阀体内部，可以组装一个单阀，也可能组装为双阀。一个阀体中有 P、T、A、B 四条以上通路，所以阀体内组装各阀根据其通道连接状况，可产生多种不同的控制组合方式。

1）叠加式溢流阀

图6-27所示为 Y1-F-10D-P/T 先导

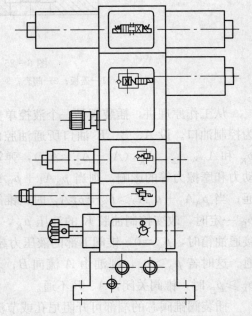

图6-26 叠加阀叠积总成外观图

型叠加式溢流阀。它由主阀和先导阀两部分组成。Y表示溢流阀；F表示压力为20MPa；10表示通径为 $\phi10mm$；D表示叠加阀；P/T表示进油口为P，回油口为T。其符号如图6-27（b）所示。图6-27（c）所示为 P_1/T 型，它主要用于双泵供油系统高压泵的调压和溢流。

叠加式溢流阀的工作原理同一般的先导式溢流阀相同。压力油由进油口 P 进入主阀芯6右端的 e 腔，并经阀芯上阻尼孔 d 流至主阀芯6左端 b 腔，还经小孔 a 作用于锥阀 3 上。当系统压力低于溢流阀调定压力时，锥阀 3 关闭，主阀芯 6 在弹簧力作用下处于关闭位置，阀不溢流；当系统压力达到溢流阀的调定压力时，锥阀 3 开启，b 腔油液经锥阀口及孔道 c 由油口 T 流回油箱，主阀芯 6 右腔的油经阻尼孔 d 向左流动，因而在主阀芯两端产生了压力差，使主阀芯 6 向左移动将主阀阀口打开，使油由出油口 T 溢回油箱。调节弹簧 2 的预压缩量便可改变溢流阀的调整压力。

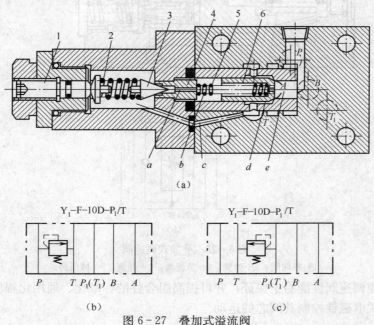

（a）

Y₁–F–10D–P₁/T   Y₁–F–10D–P₁/T

P T $P_1(T_1)$ B A P T $P_1(T_1)$ B A

（b）   （c）

图 6-27　叠加式溢流阀

1—推杆；2—弹簧；3—锥阀；4—阀座；5—弹簧；6—主阀芯。

2）叠加式流量阀

图 6-28 所示为 QA-F6/10D-BU 型单向调速阀，其中 QA 表示单向调速阀；F 表示压力为 20MPa；6/10 表示该阀通径为 ϕ6mm，而其接口尺寸属于 ϕ10mm 系列；D 表示叠加阀；B 表示该阀适用于液压缸 B 腔油路上；U 表示调速节流阀其出口节流。其工作原理与一般单向调速阀基本相同。

当压力油由油口 B 进入时，油可进入单向阀芯 1 的左腔，使单向阀口关闭；同时又可经过调速阀中的减压阀和节流阀，由油口 B' 流出。当压力油由油口 B' 进入时，压力油可将单向阀芯顶开，经单向阀由油口 B 流出，而不流经调速阀。

以上两种叠加阀在结构上均属于组合式，即将叠加阀体做成通油孔道体，仅将部分控制阀组件置于其阀体内，而将另一部分控制阀或其组件做成板式连接的部件，将其安装在叠加阀体的两端，并和相关的油路连通。通常小通径的叠加阀采用组合式结构。通径较大的叠加阀则多采用整体式结构，即将控制阀和油道组合在同一阀体内。

3. 复合功能叠加阀

复合功能叠加阀，又称作多机能叠加阀。它是在一个控制阀芯单元中实现两种以上控制机能的叠加阀，多采用复合结构型式。

图 6-29 为我国研制开发的电动单向调速阀。它由先导板式阀 1、主体阀 2 和调速阀 3 组合而成，调速阀部分作为一个独立的组件以板式阀的连接方式，复合到叠加阀主

115

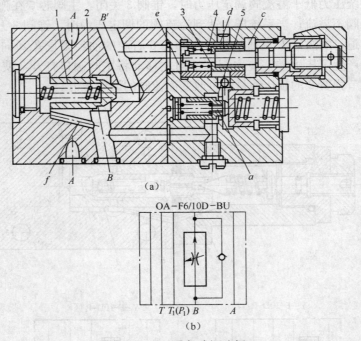

(a)

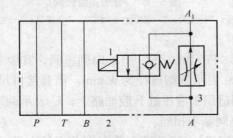

(b)

图 6-28 叠加式调速阀

1—单向阀；2—弹簧；3—节流阀；4—弹簧；5—减压阀。

体的侧面，使调速阀性能易于保证，并可提高组合件的标准化、通用化程度。其先导阀采用直流湿式电磁铁控制其阀芯的运动。

图 6-29 电动单向调速阀

该阀用于控制机床液压系统，使运动部件实现"快进→工进→快退"工作循环。当电磁铁通电使先导阀芯移位时，压力油可由 A' 经主阀体中的锥阀到 A，使运动部件"快进"；当电磁铁断电，先导阀芯复位时，压力油只能经调速阀由 A' 流至 A，使运动部件慢速"工进"；当压力油由 A 进入该阀时，则可经过自动打开的锥阀（单向阀），由 A_1 流出，使运动部件"快退"。

小　结

本章主要介绍了液压传动系统中常用控制阀的工作原理、结构、性能和应用等知识。液压控制阀，简称液压阀，是液压系统中的控制元件，其作用是控制和调节液压系统中液压油的流动方向、压力的高低和流量的大小，以满足液压缸、液压马达等执行元件不同的动作要求。

液压阀可分为方向控制阀、压力控制阀和流量控制阀三大类。尽管液压阀存在着各种各样不同的类型，它们之间有一些共同之处。首先，在结构上，所有的阀都由阀体、阀芯（滑阀或转阀）和驱动阀芯动作的元部件（如弹簧、电磁铁）组成；其次，在工作原理上，所有阀的开口大小，进出口间的压力差以及流过阀的流量之间的关系都符合孔口流量公式（$q_V = CA\Delta p^m$），只是各种阀的控制参数各不相同而已，如方向阀控制的是执行元件的运动方向，压力阀控制的是液压传动系统的压力，而流量阀控制的是执行元件的运动速度。

思考与练习

6-1　电液动换向阀的先导阀，为何选用 Y 型中位机能？改用其他型中位机能是否可以？为什么？试说明电液动换向阀的组成特点及各组成部分的功用。

6-2　二位四通电磁阀能否做二位三通或二位二通阀使用？具体接法如何？

6-3　若先导式溢流阀主阀芯上阻尼孔被污物堵塞，溢流阀会出现什么样的故障？如果溢流阀先导阀锥阀座上的进油小孔堵塞，又会出现什么故障？

6-4　若把先导式溢流阀的远程控制口当成泄漏口接油箱，这时液压系统会产生什么问题？

6-5　试比较溢流阀、减压阀、顺序阀（内控外泄式）三者之间的异同点。顺序阀能否当溢流阀用？

6-6　如图所示，两个不同调整压力的减压阀串联后的出口压力取决于哪一个减压阀的调整压力？为什么？如两个不同调整压力的减压阀并联时，出口压力又取决于哪一个减压阀？为什么？

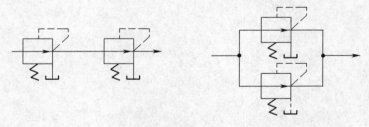

题 6-6 图

6-7　调速阀与节流阀在结构和性能上有何异同？各适用于什么场合下？

6-8　如图所示两个液压系统的泵组中，各溢流阀的调整压力分别为 $p_A = 4\text{MPa}$，$p_B = 3\text{MPa}$，$p_C = 2\text{MPa}$，若系统的外负载趋于无限大时，泵出口的压力各为多少？

6-9　什么叫压力继电器的开启压力和闭合压力？压力继电器的返回区间如何调整？

6-10　试说明电液比例压力阀和电液比例调速阀的工作原理。与一般压力阀和调速阀相比，它们有何优点？

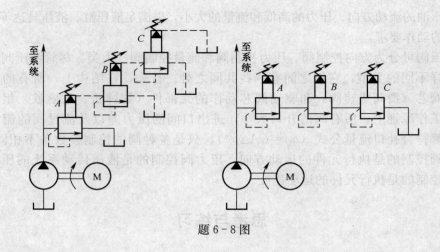

至系统

A B C

M

至系统

A B C

M

题 6-8 图

项目7 液压系统基本回路组建与调试

虽然现代液压机械的液压系统越来越复杂，但总不外乎是由一些液压基本回路组成的。所谓液压基本回路就是指由若干个有关液压元件组成，用来完成某一特定功能的典型油路。这些特定功能包括工作压力的限制和调整，执行元件速度、方向的调整和变换，几个元件同时动作或先后次序的协调等。

液压基本回路通常按所能完成的功能分为压力控制回路、速度控制回路、方向控制回路和多执行元件动作控制回路等。这些基本回路结合了前人使用的经验，因此，熟悉和掌握它们的组成、工作原理、性能特点及其应用之后，就可以根据机械的工作性能、要求和工况特点，正确合理地选择这些回路，从而组成完整的液压系统。这对于正确分析液压系统出现的故障也是十分重要的。

【知识目标】

1. 压力控制回路的工作原理和应用。
2. 快速运动回路和速度转换回路的工作原理及应用。
3. 节流调速回路的速度负载特性。
4. 多缸动作回路的实现方式。

【能力目标】

1. 掌握各种回路的组成和工作原理。
2. 掌握各种回路的分析及调试方法。

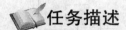 任务描述

任务一：换向回路的连接

在吊装机液压系统中，要求执行元件在停止运动时不受外界影响而发生漂移或窜动，也就是要求液压缸或活塞杆能可靠地停留在行程的任意位置上。若不采用液控单向阀组成的双向液压锁功能，试问采用哪一种中位机能的换向阀能实现液压缸的闭锁？

任务二：顺序动作回路连接与调试

（1）液压式压锻机在工作时需克服很大的材料变形阻力，这就需要液压系统主供油回路中的液压油提供稳定的工作压力，同时为了保证系统安全，还必须保证系统过载时能有效地卸荷。试设计一回路以达到这一要求。

（2）试设计一液压钻床控制回路，以达到工作要求。具体要求是：利用减压阀控制夹紧缸的夹紧力，使用顺序阀控制执行元件液压缸动作（执行元件液压缸必须在夹紧缸夹紧力达到规定值时才能动作）。

任务三：速度控制回路的连接

在各个液压传动系统中，执行件的运动速度必须控制在设计范围之内，试设计回路

以达到这一要求。

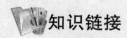知识链接

知识点1　压力控制回路及分析

压力控制回路是以控制回路压力使之完成特定功能的回路。例如液压泵的控制有恒压、多级、无级连续压力控制及控制压力上下限等回路。在设计液压系统选择液压基本回路时，一定要根据设计要求、方案特点、使用场合等认真考虑。当负荷变化较大时，则应考虑多级压力控制回路；在某一个工作循环的某一段时间内执行元件停止工作不需要液压能时，则应考虑卸荷回路；当某支路需要稳定的低于动力油源的压力时，应考虑减压回路等。

压力控制主要有调压回路、减压回路、增压回路、保压回路、卸荷回路、平衡回路、制动回路等。

（一）调压回路

调压回路的功用是控制整个液压系统或局部的压力保持恒定或限制其最高值。在定量泵系统中，液压泵的供油压力可以通过溢流阀来调节。在变量泵系统中，用安全阀来限定系统的最高压力，防止系统过载。若系统中需要两种以上的压力，则可采用多级调压回路。

1. 单级调压回路

如图7-1（a）所示，在液压泵出口处设置并联的溢流阀即可组成单级调压回路，它是由溢流阀的调压弹簧来控制液压系统压力的。

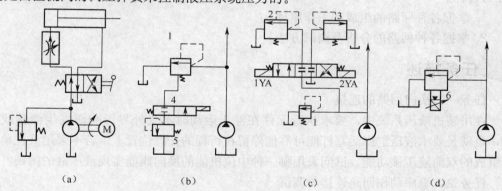

图7-1　调压回路

（a）单级调压回路；（b）二级调压回路；（c）多级调压回路；（d）比例调压回路。

1、2、3—溢流阀；4—二位二通电磁阀；5—远程调压阀；6—比例电磁溢流阀。

2. 二级调压回路

如图7-1（b）所示，由溢流阀1和溢流阀5分别调整工作压力。当二位二通电磁阀4处于图示位置时，系统压力由阀1调定；当阀4通电后右位接入时，系统压力由阀5调定，实现两种不同的压力控制。注意阀5的调定压力一定要低于阀1的调定压力，否则不能实现二级调压。当系统压力由阀5调定时，溢流阀1的先导阀口关闭，当主阀

120

开启时，液压泵的溢流流量经主阀流回油箱。

3. 多级调压回路

如图 7-1（c）所示，系统的压力由溢流阀 1、2、3 分别控制，从而组成了三级调压回路。当两个电磁铁均不通电时，系统压力由阀 1 调定；当 1YA 通电，系统压力由阀 2 调定；当 2YA 通电时，系统压力由阀 3 调定。注意阀 2 和阀 3 的调定压力要低于阀 1 的调定压力，而阀 2 和阀 3 的调定压力之间可没有关系。

4. 比例调压回路

如图 7-1（d）所示，调节先导式比例电磁溢流阀 6 的输入电流，即可实现系统压力的无级调节，这样不但回路结构简单，压力切换平稳，而且便于实现远距离控制或程控。

（二）减压回路

减压回路的功用是使系统中的某一部分油路具有低于主油路的稳定压力。最常见的减压回路采用定值减压阀与主油路相连，如图 7-2（a）所示。回路中的单向阀用于防止油液倒流，起短时保压的作用。减压回路中也可以采用类似两级或多级调压的方式获得两级或多级减压，图 7-2（b）所示为利用先导式减压阀 7 的远程控制口接一溢流阀 8，可由阀 7、阀 8 各调得一种低压。但要注意，阀 8 的调定压力值一定要低于阀 7 的调定压力值。

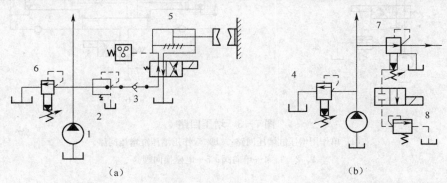

图 7-2　减压回路

（a）一级减压回路；（b）二级减压回路。

1—液压泵；2、7—减压阀；3—单向阀；4、6、8—溢流阀；5—液压缸。

为了使减压回路工作可靠起见，减压阀的最低调整压力应不小于 0.5MPa，最高调整压力至少应比系统压力低 0.5MPa。当减压回路中的执行元件需要调速时，调速元件应放在减压阀的后面，以避免减压阀泄漏对执行元件的速度产生影响。

（三）增压回路

增压回路可以提高系统中某一支路的工作压力，以满足局部工作机构的需要。利用增压回路，液压系统可以采用压力较低的液压泵来获得较高压力的压力油。采用增压回路可节省能源，而且工作可靠、噪声小。增压回路中实现油液压力放大的主要元件是增压缸。

1. 单作用增压缸的增压回路

图 7-3（a）所示为单作用增压回路，该回路只能间断增压，故称单作用增压回

路，适应于液压缸需要较大单向作用力，但行程小、作业时间短的液压系统。在图示位置工作时，系统的供油压力 p_1 进入增压缸的大活塞左腔，此时在小活塞右腔即可得到所需的较高压力 p_2。当二位四通电磁换向阀右位接入系统时，增压缸返回，辅助油箱中的油液经单向阀补入小活塞右腔。

2. 双作用增压缸的增压回路

图 7-3（b）所示为采用双作用增压缸的增压回路，能连续输出高压油，适应于增压行程要求较长的场合。在图示位置时，液压泵输出的压力油经电磁换向阀 5 和单向阀 1 进入增压缸左端大、小活塞的左腔，大活塞右腔的回油通油箱，右端小活塞右腔增压后的高压油经单向阀 4 输出，此时单向阀 2、3 被关闭。当增压缸活塞移到右端时，电磁换向阀通电换向，增压缸活塞向左移动，大活塞左腔的回油通油箱，左端小活塞左腔输出的高压油经单向阀 3 输出。这样，增压缸的活塞不断往复运动，两端便交替输出高压油，从而实现了连续增压。

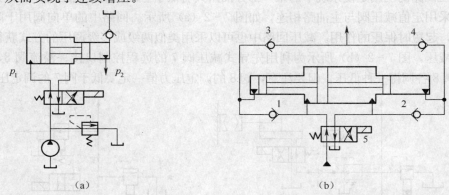

图 7-3　增压回路
(a) 单作用增压缸增压回路；(b) 双作用增压缸增压回路。
1、2、3、4—单向阀；5—电磁换向阀。

（四）保压回路

保压回路是指使系统在液压缸不动或仅有工件变形所产生的微小位移的情况下，稳定地维持住压力。比如工件的液压夹紧机构，要求在加工的过程中仍然要有足够的夹紧力，即要保持液压缸的压力。最简单的保压方法是使用密封性能较好的液控单向阀或换向阀的中位机能，但是阀类元件的泄漏使得这种回路的保压时间不能维持太久，因此，对于要求高的系统采用保压回路。

1. 利用液压泵保压的保压回路

利用液压泵保压的保压回路也就是在保压过程中，液压泵仍以较高的压力（保持所需压力）工作。此时，若采用定量泵，则压力油几乎全经溢流阀流回油箱，系统功率损失大，易发热，故只在小功率的系统且保压时间较短的场合下才使用。若采用变量泵，在保压时泵的压力较高，但输出流量几乎等于零，因而，液压系统的功率损失小。这种保压方法能随泄漏量的变化而自动调整输出流量，因而其效率也较高。

2. 利用蓄能器的保压回路

利用蓄能器的保压回路是指借助蓄能器来保持系统压力，补偿系统泄漏的回路。如

图 7-4（a）所示，当主换向阀在左位工作时，液压缸向前运动且压紧工件，进油路压力升高至调定值，压力继电器动作使二通阀通电，泵即卸荷，单向阀自动关闭，液压缸则由蓄能器保压。缸压不足时，压力继电器复位使泵重新工作。保压时间的长短取决于蓄能器容量，调节压力继电器的工作区间即可调节缸中压力的最大值和最小值。图 7-4（b）所示为多缸系统中的保压回路，这种回路当主油路压力降低时，单向阀 3 关闭，支路由蓄能器保压补偿泄漏，压力继电器 5 的作用是当支路压力达到预定值时发出信号，使主油路开始动作。

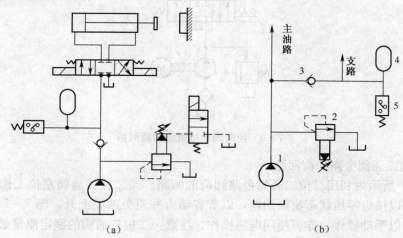

图 7-4　利用蓄能器的保压回路

1—定量泵；2—先导式溢流阀；3—单向阀；4—蓄能器；5—压力继电器。

3. 自动补油保压回路

图 7-5 所示为采用液控单向阀和电接触式压力表的自动补油式保压回路。其工作原理为：当 1YA 得电，换向阀右位接入回路，液压缸上腔压力上升至电接触式压力表的上限值时，上触点接电，使电磁铁 1YA 失电，换向阀处于中位，液压泵卸荷，液压缸由液控单向阀保压；当液压缸上腔压力下降到预定下限值时，电接触式压力表又发出信号，使 1YA 得电，液压泵再次向系统供油，使压力上升；当压力达到上限值时，上触点又发出信号，使 1YA 失电。因此，这一回路能自动地使液压缸补充压力油，使其压力能长期保持在一定范围内。

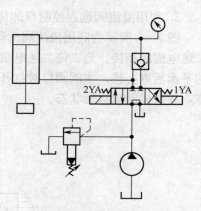

图 7-5　自动补油的保压回路

（五）卸荷回路

卸荷回路的功用是在系统执行元件短时间停止工作期间，液压泵不停止转动，使其在很小的输出功率下运转，以减少功率损耗，降低系统发热，延长泵和电动机的寿命。卸荷有流量卸荷和压力卸荷两种方法。流量卸荷用于变量泵。常见的卸荷方式有如下几种。

1. 换向阀中位机能卸荷回路

图 7-6 所示为利用换向阀中位机能的卸荷回路。它采用中位串联型（M 型中位机

能）换向阀，当阀位处于中位时，泵排出的液压油直接经换向阀的 P、T 通路流回油箱，泵的工作压力接近于零。使用此种方式卸载，方法比较简单；但压力损失较多，且不适用于一个泵驱动两个或两个以上执行元件的场所。注意：三位四通换向阀的流量必须和泵的流量相适宜。

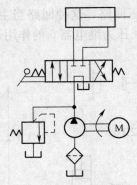

7-6　换向阀中位机能卸荷回路

2. 二位二通阀旁路卸荷回路

图 7-7 所示为利用二位二通阀旁路卸荷的回路。当二位二通阀左位工作时，泵排出的液压油以接近零压状态流回油箱，以节省动力并避免油温上升。图 7-7 所示的二位二通阀系以手动操作，亦可使用电磁操作。注意：二位二通阀的额定流量必须和泵的流量相适宜。

以上两种方法简单易行，但由于换向阀在切换时会产生液压冲击，所以仅适用于流量小于 $6.67 \times 10^{-4} \mathrm{m^3/s}$（40L/min）和压力小于 2.5MPa 的场合，且配管应尽可能短。

3. 利用溢流阀远程控制口卸荷的回路

图 7-8 所示为利用溢流阀远程控制口卸荷的回路，将溢流阀的远程控制口和二位二通电磁阀相接。当二位二通电磁阀通电时，溢流阀的远程控制口通油箱，这时溢流阀的平衡活塞上移，主阀阀口被打开，泵排出的液压油全部流回油箱，泵出口压力几乎是零，故泵成卸荷运转状态。

往液压缸去

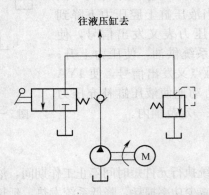

图 7-7　二位二通阀旁路卸荷回路

4. 采用复合泵的卸荷回路

图 7-9 所示为利用复合泵作液压钻床的动力源。当液压缸快速推进时，推动液压

缸活塞前进所需的压力比左、右两边的溢流阀所设定压力还低，故大排量泵和小排量泵的压力油全部送到液压缸，使活塞快速前进。

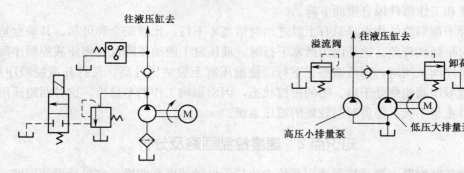

图 7-8 利用溢流阀远程控制口卸荷的回路　　图 7-9 采用复合泵的卸荷回路

当钻头和工件接触时，液压缸活塞移动的速度要变慢，且在活塞上的工作压力变大，此时，往液压缸去的管路的油压力上升到比右边卸荷阀设定的工作压力大时，卸荷阀被打开，低压大排量泵所排出的液压油经卸荷阀送回油箱。因为单向阀受高压油作用的关系，所以低压泵所排出的油根本不会经单向阀流到液压缸。

可知在钻削进给的阶段，液压缸的油液由高压小排量泵来供给。因为这种回路的动力几乎完全由高压泵在消耗，所以可达到节约能源的目的。卸荷阀的调定压力通常要比溢流阀的调定压力低 0.5MPa 以上。

（六）平衡回路

平衡回路的功用在于防止垂直或倾斜放置的液压缸和与之相连的工作部件因自重而自行下落。图 7-10（a）所示为采用单向顺序阀的平衡回路，当 1YA 得电，活塞下行时，回油路上就存在着一定的背压，只要将这个背压调得能支承住活塞和与之相连的工作部件自重，活塞就可以平稳地下落。当换向阀处于中位时，活塞就停止运动，不再继续下移。在这种回路中，当活塞向下快速运动时其功率损失大，锁住时活塞和与之相连的工作部件会因单向顺序阀和换向阀的泄漏而缓慢下落，因此它只适用于工作部件重量不大、活塞锁住时定位要求不高的场合。

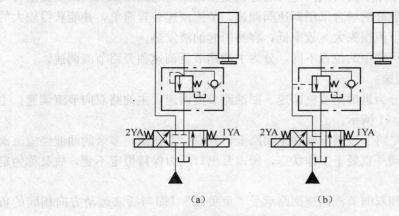

图 7-10 用顺序阀的平衡回路

图 7-10（b）所示为采用液控顺序阀的平衡回路。当活塞下行时，控制压力油打开液控顺序阀，背压消失，因而回路工作效率较高；当停止工作时，液控顺序阀关闭以防止活塞和工作部件因自重而下降。

这种平衡回路的优点是只有上腔进油时活塞才下行，比较安全和可靠。其缺点是活塞下行时平稳性较差，这是因为活塞下行时，液压缸上腔油压降低，将使液控顺序阀关闭；当顺序阀关闭时，因活塞停止下行，使液压缸上腔油压升高，又打开液控顺序阀，这样液控顺序阀始终处于启、闭的过渡状态，因而影响工作的平稳性。这种回路适用于运动部件重量不大、停留时间较短的液压系统。

知识点 2　速度控制回路及分析

速度控制回路主要是控制液压系统中执行元件的速度和变换，它包括调速回路、快速回路和速度换接回路等。速度控制回路是液压系统的核心，其他回路往往都围绕着速度调节来进行选配，因而其工作性能和质量对整个系统起着决定性的作用。

（一）调速回路

调速回路是用来调节执行元件运动速度的。在不考虑泄漏及液压油可压缩性的情况下，执行元件中液压缸的速度表达式为 $v=\dfrac{q_v}{A_c}$；液压马达的速度表达式为 $n=\dfrac{q_v}{V_M}$。从式中可看出，改变输入执行元件的流量、液压缸的有效工作面积或液压马达的排量都可达到调速目的。对液压缸而言，其有效工作面积在工作中一般是无法改变的，改变排量对于变量液压马达很容易实现，而用得最普遍的还是改变输入执行元件的流量。因此，目前液压系统的调速方式有以下三种。

（1）节流调速。用定量泵供油，由流量控制阀改变输入执行元件的流量来调节速度。

（2）容积调速。通过改变变量泵或（和）变量马达的排量来调节速度。

（3）容积节流调速。用能自动改变流量的变量泵与流量控制阀联合来调节速度。

1. 节流控制调速回路

节流调速回路是采用节流阀或调速阀通过改变主回路的通流面积从而改变流量实现调速。在要求调速性能好的场合采用调速阀调速。节流调速装置简单，并能获得较大的调速范围，但系统中节流损失大，效率低，容易引起油液发热。

以节流元件在主回路中的位置不同，分为主油路节流调速和旁路节流调速。

1）主油路节流调速

主油路节流调速分为进油路节流调速、回油路节流调速、主油路双向节流调速。主油路节流调速如图 7-11 所示。

主油路节流调速是将节流阀串联在主油路上，并联一溢流阀，多余的油液经溢流阀流回油箱，由于溢流阀一直处于工作状态，所以泵出口压力保持恒定不变，故又称为定压式节流调速回路。

回油路节流调速和双向节流调速回路承受"负负载"（即与活塞运动方向相同的负载），进油路节流调速回路则要在其回油路上设置背压阀后才能承受这种负载。

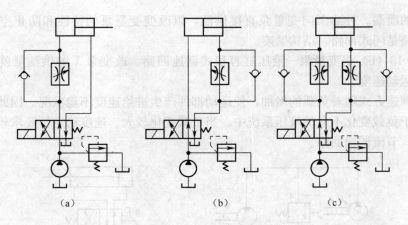

图 7-11　节流调速

(a) 进油路节流调速；(b) 回油路节流调速；(c) 进回油路节流调速。

2) 旁路节流调速

图 7-12 所示为旁路节流调速。旁路节流调速回路中多余的油液由节流阀流回油箱，泵的压力随外负载改变。外负载变化，泵的输出功率也变化，其安全阀仅在油压超过安全压力时才打开，所以旁路节流调速的效率高，但低速不稳，调速比小。

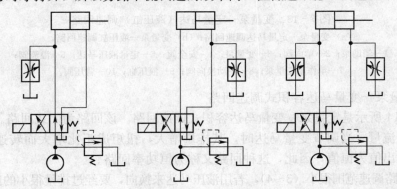

图 7-12　旁油路节流调速

2. 容积调速回路

液压传动系统中，为了达到液压泵输出流量与负载流量相一致而无溢流损失的目的，往往采用改变液压泵或液压马达（同时改变）的有效工作容积进行调速。这种调速回路称为容积式调速回路。

这类回路无节流和溢流损失，所以系统不易发热，效率高，在大功率的液压系统中得到广泛应用。但这种调速回路要求制造精度高，结构复杂，造价较高。

容积式调速回路有变量泵—定量马达（或液压缸）、定量泵—变量马达、变量泵—变量马达。按油路的循环形式有开式调速回路、闭式调速回路。

1) 变量泵—定量马达（液压缸）调速回路

图 7-13 是变量泵—定量马达（液压缸）调速回路。图 7-13 (a) 是变量泵—定量马达调速回路。该回路是单向变量泵—单向定量马达组成的容积式调速回路。改变变量泵的流量，可以调节马达 5 的转速。安全阀 4 防止回路过载。油泵 1 用以补充变量泵和

定量马达的泄漏。补油泵向变量泵直接供油，以改变变量泵的特性和防止空气渗入管路。本回路是闭式油路，结构紧凑。

图 7-13（b）是变量泵—液压缸容积式调速回路。改变泵 1 的供油量就可以改变液压缸的运动速度。

这种调速方式随着负载的增加，使运动部件产生进给速度不稳状况。因此，这种回路只适用于负载变化不大的液压系统中。当负载变化较大、速度稳定性要求较高时，可采用容积式节流调速回路。

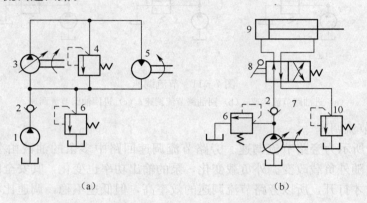

（a）　　　　　　　　　　　　　（b）

图 7-13　变量泵—定量马达（液压缸）调速回路
（a）变量泵—定量马达调速回路；（b）变量泵—液压缸调速回路。
1—辅助泵；2—单向阀；3—变量泵；4—安全阀；5—定量液压马达；6—溢流阀；
7—单作用变量泵；8—手动换向阀；9—液压缸；10—背压阀。

2）定量泵—变量马达容积式调速回路

图 7-14 所示是定量泵—变量马达容积式调速回路。该回路为闭式回路。泵出口为定压力、定流量。当调节变量马达时，其排量增大，扭矩成正比增大而转速成正比减小，功率输出值为恒值，因此，这种回路又称为恒功率回路。

这种回路调速范围很小（3～4），若用液压马达来换向，要经过排量很小的区域，这时转速很高，易出故障。所以这种回路很少单独使用，适用于卷扬机、起重机械上，可使原动机保持在恒功率下工作，从而能最大限度地利用原动机的功率，达到节省能源的目的。

泵 1 是一小容量补油泵，以补充主油泵和马达的泄漏；4 是安全阀，保证系统的安全；6 是溢流阀。

3）变量泵—变量马达调速回路

图 7-15 是变量泵—变量马达容积式双向调速回路。单向阀 6 和 8 用于使补油泵双向补油，单向阀 7 和 9 能使安全阀在两个方向上起作用。这种调速回路是上两种调速回路的组合。由于泵和马达都可以改变排量，故增加了调速范围，扩大了马达输出转矩和功率的选择余地。

若需要马达工作在低速大扭矩时，需将马达排量调至最大，然后使泵的流量由小到大调节，此时系统工作在恒转矩状态；当需要马达工作在高速状态时，应减小马达的排量，马达工作在恒功率状态。速度和功率调整可以是手动，要求较高时采用伺服控制。

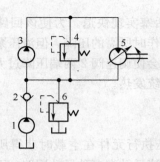

图 7-14　定量泵—变量马达调速回路

1—辅助泵；2—单向阀；3—定量泵；

4—安全阀；5—变量液压马达；6—溢流阀。

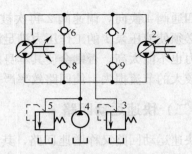

图 7-15　变量泵—变量马达调速回路

1—双向变量泵；2—双向变量液压马达；

3—安全阀；4—辅助泵；5—溢流阀；

6、7、8、9—单向阀。

3. 容积节流调速回路

　　容积调速回路虽然具有效率高、发热量少的优点，但也不同程度地具有与节流调速回路相类似的缺点，即执行元件的速度随负载的变化而改变。对速度稳定性要求较高的液压系统，采用变量液压泵同流量阀相配合，可以大大提高速度的稳定性。

　　容积节流调速回路利用流量阀配合变量液压泵，来实现对执行元件速度的调节。这种回路的特点是变量液压泵的输出流量能自动接受流量阀调节并与之吻合，无溢流损失，效率高；同时变量液压泵的泄漏通过压力反馈而得到补偿，进入执行元件的流量由流量阀控制，故速度的稳定性较好。该回路适用于负载变化较大、要求速度稳定与高效率的场合。

　　图 7-16 所示为容积节流调速回路。这种回路采用限压式变量液压泵 1 与调速阀 2 相配合，常用于机床的液压系统。对于单活塞杆液压缸，为了获得更低的稳定速度，应将调速阀 2 安装在无杆腔这侧的进油路上，有杆腔的回油路上安装背压阀 6。在液压缸活塞快进时，二位二通阀 3 处于左位，调速阀 2 被短接，液压泵 1 以最大流量给液压缸供油。工进时，压力继电器 5 使二位二通阀 3 电磁铁通电，液压泵 1 输出的压力油须经调速阀 2 进入液压缸，工作速度由调速阀 2 来控制，调节调速阀 2 开口的大小，可改变进入液压缸的流量，从而实现液压缸工作速度的调节。若液压泵 1 的输出流量大于液压缸负载所需的流量，由于回路中没有溢流阀，多余的油液没有出路，液压泵 1 的出口压力就会上升。由限压式变

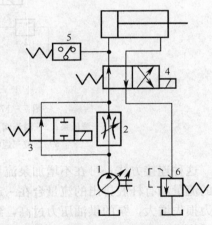

图 7-16　容积节流调速回路

1—液压泵；2—调速阀；3—二位二通阀；

4—二位四通阀；5—压力继电器；6—背压阀。

量液压泵工作原理可知，通过压力反馈可使液压泵 1 的流量自动减小，直至二者相等。如果液压泵 1 的输出流量小于液压缸负载所需的流量，液压泵 1 的出口压力就会下降，通过压力反馈又使液压泵 1 的输出流量自动增大，直至二者相等，所以液压泵的输出流量总是与液压缸负载所需的流量相吻合。工进结束后，压力继电器 5 使二位二通阀 3 和

二位四通阀 4 换向，调速阀 2 再次被短接，液压缸活塞实现快退。为使该回路正常工作，必须使液压泵 1 的工作压力满足调速阀 2 正常工作时所需的压降，但液压泵 1 的工作压力也不能太高，否则会使其本身的泄漏增加，也会使调速阀 2 两端压降过大，从而造成较大的节流损失，使回路效率严重降低，增加系统发热。

（二）快速运动回路

快速运动回路又称增速回路，其功用在于使液压执行元件在空载时获得所需的高速，以提高系统的工作效率或充分利用功率。实现快速运动有多种运动回路，下面介绍几种常用的快速运动回路。

1. 液压缸的差动连接快速运动回路

图 7 - 17 所示的回路是利用二位三通电磁换向阀实现液压缸差动连接的回路。当阀 3 和阀 5 左位接入时，液压缸差动连接作快进运动；当阀 5 电磁铁通电，差动连接即被切断，液压缸回油经过单向调速阀 6，实现工进。阀 3 右位接入后，缸快退。

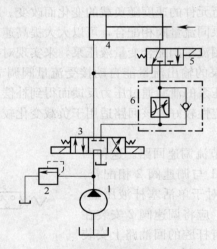

图 7 - 17　液压缸差动连接回路

1—液压泵；2—溢流阀；3—三位四通电磁换向阀；4—液压缸；
5—二位三通电磁换向阀；6—单向调速阀。

这种连接方式，可在不增加泵流量的情况下提高执行元件的运动速度。必须注意，泵的流量和有杆腔排出的流量合在一起流过的阀和管路应按合成流量来选择，否则会使压力损失增大，泵的供油压力过高，致使泵的部分压力油从溢流阀溢回油箱，而达不到差动快进的目的。液压缸的差动连接也可用 P 型中位机能的三位换向阀来实现。

2. 采用蓄能器的快速补油回路

对于间歇运转的液压机械，当执行元件间歇或低速运动时，泵向蓄能器充油。而在工作循环中，当某一工作阶段执行元件需要快速运动时，蓄能器作为泵的辅助动力源，可与泵同时向系统提供压力油。

图 7 - 18 所示为一补油回路。当换向阀移到左位工作时，蓄能器所储存的液压油即可释放出来加到液压缸，活塞快速前进。活塞在做加压等操作时，液压泵即可对蓄能器充压（蓄油）。当换向阀移到阀右位时，蓄能器液压油和泵排出的液压油同时送到液压

缸的活塞杆端，活塞快速回行。这样，系统中可选用流量较小的油泵及功率较小的电动机，可节约能源并降低油温。

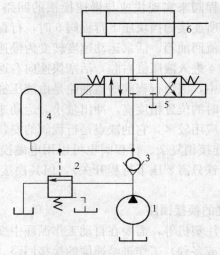

图 7-18　采用蓄能器的快速补油回路

1—泵；2—顺序阀；3—单向阀；4—蓄能器；5—换向阀；6—缸。

3. 利用双泵供油的快速运动回路

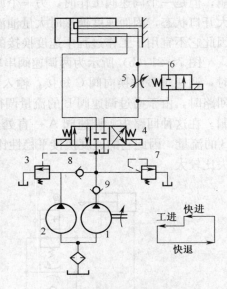

双泵供油快速运动回路如图 7-19 所示。高压小流量泵 1 和低压大流量泵 2 组成的双联泵作动力源。外控顺序阀 3（卸荷阀）和溢流阀 7 分别调定双泵供油和小流量泵 1 供油时系统的最高工作压力。当主换向阀 4 在左位或右位工作时，换向阀 6 电磁铁通电，这时系统压力低于卸荷阀 3 的调定压力，两个泵同时向液压缸供油，油缸快速向左（或向右）运动。当快进完成后，阀 6 断电，缸的回油经过节流阀 5，因流动阻力增大而引起系统压力升高。当卸荷阀 3 的外控油路压力达到或超过卸荷阀的调定压力时，大流量泵通过阀 3 卸荷，单向阀 8 自动关闭，只有小流量泵 1 向系统供油，液压缸慢速运动。卸荷阀的调定压力至少应比溢流阀的调定压力低 10%～20%。

图 7-19　双泵供油快速运动回路

1、2—双联泵；3—卸荷阀（液控顺序阀）；

4、6—电磁换向阀；5—节流阀；7—溢流阀；

8、9—单向阀。

双泵供油回路的优点是双泵回路简单合理、功率损耗小、回路效率较高，常用在执行元件快进和工进速度相差较大的场合。

（三）速度换接回路

速度换接回路的功能是使液压执行机构在一个工作循环中从一种运动速度变换到另一种运动速度，因而这个转换不仅包括液压执行元件快速到慢速的换接，而且也包括两个慢速之间的换接。实现这些功能的回路应该具有较高的速度换接平稳性。

1. 快、慢速换接回路

图 7-20 所示为用行程阀来实现快速与慢速换接的回路。在图 7-20 所示的状态下，液压缸快进，当活塞所连接的挡块压下行程阀 6 时，行程阀关闭，液压缸右腔的油液必须通过节流阀 5 才能流回油箱，活塞运动速度转变为慢速工进；当换向阀左位接入回路时，压力油经单向阀 4 进入液压缸右腔，活塞快速向右返回。

在这种速度换接回路中，因为行程阀的通油路是由液压缸活塞的行程控制阀芯移动而逐渐关闭的，所以换接时的位置精度高，冲出量小，运动速度的变换也比较平稳。这种回路在机床液压系统中应用较多，它的缺点是行程阀的安装位置受一定限制（要由挡铁压下），所以有时管路连接稍复杂。行程阀也可以用电磁换向阀来代替，这时电磁阀的安装位置不受限制（挡铁只需要压下行程开关），但其换接精度及速度变换的平稳性较差。

2. 两种工作进给速度的换接回路

对于某些自动机床、注塑机等，需要在自动工作循环中变换两种以上的工作进给速度，这时需要采用两种（或多种）工作进给速度的换接回路。

图 7-21 所示为用两个调速阀来实现不同工进速度的换接回路。图 7-21（a）中的两个调速阀并联，由换向阀实现换接。两个调速阀可以独立地调节各自的流量，互不影响；但是一个调速阀工作时，另一个调速阀内无油通过，它的减压阀不起作用而处于最大开口状态，因而速度换接时大量油液通过该处将使机床工作部件产生突然前冲现象。因此它不宜用于工作过程中速度换接的场合，只可用于速度预选的场合。

图 7-21（b）所示为两调速阀串联的速度换接回路。当主换向阀 D 左位接入系统时，调速阀 B 被换向阀 C 短接，输入液压缸的流量由调速阀 A 控制；当阀 C 右位接入回路时，由于通过调速阀 B 的流量调得比 A 小，因此输入液压缸的流量由调速阀 B 控制。在这种回路中，调速阀 A 一直处于工作状态，它在速度换接时限制着进入调速阀 B 的流量，因此它的速度换接平稳性比较好，但由于油液经过两个调速阀，因此能量损失比较大。

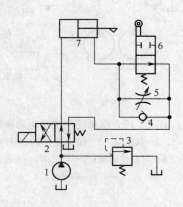

图 7-20　用行程阀的速度换接回路
1—定量泵；2—电磁换向阀；3—溢流阀；4—单向阀；
5—节流阀；6—行程阀；7—液压缸。

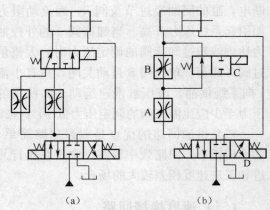

图 7-21　用两个调速阀的速度换接回路
（a）两个调速阀并联；（b）两个调速阀串联。

知识点 3　方向控制回路及分析

液压系统中，利用方向控制阀来控制油液的通、断或变向，以实现执行元件的启动、停止和改变运动方向的回路称为方向控制回路。它包括换向回路、锁紧回路和制动回路等。

1. 换向回路

图 7-22 所示为依靠重力或弹簧返回的单作用液压缸，采用二位三通换向阀进行换向。图 7-23 所示回路为双作用液压缸的换向回路。回路中采用三位四通 M 型中位机能的电磁换向阀来控制液压缸的换向。电磁铁 1YA 得电时，油液压力推动活塞向外伸出；电磁铁 2YA 得电时，油液压力推动活塞向内缩回；电磁铁 1YA、2YA 都失电，即为中位，此时液压缸停止运动，液压泵供出的油通过换向阀卸荷流回油箱。双作用液压缸的换向，一般可采用二位四通（或五通）及三位四通（或五通）换向阀进行换向，按不同的用途可选用不同的控制方式的换向回路。

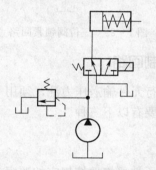

图 7-22　单作用缸换向回路

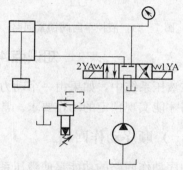

图 7-23　双作用缸换向回路

各种换向阀换向回路的特点如下：

（1）手动换向阀：换向精度和平稳性不高，常用于换向不频繁且无需自动化的场合，如一般机床夹具、工程机械等。

（2）机动换向阀：换向精度高，冲击较小，一般用于速度和惯性较大的系统中。

（3）电磁换向阀：使用方便，易于实现自动化，但换向时间短，冲击大，一般用于小流量、平稳性要求不高处。

（4）液动阀和电液换向阀：流量超过 63L/min，是对换向精度与平稳有一定要求的液压系统。

2. 锁紧回路

锁紧回路的功用是使液压缸能在任意位置上停留，且停留后不会因外力作用而移动位置的回路。

图 7-24 所示为使用液控单向阀（又称双向液压锁）的锁紧回路。当换向阀处于左位时，液压油经单向阀 1 进入液压缸左腔，同时液压油亦进入单向阀 2 的控制油口 K，打开阀 2，使液压缸右腔的回油可经阀 2 及换向阀流回油箱，活塞向右运动。反之，活塞向左运动，到了需要停留的位置，只要使换向阀处于中位，因阀的中位为 H 型机能（Y 型也行），所以阀 1 和阀 2 均关闭，使活塞双向锁紧。在这个回路中，由于液控单向

133

阀的阀座一般为锥阀式结构，所以密封性好，泄漏极少，锁紧的精度主要取决于液压缸的泄漏。这种回路被广泛用于工程机械、起重运输机械等有锁紧要求的场合。

图7-25所示为采用 O 型换向阀的三位阀锁紧回路。它利用其中位封闭液压缸的两腔，这种回路的锁紧时间不会太长，锁紧效果较差。

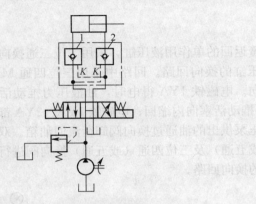
图7-24　液控单向阀锁紧回路

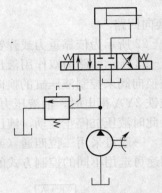
图7-25　三位阀锁紧回路

知识点4　多缸工作控制回路

在液压系统中，如果由一个动力源给多个液压执行元件输送压力油，须用一些特殊的回路才能实现预定的动作要求。常见的这类回路主要有以下三种。

（一）顺序动作回路

顺序动作回路的功能是使液压系统中的各个执行元件严格地按规定的顺序动作。按控制方式不同，可分为行程控制和压力控制两大类。

1. 行程控制顺序动作回路

图7-26（a）所示为行程阀控制的顺序动作回路。在图示状态下，1、2 两液压缸活塞均在右端。当推动手柄，使阀3左位接入，缸1左行，完成动作①；挡块压下行程阀4后，缸2左行，完成动作②；阀3复位后，缸1先退回，实现动作③；随着挡块后移，阀4复位，缸2退回，实现动作④。至此，顺序动作全部完成。这种回路工作可靠，但动作顺序一经确定，再改变就比较困难，同时管路长，布置较麻烦。图7-26（b）所示为由行程开关控制的顺序动作回路，当阀5通电换向时，缸1左行完成动作①后，触动行程开关 S_1，使阀6通电换向，控制缸2左行完成动作②。当缸2左行至触动行程开关 S_2 使阀5断电，缸1返回，实现动作③后，触动 S_3 使阀6断电，缸2返回，完成动作④，最后触动 S_4，完成一个工作循环。这种回路的优点是控制灵活方便，但其可靠程度主要取决于电气元件的质量。

2. 压力控制顺序动作回路

图7-27所示为使用顺序阀的压力控制顺序动作回路。当换向阀左位接入回路且顺序阀4的调定压力大于液压缸1的最大前进工作压力时，压力油先进入液压缸1的左腔，实现动作①；当液压缸行至终点后，压力上升，压力油打开顺序阀4进入液压缸2的左腔，实现动作②；同样地，当换向阀右位接入回路且顺序阀3的调定压力大于液压

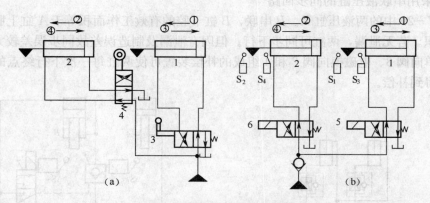

图 7-26 行程控制顺序动作回路

(a) 行程阀控制；(b) 行程开关控制。

1、2—液压缸；3—二位四通手动换向阀；4—二位四通行程阀；5、6—二位四通电磁换向阀。

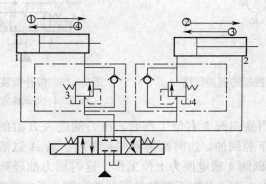

图 7-27 顺序阀控制的顺序动作回路

1、2—缸；3、4—单向顺序阀。

缸 2 的最大返回工作压力时，两液压缸则按③和④的顺序返回。

显然这种回路动作的可靠性取决于顺序阀的性能及其压力调定值，一般顺序阀的调定压力应比前一个动作的压力高出 0.8MPa～1.0MPa，否则顺序阀易在系统压力波动时误动作。这种回路适用于液压缸数目不多、负载变化不大的场合。

（二）同步回路

在液压装置中，常需使两个以上的液压缸做同步运动，理论上依靠流量控制即可达到这一目的，但若要做到精密的同步，则须采用比例式阀或伺服阀配合电子感测元件、计算机来完成。以下介绍几种基本的同步回路。

1. 采用调速阀的同步回路

如图 7-28 所示，两个液压缸并联，进（回）油路上分别串接一个调速阀，通过调整调速阀的开口大小，控制进入液压缸或自两液压缸流出的流量，可使它们在一个方向上实现速度同步。这种回路结构简单，但调整比较麻烦，同步精度不高，不宜用于偏载或负载变化频繁的场合。

2. 采用串联液压缸的同步回路

图 7-29 中的两液压缸 A、B 串联，B 缸下腔的有效工作面积等于 A 缸上腔的有效工作面积。若无泄漏，两缸可同步下行。但因有泄漏及制造误差故同步误差较大。采用由液控单向阀 3、电磁换向阀 2 和 4 组成的补偿装置可使两缸每一次下行终点的位置同步误差得到补偿。

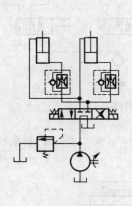

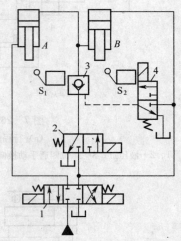

图 7-28 调速阀控制的同步回路   图 7-29 带补偿装置的串联缸同步回路

1、2、4—电磁换向阀；3—液控单向阀。

其补偿原理是：当换向阀 1 右位工作时，压力油进入 B 缸的上腔，B 缸下腔油流入 A 缸的上腔，A 缸下腔回油，这时两活塞同步下行。若 A 缸活塞先到达终点，它就触动行程开关 S_1 使电磁阀 4 通电换为上位工作。这时压力油经阀 4 将液控单向阀 3 打开，同时继续进入 B 缸上腔，B 缸下腔的油可经单向阀 3 及电磁换向阀 2 流回油箱，使 B 缸活塞能继续下行到终点位置。若 B 缸活塞先到达终点，它触动行程开关 S_2，使电磁换向阀 2 通电换为右位工作。这时压力油可经阀 2、阀 3 继续进入 A 缸上腔，使 A 缸活塞继续下行到终点位置。

这种回路适用于终点位置同步精度要求较高的小负载液压系统。

3. 采用同步缸或同步马达的同步回路

图 7-30 所示为采用同步缸的同步回路。同步缸是两个尺寸相同的缸体和两个活塞共用一个活塞杆的液压缸，活塞向左或向右运动时输出或接受相等容积的油液，在回路中起着配流的作用，使有效面积相等的两个液压缸实现双向同步运动。同步缸的两个活塞上装有双作用单向阀，可以在行程端点消除误差。

与同步缸一样，用两个同轴等排量双向液压马达作配流环节，输出相同流量的油液也可实现两缸双向同步。如图 7-31 所示，节流阀用于行程端点消除两缸位置误差。这种回路的同步精度比采用流量控制阀的同步回路高，但专用的配流元件带来了系统复杂、制造成本高的缺点。

（三）多缸互不干扰回路

在一泵多缸的液压系统中，往往会出现由于一个液压缸转为快速运动的瞬时，吸入

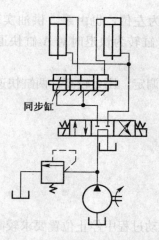

图 7 - 30　采用同步缸的同步回路

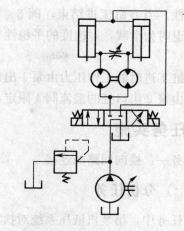

图 7 - 31　采用同步马达的同步回路

相当大的流量而造成系统压力的下降,影响其他液压缸工作的平稳性。多执行元件互不干扰回路的功用是防止液压系统中的几个液压执行元件因速度快慢的不同而在动作上的相互干扰。因此,在速度平稳性要求较高的多缸系统中,常采用快慢速互不干扰回路。

　　图 7 - 32 为采用双泵分别供油的快慢速互不干扰回路。液压缸 A、B 均需完成"快进—工进—快退"自动工作循环,且要求工进速度平稳。该油路的特点是:两缸的"快进"和"快退"均由低压大流量泵 2 供油,两缸的"工进"均由高压小流量泵 1 供油。快速和慢速供油渠道不同,因而避免了相互的干扰。

　　图示位置电磁换向阀 7、8、11、12

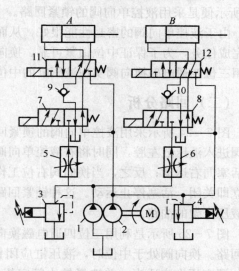

图 7 - 32　双泵供油互不干扰回路

1、2—双联泵;　3、4—溢流阀;　5、6—调速阀;
7、8、11、12—电磁换向阀;　9、10—单向阀。

均不通电,液压缸 A、B 活塞均处于左端位置。当阀 11、阀 12 通电左位工作时,泵 2 供油,压力油经阀 7、阀 11 与 A 缸两腔连通,使 A 缸活塞差动快进;同时泵 2 压力油经阀 8、阀 12 与 B 缸两腔连通,使 B 缸活塞差动快进。当阀 7、阀 8 通电左位工作,阀 11、阀 12 断电换为右位时,液压泵 2 的油路被封闭不能进入液压缸 A、B。泵 1 供油,压力油经调速阀 5、换向阀 7 左位、单向阀 9、换向阀 11 右位进入 A 缸左腔,A 缸右腔经阀 11 右位、阀 7 左位回油,A 缸活塞实现工进,同时泵 1 压力油经调速阀 6、换向阀 8 左位、单向阀 10、换向阀 12 右位进入 B 缸左腔,B 缸右腔经阀 12 右位、阀 8 左位回油,B 缸活塞实现工进。这时若 A 缸工进完毕,使阀 7、阀 11 均通电换为左位,则 A 缸换为泵 2 供油快退。其油路为:泵 2 油经阀 11 左位进入 A 缸右腔,A 缸左腔经阀 11 左位、阀 7 左位回油。这时由于 A 缸不由泵 1 供油,因而不会影响 B 缸工进速度的平稳性。当 B 缸工进结束，阀 8、阀 12 均通电换为左位，也由泵 2 供油实现快退。由于快退时为空载，对速度的平稳性要求不高，故 B 缸转为快退时对 A 缸快退无太大影响。

两缸工进时的工作压力由泵 1 出口处的溢流阀 3 调定，压力较高；两缸快速时的工作压力由泵 2 出口处的溢流阀 4 限定，压力较低。

🌀 任务实施

任务一：换向回路的连接

（一）分析任务

该任务中，吊装机液压系统对执行机构的来回运动过程中停止位置要求较高，其本质就是对执行机构进行锁紧，使之不动，这种起锁紧作用的回路称为锁紧回路。图 7－24 所示便是采用液控单向阀的锁紧回路。

由于液控单向阀的密封性能很好，从而能使执行元件长期锁紧。若不采用液控单向阀完成任务，为了保证中位锁紧可靠，换向阀宜采用 O 型或 M 型。图 7－25 所示就是利用三位四通电磁换向阀实现液压缸的中位锁紧和换向的。

（二）回路分析

图 7－24 所示采用液控单向阀的锁紧回路，换向阀左位工作时，压力油经左液控单向阀进入液压缸左腔，同时将右液控单向阀打开，使液压缸右腔油液能流回油箱，液压缸活塞向右运动；反之，当换向阀右位工作时，压力油进入液压缸右腔并将左液控单向阀立即关闭，活塞停止运动。这种锁紧回路主要用于汽车起重机的支腿油路和矿山机械中液压支架的油路。

图 7－25 所示是利用三位四通电磁换向阀实现液压缸的换向，同时保证中位时锁紧的回路。换向阀处于中位时，液压缸应闭锁，所以采用 O 型中位机能的换向阀。溢流阀的调定压力应适当，并选择较小额定流量的定量泵，以免活塞的运动速度过快撞击缸盖。

（三）实施步骤

（1）根据所给回路图，找出相应的液压元件。

（2）按指导老师要求，学生分组进行固定液压元件。

（3）按图所示的液压回路图接好油路和电路。

（4）检查无误后启动液压泵，观察回路运行情况。

（5）分析并说明各控制元件在回路中的作用。

（6）改变换向阀控制手柄的位置，观察回路的运行情况。

（7）对遇到的问题进行分析并解决。

（8）完成实训并经老师检查评价后，关闭电源，拆下管线和元件放回原处。

（9）各组集中，教师点评，学生提问，并完成实训报告。

教师巡回指导，并及时给每位学生打操作分数。

（四）注意事项

（1）一个实训项目完成后，应先关闭电源，再拔掉快速接头。

（2）实训项目完成后，应将油管悬挂到实训台两边的油管悬挂装置上，以防止液压油的泄漏。

（五）质量评价标准（表 7-1）

表 7-1　质量评价标准

考核项目	考核要求	配分	评分标准	扣分	得分	备注
元件选择	正确快速选择液压元件	10	1. 没有正确快速选择液压元件扣10分 2. 选择元件速度慢扣5分			
安装连接	正确快速连接液压元件	50	1. 连接错误一处扣10分 2. 连接超时10min以上扣5分 3. 管路连接质量差扣5分			
回路运行	正确运行，调试回路	10	1. 没有按规定运行回路扣5分 2. 不会解决运行中遇到的问题扣5分			
拆卸回路	正确、合理拆卸回路	15	1. 没有按规定程序拆卸回路扣8分 2. 没有将元件按规定涂油扣5分 3. 没有将元件按规定放置扣2分			
安全生产	自觉遵守安全文明生产规程	10	不遵守安全文明生产扣10分			
实训报告	按时按质完成实训报告	5	1. 没有按时完成实训报告扣5分 2. 实训报告质量差扣2分~5分			
自评得分		小组互评得分		教师签名		

任务二：顺序动作回路连接与调试

（一）分析任务

液压式压锻机工作时，系统的压力必须与负载相适应，溢流阀在系统中的主要作用就是稳压和卸荷，可以通过溢流阀来调整回路的压力来实现。这种用溢流阀来控制整个系统和局部压力的液压回路称为调压回路。

调压回路能控制整个系统或局部的压力，使之保持恒定或限定其最高值。还可以通过设定溢流阀限定系统的最高压力，防止系统过载。常见的调压回路有以下几种。

1. 单级调压回路

图 7-33 所示为采用单级调压回路设计的只绘出主供油回路的压锻机液压控制回路。

2. 三级调压回路

图 7-34 所示是用三个溢流阀控制的三级调压回路。当换向阀在图示位置时，系统压力由溢流阀 1 控制；当换向阀的电磁铁 1YA 通电时，系统压力由溢流阀 2 控制；当电磁铁 2YA 通电时，系统压力由溢流阀 3 控制。三个溢流阀中 2 和 3 控制的压力都要低于 1 控制的压力。

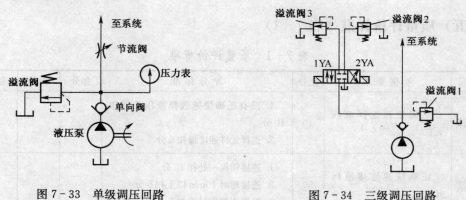

图 7-33 单级调压回路   图 7-34 三级调压回路

分析液压钻床的任务可以知道，利用减压阀控制液压缸 A 的夹紧力，使用顺序阀通过压力信号来接通和断开液压回路从而达到控制执行元件动作的要求（液压缸 B 必须在液压缸 A 夹紧力达到规定值时才能动作），要达到这一要求，可在顺序动作回路基础上设计压力控制回路。

（二）回路分析

压锻机工作时主供油回路主要解决的是向整个系统提供稳定压力的液压油及防止系统过载，故采用由溢流阀组成的单级调压回路即可满足要求。

在完成液压钻床的任务之前，先回顾一下图 7-27 所示顺序动作回路。阀 3 和阀 4 是由顺序阀与单向阀构成的组合阀，称为单向顺序阀。夹紧液压缸 1 与钻孔液压缸 2 依 ①→②→③→④ 的顺序动作。动作开始时三位四通换向阀左侧通电，使其左位接入系统，压力油只能进入夹紧液压缸的左腔，回油经阀 3 中的单向阀回油箱，实现动作①。活塞右行到达终点后，夹紧工件，系统压力升高，打开阀 4 中的顺序阀，压力油进入钻孔液压缸左腔，回油经换向阀回油箱，实现动作②。钻孔完毕以后，电磁换向阀右侧通电，使其右位接入系统，压力油先进入钻孔液压缸 2 右腔，回油经阀 4 中的单向阀及换向阀回油箱，实现动作③，钻头退回。左行到达终点后，油压升高，打开阀 3 中的顺序阀，压力油进入夹紧液压缸 1 右腔，回油经换向阀回油箱，实现动作④，至此完成一个工作循环。该回路的可靠性在很大程度上取决于顺序阀的性能和压力调定值。为了严格保证动作顺序，应使顺序阀的调定压力大于 $(8\sim10)\times10^5$ Pa，否则顺序阀可能在压力波动下先行打开，使钻孔液压缸产生先动现象（也就是工件未夹紧就钻孔），影响工作的可靠性。此回路适用于液压缸数目不多阻力变化不大的场合。

针对任务引入提出的要求，可以利用溢流阀来控制夹紧缸的夹紧力，用顺序阀来控制两缸的动作顺序。那么不难看出，只要在上图的基础上，在夹紧缸的回油路油路上接上溢流阀就可以组成液压钻床的液压系统回路，如图 7-35 所示。其中顺序阀和溢流阀的调定压力应适当，否则回路不能实现任务要求。

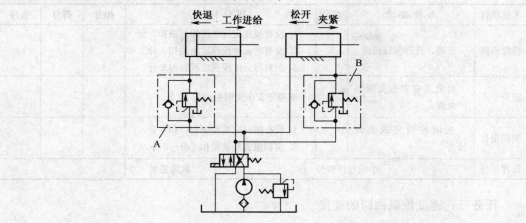

图 7 - 35　液压钻床的顺序动作回路

（三）实施步骤

（1）根据所给回路图，找出相应的液压元件。

（2）按指导老师要求，学生分组进行固定液压元件。

（3）按图所示的液压回路图接好油路和电路。

（4）检查无误后启动液压泵，观察回路运行情况。

（5）分析并说明各控制元件在回路中的作用。

（6）调节溢流阀、顺序阀的压力，观察回路的运行情况。

（7）对遇到的问题进行分析并解决。

（8）完成实训并经老师检查评价后，关闭电源，拆下管线和元件放回原处。

（9）各组集中，教师点评，学生提问，并完成实训报告。

教师巡回指导，并及时给每位学生打操作分数。

（四）注意事项（同上）

（五）质量评价标准（表 7 - 2）

表 7 - 2　质量评价标准

考核项目	考核要求	配分	评 分 标 准	扣分	得分	备注
元件选择	正确快速选择液压元件	10	1. 没有正确快速选择液压元件扣10 分 2. 选择元件速度慢扣 5 分			
安装连接	正确快速连接液压元件	30	1. 连接错误一处扣 10 分 2. 连接超时扣 2 分～5 分 3. 管路连接质量差扣 2 分～5 分			
回路运行	正确运行，调试回路	40	1. 不会正确调试压力控制阀的调定压力扣 30 分 2. 不会解决运行中遇到的问题扣10 分			

考核项目	考核要求	配分	评分标准	扣分	得分	备注
拆卸回路	正确、合理拆卸回路	5	1. 没有按规定程序拆卸回路扣 5 分 2. 没有将元件按规定涂油扣 5 分 3. 没有将元件按规定放置扣 2 分			
安全生产	自觉遵守安全文明生产规程	10	不遵守安全文明生产扣 10 分			
实训报告	按时按质完成实训报告	5	1. 没有按时完成实训报告扣 5 分 2. 实训报告质量差扣 2 分～5 分			
自评得分		小组互评得分		教师签名		

任务三：速度控制回路的连接

（一）分析任务

在各个液压传动系统中，执行件的运动速度是可以通过流量控制阀来控制的，如图 7-36、图 7-37 所示。流经阀的最大压力和流量是选择阀规格的两个主要参数。因为阀

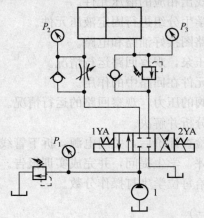

图 7-36 用节流阀调速

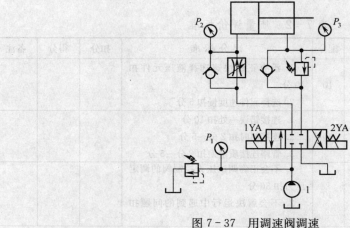

图 7-37 用调速阀调速

的压力和流量范围必须满足使用要求，否则将引起阀的工作失常。为此要求阀的额定压力应略大于最大压力，但最多不得超过 10%。阀的额定流量应大于最大流量，必要时允许通过阀的最大流量超过其额定流量的 20%，但也不宜过大，以免引起油液发热、噪声、压力损失增大和阀的工作性能变坏。流量控制阀就是靠改变阀口过流面积的大小来调节通过阀口的流量，从而控制执行元件（液压缸或液压马达）的运动速度。但应注意，选择流量阀时，不仅要考虑最大流量，而且要考虑最小稳定流量。

（二）回路分析

本项目要求利用可调节流阀和调速阀对液压缸实现运动速度控制，并通过实训操作进一步理解节流阀与调速阀在负载变化情况下的调速性能的差别。为方便实现负载的变化，在回油路上串接一个溢流阀作为背压阀。溢流阀与背压阀的调定压力应适当，否则回路不能实现实训要求。

（三）实施步骤

（1）根据所给回路图，找出相应的液压元件。
（2）按指导老师要求，学生分组进行固定液压元件。
（3）按图所示的液压回路图接好油路和电路。
（4）检查无误后启动液压泵，观察回路运行情况。
（5）分析并说明各控制元件在回路中的作用。
（6）改变负载的大小（调节背压阀的调定压力），观察活塞移动速度的变化。
（7）对遇到的问题进行分析并解决。
（8）完成实训并经老师检查评价后，关闭电源，拆下管线和元件放回原处。
（9）各组集中，教师点评，学生提问，并完成实训报告。
教师巡回指导，并及时给每位学生打操作分数。

（四）注意事项（同上）

（五）质量评价标准（表 7-3）

表 7-3　质量评价标准

考核项目	考核要求	配分	评分标准	扣分	得分	备注
元件选择	正确快速选择液压元件	10	1. 选择液压元件错误扣 10 分 2. 选择元件速度慢扣 2 分～5 分			
安装连接	正确快速连接液压元件	30	1. 连接错误一处扣 10 分 2. 连接超时扣 2 分～5 分 3. 管路连接质量差扣 2 分～5 分			
回路运行	正确运行，调试回路	40	1. 不会正确调试压力控制阀与流量控制阀扣 30 分 2. 不会解决运行中遇到的问题扣 10 分			

考核项目	考核要求	配分	评 分 标 准	扣分	得分	备注
拆卸回路	正确、合理拆卸回路	5	1. 没有按规定程序拆卸回路扣 5 分 2. 没有将元件按规定涂油扣 5 分 3. 没有将元件按规定放置扣 2 分			
安全生产	自觉遵守安全文明生产规程	10	不遵守安全文明生产扣 10 分			
实训报告	按时按质完成实训报告	5	1. 没有按时完成实训报告扣 5 分 2. 实训报告质量差扣 2 分～5 分			
自评得分		小组互评得分		教师签名		

知识拓展

知识点 1　节流控制调速回路分析

1. 进油节流调速回路分析

如图 7 - 38（a）所示，节流阀串联在液压泵和液压缸之间。液压泵输出的油液一部分经节流阀进入液压缸工作腔，推动活塞运动，多余的油液经溢流阀流回油箱。溢流阀的溢流是这种调速回路能够正常工作的必要条件。由于溢流阀的溢流，泵的出口压力 p_p 就是溢流阀的调整压力并基本保持恒定。调节节流阀的通流面积，即可调节通过节流阀的流量，从而调节液压缸的运动速度。

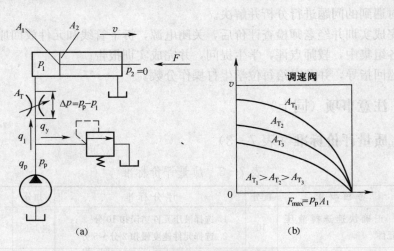

图 7 - 38　进油节流调速回路

(a) 回路图；(b) 速度负载特性。

（1）速度负载特性。缸在稳定工作时，其受力平衡方程式为

$$p_1 A_1 = F + p_2 A_2 \tag{7-1}$$

式中　p_1、p_2——液压缸进油腔和回油腔的压力，由于回油腔通油箱，$p_2 \approx 0$；

　　　F——液压缸的负载；

144

A_1、A_2——液压缸无杆腔和有杆腔的有效面积。

所以得

$$p_1=\frac{F}{A_1} \tag{7-2}$$

因为液压泵的供油压力 p_p 为定值，故节流阀两端的压力差为

$$\Delta p=p_p-p_1=p_p-\frac{F}{A_1} \tag{7-3}$$

经节流阀进入液压缸的流量为

$$q_1=KA_T\Delta P^m=KA_T\left(p_p-\frac{F}{A_1}\right)^m \tag{7-4}$$

式中 A_T——节流阀的通流面积。

故液压缸的运动速度为

$$v=\frac{q}{A_1}=\frac{KA_T}{A_1}\left(p_p-\frac{F}{A_1}\right)^m \tag{7-5}$$

式（7-5）即为进油节流调速回路的速度负载特性方程。由式（7-5）可知，液压缸的运动速度 v 和节流阀通流面积 A_T 成正比。调节 A_T 可实现无级调速，这种回路的特点是调速范围较大，速比最高可达 100，当 A_T 调定后，速度随负载的增大而减小，故这种调速回路的速度负载特性较软。该回路的速度负载特性曲线，如图 7-38（b）所示。这组曲线表示液压缸运动速度随负载变化的规律，曲线越陡，说明负载变化对速度的影响越大，即速度刚性越差。由式（7-5）和图 7-38（b）还可看出，当 A_T 一定时，重载区域比轻载区域的速度刚性差；在相同负载条件下，A_T 大速度高时速度刚性差，所以这种调速回路适用于低速轻载的场合。

（2）最大承载能力。由式（7-5）可知，无论 A_T 为何值，当 $F=p_pA_1$ 时，节流阀两端压差 Δp 为零，活塞运动也就停止，此时液压泵输出的流量全部经溢流阀回油箱，所以此 F 值即为该回路的最大承载值，即 $F_{max}=p_pA_1$。

（3）功率和效率。在节流阀进油节流调速回路中，液压泵的输出功率为 $P_p=p_pq_p=$ 常量，液压缸的输出功率为 $p_1=Fv=F\dfrac{q_1}{A_1}=p_1q_1$，所以该回路的功率损失为

$$\Delta p=p_p-p_1=p_pq_p-p_1q_1=p_p(q_1+q_y)-(p_p-\Delta p)q_1=p_pq_y+\Delta pq_1$$

式中 q_y——通过溢流阀的溢流量，$q_y=q_p-q_1$。

由上式可知，这种调速回路的功率损失由两部分组成，即溢流损失 $\Delta P_y=p_pq_y$ 和节流损失 $\Delta P_T=\Delta pq_1$。回路的效率为

$$\eta_c=\frac{P_1}{P_p}=\frac{Fv}{p_pq_p}=\frac{p_1q_1}{p_pq_p} \tag{7-6}$$

由于存在两部分功率损失，故这种调速回路的效率较低。

2. 回油节流调速回路分析

图 7-39 所示为把节流阀串联在液压缸的回油路上，利用节流阀控制液压缸的排油量 q_2 来实现速度调

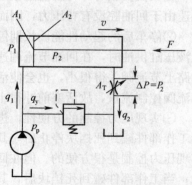

图 7-39 回油节流调速回路

节。由于进入液压缸的流量 q_1 受到回油路上 q_2 的限制，因此调节 q_2，也就调节了进油量 q_1，定量泵输出的多余油液仍经溢流阀流回油箱，溢流阀调整压力 p_p 基本保持稳定。

（1）速度负载特性。类似于式（7-5）的推导过程，由液压缸的力平衡方程，可得液压缸的速度负载特性为

$$v=\frac{q_2}{A_2}=\frac{KA_\mathrm{T}\left(p_\mathrm{p}\dfrac{A_1}{A_2}-\dfrac{F}{A_2}\right)^m}{A_2} \tag{7-7}$$

比较式（7-7）和式（7-5）可以发现，回油节流调速和进油节流调速的速度负载特性以及速度刚性基本相同，若液压缸两腔有效面积相同（双出杆液压缸），那么两种节流调速回路的速度负载特性和速度刚度就完全一样。因此对进油节流调速回路的分析完全适用于回油节流调速回路。

（2）最大承载能力。回油节流调速的最大承载能力与进油节流调速相同，即 $F_\mathrm{max}=p_\mathrm{p}A_1$。

（3）功率和效率。液压泵的输出功率与进油节流调速相同，$P_\mathrm{p}=p_\mathrm{p}q_\mathrm{p}=$ 常量，液压缸的输出功率为 $P_1=Fv=(p_\mathrm{p}A_1-p_2A_2)v=p_\mathrm{p}q_1-p_2q_2$，该回路的功率损失为 $\Delta P=P_\mathrm{p}-P_1=p_\mathrm{p}q_\mathrm{p}-q_1+p_2q_2=p_\mathrm{p}q_\mathrm{y}+p_2q_2=p_\mathrm{p}(q_\mathrm{p}-q_1)+p_2q_2=p_\mathrm{p}q_\mathrm{y}+\Delta pq_2$，$p_\mathrm{p}q_\mathrm{y}$ 为溢流损失功率，Δpq_2 为节流损失功率，所以它与进油节流调速回路的功率损失相似。回路的效率为

$$\eta_\mathrm{c}=\frac{Fcv}{p_\mathrm{p}q_\mathrm{p}}=\frac{p_\mathrm{p}-p_2q_2}{p_\mathrm{p}q_\mathrm{p}}=\frac{\left(p_\mathrm{p}-p_2\dfrac{A_2}{A_1}\right)q_1}{P_\mathrm{p}q_\mathrm{p}} \tag{7-8}$$

如果使用同样的液压缸和节流阀，且负载 F 和活塞运动速度 v 相同时，则式（7-8）和式（7-6）是相同的，因此可以认为进、回油节流调速回路的效率是相同的。但是，在回油节流调速回路中，液压缸工作腔和回油腔的压力都比进油节流调速回路的高，特别是在负载变化大，尤其是当 F 接近于零时，回油腔的背压有可能比液压泵的供油压力还要高，这样会加大泄漏，节流功率损失大大提高，因而其效率实际上比进油调速回路的要低。

【思考】进、回油节流调速回路之间有许多相同之处，那有什么不同呢？

①承受负值负载的能力。回油节流调速回路的节流阀使液压缸回油腔形成一定的背压，在负值负载时，背压能阻止工作部件的前冲，即能在负值负载下工作，而进油节流调速由于回油腔没有背压力，因而不能在负值负载下工作。

②停车后的起动性能。长期停车后液压缸油腔内的油液会流回油箱，当液压泵重新向液压缸供油时，在回油节流调速回路中，由于进油路上没有节流阀控制流量，即使回油路上节流阀关得很小，也会使活塞前冲；而在进油节流调速回路中，由于进油路上有节流阀控制流量，故活塞前冲很小，甚至没有前冲。

③实现压力控制的方便性。进油节流调速回路中，进油腔的压力将随负载而变化，当工作部件碰到死挡块停止后，其压力将升到溢流阀的调定压力，利用这一压力变化来实现压力控制是很方便的。但在回油节流调速回路中，只有回油腔的压力才会随负载变化，当工作部件碰到死挡块后，其压力将降至零，故一般很少利用这一压力变化来实现压力控制。

④发热及泄漏的影响。在进油节流调速回路中，经过节流阀发热后的液压油直接进入液压缸的进油腔；而在回油节流调速回路中，经过节流阀发热后的液压油流回油箱冷却。因此，发热和泄漏对进油节流调速的影响均大于回油节流调速。

⑤运动平稳性。在回油节流调速回路中，由于回油路上节流阀小孔对缸的运动有阻尼作用，同时空气也不易渗入，可获得更为稳定的运动。而在进油节流调速回路中，回油路的油液没有节流阀阻尼作用，故运动平稳性稍差。但是，在使用单杆液压缸的场合，无杆腔的进油量大于有杆腔的回油量，故在缸径、缸速均相同的情况下，若节流阀的最小稳定流量相同，则进油节流调速回路能获得更低的稳定速度。为了提高回路的综合性能，可采用进油节流调速，并在回油路上加背压阀的回路，使其兼备两者的优点。

3. 旁路节流调速回路分析

图 7-40（a）所示为采用节流阀的旁路节流调速回路。节流阀调节液压泵溢回油箱的流量，从而控制了进入液压缸的流量。改变节流阀的通流面积，即可实现调速。由于溢流已由节流阀承担，故溢流阀实际上是安全阀，常态时关闭，过载时打开，其调定压力为最大工作压力的 1.1 倍～1.2 倍。

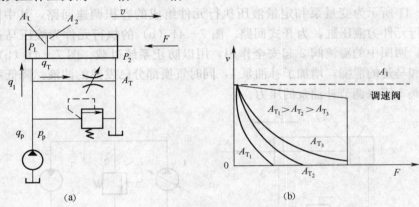

图 7-40 旁路节流调速回路
(a) 回路图；(b) 速度负载特性。

（1）速度负载特性。按照式（7-5）的推导过程，可得到旁路节流调速的速度负载特性方程。与前述不同之处主要是进入液压缸的流量 q_1 为泵的流量 q_p 与节流阀溢流流量 q_T 之差。由于在回路中泵的工作压力随负载而变化，正比于压力的泄漏量也是变量（前两回路中为常量），对速度产生了附加影响，因而泵的流量中要计入泵的泄漏流量 Δq_p，所以有

$$q_1 = q_p - q_T = (q_t - \Delta q_p) - KA_T \Delta p^m = q_t - K_1 \left(\frac{F}{A_1}\right) - KA_T \left(\frac{F}{A_T}\right)^m$$

式中　　q_1 ——泵的理论流量；

　　　　　K_t ——泵的泄漏系数。

所以液压缸的速度负载特性为

$$v = \frac{q_1}{A_1} = \frac{q_t - K_1\left(\frac{F}{A_1}\right) - KA_T\left(\frac{F}{A_1}\right)^m}{A_1} \qquad (7-9)$$

根据式（7-9），选取不同的 A_T 值可作出一组速度负载特性曲线，如图7-40（b）所示。由曲线可见，当 A_T 一定而负载增加时，速度显著下降，即特性很软；当 A_T 一定时，负载越大，速度刚度越大；当负载一定时，A_T 越小，活塞运动速度越高，速度刚度越大。

（2）最大承载能力。由图7-40（b）可知，速度负载特性曲线在横坐标上并不汇交，其最大承载能力随 A_T 的增大而减小，即旁路节流调速回路的低速承载能力很差，调速范围也小。

（3）功率与效率。旁路节流调速回路只有节流损失而无溢流损失，泵的输出压力随负载而变化，即节流损失和输入功率随负载而变化，所以比前两种调速回路效率高。由于旁路节流调速回路负载特性很软，低速承载能力又差，故其应用比前两种回路少，只用于高速、负载变化较小、对速度平稳性要求不高而要求功率损失较小的系统中。

知识点2　容积调速回路分析

1. 变量泵—定量液压执行元件容积调速回路

图7-41所示为变量泵和定量液压执行元件组成的容积调速回路，其中图7-41（a）的执行元件为液压缸，为开式回路。图7-41（b）的执行元件为液压马达，且是闭式回路。两图中的溢流阀2起安全作用，用以防止系统过载。图7-41（b）中，为了补充泵和马达的泄漏，增加了补油泵4，同时置换部分已发热的油液，降低系统的温升。溢流阀5用来调节补油泵的压力。

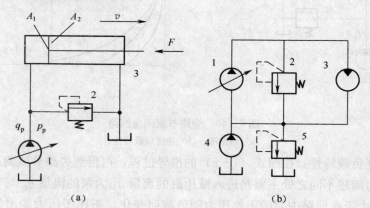

图7-41　变量泵—定量执行元件容积调速回路
（a）变量泵—缸；（b）变量泵定量马达。
1—变量泵；2—安全阀；3—定量马达；4—补油泵；5—溢流阀。

在图7-41（a）中，改变变量泵的排量即可调节活塞的运动速度 v。若不考虑液压泵以外的元件和管道的泄漏，这种回路的活塞运动速度为

$$v = \frac{q_p}{A_1} = \frac{q_t - k_1 \dfrac{F}{A_1}}{A_1} \tag{7-10}$$

式中　q_t——变量泵的理论流量；

　　　k_1——变量泵的泄漏系数。

148

将式（7-10）按不同的 q_t 值作图，可得一组平行直线，如图 7-42（a）所示。由图可见，由于变量泵有泄漏，活塞运动速度会随负载 F 的加大而减小。F 增大至某值时，在低速下会出现活塞停止运动的现象，这时变量泵的理论流量等于其泄漏量。可见这种回路在低速下的承载能力是很差的。

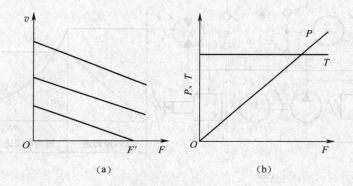

（a）   （b）

图 7-42　变量泵定量执行元件调速特性

（a）变量泵—缸；（b）变量泵—定量马达。

在图 7-42（b）所示的变量泵—定量液压马达的调速回路中，若不计流量损失，马达的转速 $n_M = q_p / v_M$。因液压马达排量为定值，故调节变量泵的流量 q_p 即可对马达的转速 n_M 进行调节，速比可达 40。当负载转矩恒定时，马达的输出转矩 $T = \Delta p_M V_M / 2\pi$ 和回路工作压力 p 都恒定不变，马达的输出功率 $P = \Delta p_M V_M n_M$ 与转速 n_M 成正比，故此调速方式又称为恒转矩调速。

2. **定量泵和变量马达容积调速回路**

图 7-43（a）所示为由定量泵和变量马达组成的容积调速回路。定量泵 1 输出流量不变，改变变量马达 3 的排量 V_M 就可以改变液压马达的转速。在这种调速回路中，由于液压泵的转速和排量均为常值，当负载功率恒定时，马达输出功率 P_M 和回路工作压力 p 都恒定不变，而马达的输出转矩与 V_M 成正比，输出转速与 V_M 成反比。所以这种回路称为恒功率调速回路，其调速特性如图 7-43（b）所示。

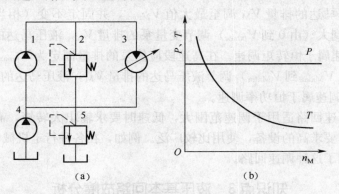

（a）   （b）

图 7-43　定量泵变量马达容积调速回路

（a）回路图；（b）调速特性。

1—定量泵；2—安全阀；3—变量液压马达；4—辅助泵；5—溢流阀。

3. 变量泵和变量马达容积调速回路

图 7-44（a）所示为由双向变量泵 2 和双向变量液压马达 7 等件组成的闭式容积调速回路。辅助泵 9 和溢流阀 1 组成补油油路。由于泵双向供油，故在补油路中增设了单向阀 3 和 4，在安全阀 8 的限压油路中增设了单向阀 5 和 6。

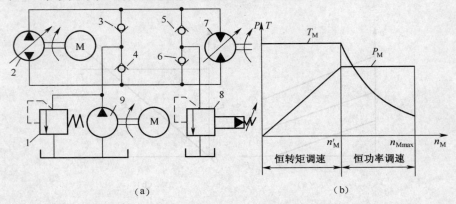

（a）　　　　　　　　　　　　（b）

图 7-44　变量泵—变量液压马达容积调速回路及其特性

（a）回路图；（b）调速特性。

1—溢流阀；2—双向变量泵；3、4、5、6—单向阀；7—双向变量液压马达；8—安全阀；9—辅助泵。

若泵 2 逆时针转动时，液压马达的回油及辅助泵 9 的供油经单向阀 4 进入主泵 2 的下油口，则其上油口排出的压力油进入液压马达的上油口并使液压马达逆时针转动，液压马达下油口的回油又进入泵 2 的下油口，构成闭式循环回路。这时单向阀 3 和 6 关闭，阀 4 和 5 打开，如果液压马达过载可由安全阀 8 起保护作用。若泵 2 顺时针转动，则单向阀 3 和 6 打开，阀 4 和 5 关闭，主泵 2 上油口为进油口，下油口为排油口，液压马达也顺时针转动，实现了液压马达的换向。这时若液压马达过载，安全阀 8 仍可起保护作用。

这种调速回路，在低速段用改变变量泵的排量 V_p 调速；在高速段用改变变量马达的排量 V_M 调速，因而调速范围大，其值可达 100。

图 7-44（b）为该回路的调速特性。它是恒转矩调速和恒功率调速的组合。在低速段，先将液压马达的排量 V_M 调至最大值 V_{Mmax}，并固定不变（相当于定量液压马达），然后由小到大（由 0 到 V_{pmax}）调节变量泵的排量 V_p，液压马达的转速即由 0 升至 n_M，该段调速属于恒转矩调速。在高速段应使泵的排量固定为 V_{pmax}（最大值），然后由大到小（由 V_{Mmax} 到 V_{Mmin}）调节液压马达的排量 V_M，液压马达的转速就由 n_M 升至 n_{Mmax}。该段调速属于恒功率调速。

这种容积调速回路适用于调速范围大，低速时要求输出大转矩，高速时要求恒功率，且工作效率要求高的设备，使用比较广泛。例如，在各种行走机械、牵引机等大功率机械上都采用了这种调速回路。

知识点 3　液压基本回路故障分析

液压基本回路出现故障，主要是设计考虑不周、元件选用不当、元件参数与系统调节不合理、控制元件出现故障、管路安装存在缺陷以及使用维护不当等因素造成的。由于篇幅有限，表7-4仅就一些带有共性的常见故障作一概括分析，以便读者了解故障现象及产生的原因。

表7-4　液压基本回路故障分析

基本回路	故障现象	可能的故障原因
压力控制回路	压力调整不上来	溢流阀调压弹簧过软、装错或漏装 主阀阻尼孔被堵塞 阀芯与阀座配合不好，关闭不严，泄漏严重 阀芯在开启位置上被卡住
	压力调整不下去	阀进出油口接错 先导型阀前阻尼孔被堵塞 阀芯在关闭位置上被卡住
	压力不稳定，产生振动和噪声	液压系统渗入了空气 阀芯在阀体内移动不灵活 元件之间工作时相互干扰引起共振 阀芯与阀体配合不好，接触不良 阻尼孔过大，阻尼作用太小
	减压油路的压力不稳定	减压阀前油路最低压力低于后油路压力 执行元件负载不稳定 液压缸内泄漏或外泄漏严重 减压阀阀芯移动不灵活 减压阀外泄油路存在背压
速度控制回路	不能低速工作	节流阀或调速阀节流口被堵塞 节流阀或调速阀前后压降过小 调速阀内减压阀阀芯被卡住
	在负载增加时速度显著降低	元件泄漏随负载增大而增加过大
	产生爬行	液压系统渗入了空气 导轨润滑不良或导轨与缸轴线平行度误差太大 活塞杆密封过紧或活塞杆弯曲变形过大 液压缸回油背压不足 液压泵输出流量脉动较大 节流阀口堵塞或调速阀内减压阀阀芯移动不灵活
方向控制回路	换向阀不能换向	电磁铁吸力不足 电磁铁剩磁大，使阀芯不能复位 阀芯对中弹簧轴线歪斜，导致阀芯被卡住 滑阀被拉毛，导致阀芯被卡住 配合间隙被污物堵塞，导致阀芯被卡住 阀体和阀芯加工精度差，产生径向力使阀芯被卡住
	产生微动或前冲	换向阀中位机能选择不当 换向阀换位滞后
	不能锁紧	单向阀阀芯与阀座密封不严，泄漏严重 单向阀密封面被拉毛或黏有污物 单向阀阀芯卡住，弹簧漏装或歪斜，阀芯不能复位

基本回路	故障现象	可能的故障原因
多缸工作控制回路	不能按预定动作工作	顺序阀选用不当 回路设计不合理 压力调定值不匹配 元件内部泄漏严重

小　结

本章主要介绍了常见的液压基本回路，即方向控制回路、速度控制回路、压力控制回路、同步回路等。

方向控制回路用以实现液压系统执行元件的启动、停止、换向。这些动作采用控制进入执行元件的液流通、断或改变方向来实现。有阀控、泵控和执行元件控制三种方式。

调压回路控制整个液压系统或局部的压力，使其保持恒定或限制其最高值。有单级调压回路、二级调压回路、多级调压回路、按比例进行压力调节的回路等。

减压回路使系统中的某一部分油路具有较系统压力低的稳定压力。最常见的减压回路是通过定值减压阀与主油路相连，也可实现两级或多级减压。

卸荷回路用来在系统换向或短时间停止工作时将泵排出的油液直接流回油箱，解除泵的负荷。卸荷回路有复合泵的卸荷回路、二位二通阀旁路卸荷的回路、利用换向阀中位机能卸荷的回路、利用溢流阀远程控制口卸荷的回路。

增压回路增加系统的局部压力，实现系统的高压要求。增压回路有利用串联液压缸的增压回路和利用增压器的增压回路。

保压回路使系统在液压缸不动或仅有工件变形所产生的微小位移的情况下，稳定地维持住压力，有液控单向阀保压回路、液压泵保压的保压回路、蓄能器保压回路。

平衡回路用于防止垂直或倾斜放置的液压缸和与之相连的工作部件因自重而自行下落。通常采用单向顺序阀的平衡回路和液控顺序阀的平衡回路。

调速回路是液压系统的核心。通过改变进入执行机构的液体流量实现速度控制。控制方式有节流控制、液压泵控制和液压马达控制。将节流阀串联在主油路上，需要并联一溢流阀，多余的油液经溢流阀流回油箱，称为定压式节流调速回路；节流阀或调速阀和主回路并联，叫旁路节流调速，多余的油液由节流阀流回油箱，泵的压力随外负载改变。容积式调速采用改变液压泵或液压马达的有效工作容积进行调速，无节流和溢流损失，组合形式有变量泵—定量马达（或液压缸）、定量泵—变量马达、变量泵—变量马达。

增速回路使液压执行元件在空载时获得所需的高速，以提高系统的工作效率。增速回路有差动回路、蓄能器的快速补油回路、双泵供油的快速运动回路。

速度换接回路使液压执行机构在一个工作循环中从一种运动速度变换到另一种运动速度，包括快速与慢速的换接回路、两种慢速的换接回路。

多缸工作控制回路应用于在液压装置中需使两个以上的液压缸做同步运动的场合。常用的回路有调速阀的同步回路、分流阀的同步回路、通过机械连接实现同步的回路、比例阀精密同步回路。

顺序动作回路的功能是使液压系统中的各个执行元件严格地按规定的顺序动作。按控制方式不同，可分为行程控制和压力控制两大类。

思考与练习

7-1 调速回路有哪几类？各适用于什么场合？

7-2 常用的快速运动回路有哪几种？各适用于什么场合？

7-3 快、慢速转换回路有哪几种形式？各有什么优缺点？

7-4 如图所示的回路中，溢流阀的调整压力为 5.0MPa，减压阀的调整压力为 2.5MPa，试分析下列情况，并说明减压阀阀口处于什么状态？

(1) 当泵压力等于溢流阀调整压力时，夹紧缸使工件夹紧后，A、C 点的压力各为多少？

(2) 当泵压力由于工作缸快进压力降到 1.5MPa 时（工作原先处于夹紧状态），A、C 点的压力各为多少？

(3) 夹紧缸在夹紧工件前作空载运动时，A、B、C 三点的压力各为多少？

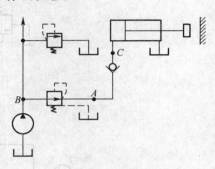

题 7-4 图

7-5 如图所示，A、B 阀的调整压力分别为 $p_A = 3.5MPa$，$p_B = 5.0MPa$，当外载足够大时，求两种连接状态下系统压力是多少？

7-6 如图所示的液压系统的工作循环为"快进→工进→死挡铁停留→快退→原位停止"，其中压力继电器用于死挡铁停留时发令，使 2YA 得电，然后转为快退。试回答：

(1) 压力继电器的动作压力如何确定？

(2) 若回路改为回油路节流调速，压力继电器应如何安装？说明其动作原理。

7-7 如图所示为液压机液压回路示意图。设锤头及活塞的总重量 $G = 3 \times 10^3 N$，油缸无杆腔面积 $A_1 = 300mm^2$，油缸有杆腔面积 $A_2 = 200mm^2$，阀 5 的调定压力 $p = 30MPa$。试分析并回答以下问题：

(1) 写出元件 3、4、5 的名称。

(2) 系统中换向阀采用何种滑阀机能？并形成了何种基本回路？

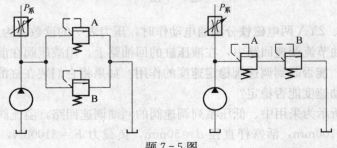

题 7-5 图

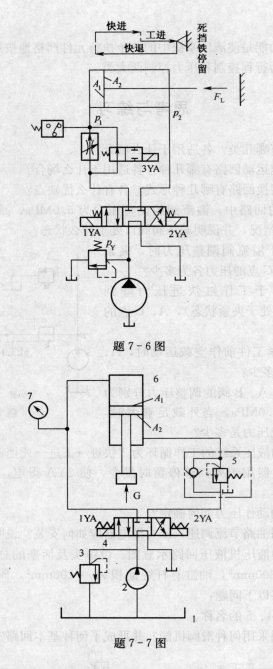

题 7-6 图

题 7-7 图

（3）当1YA、2YA两电磁铁分别通电动作时，压力表7的读数各为多少？

7-8　在回油节流调速回路中，在液压缸的回油路上，用减压阀在前、节流阀在后相互串联的方法，能否起到调速阀稳定速度的作用？如果将它们装在缸的进油路或旁油路上，液压缸运动速度能否稳定？

7-9　如图所示为采用中、低压系列调速阀的回油调速回路，溢流阀的调定压力为4MPa，缸径 $D=100$mm，活塞杆直径 $d=50$mm，负载力 $F=31000$N，工作时发现活塞运动速度不稳定，试分析原因，并提出改进措施。

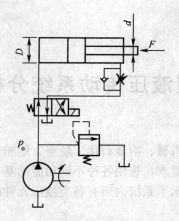

题 7-9 图

7-10 主油路节流调速回路中溢流阀的作用是什么？压力调整有何要求？节流阀调速和调速阀调速在性能上有何不同？

7-11 图 7-19 所示双泵供油快速运动回路中，泵 1 和泵 2 各有什么特点？单向阀的作用是什么？溢流阀 7 为什么接在去系统油路上？

7-12 两调速阀串联的速度换接回路中阀 A 和阀 B 是否可以位置互换？为什么？

7-13 在多缸互不干扰系统中双联泵能否像图 7-19 那样连接？

7-14 如图所示的回路中，已知活塞运动时的负载 $F=1200\text{N}$，活塞面积 $A=15\times10^{-4}\text{m}^2$，溢流阀调整值为 4.5MPa，两个减压阀的调整值分别为 $P_{J1}=3.5\text{MPa}$，$P_{J2}=2\text{MPa}$。如油液流过减压阀及管路时的损失可略去不计，试确定活塞在运动时和停在终端位置处时，A、B、C 三点的压力。

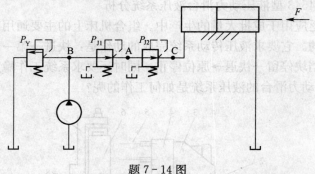

题 7-14 图

7-15 由变量泵和定量马达组成的调速回路，变量泵的排量可在 $0\sim50\text{cm}^3/\text{r}$ 范围内改变，泵转速为 1000r/min，马达排量为 $50\text{cm}^3/\text{r}$，安全阀调定压力为 10MPa，泵和马达的机械效率都是 0.85，在压力为 10MPa 时，泵和马达泄漏量均是 1L/min。求：

（1）液压马达的最高和最低转速。

（2）液压马达的最大输出转矩。

（3）液压马达最高输出功率。

（4）计算系统在最高转速下的总效率。

项目8 典型液压传动系统分析及故障排除

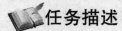

液压系统在机床、工程机械、冶金石化、航空、船舶等方面均有广泛的应用。液压系统是根据液压设备的工作要求，选用各种不同功能的基本回路构成的，一般用图形的方式来表示。液压系统图表示了系统内所有各类液压元件的连接情况以及执行元件实现各种运动的工作原理。

【知识目标】
1. 组合机床动力滑台液压传动系统工作原理。
2. 数控车床液压传动系统工作原理。
3. 万能外圆磨床液压传动系统工作原理。
4. 汽车起重机液压传动系统工作原理。
5. 液压传动系统的故障诊断与分析方法。

【能力目标】
1. 能分析液压传动系统的工作原理。
2. 能进行液压传动系统的故障诊断。

任务描述

任务一：YT4543 型液压动力滑台液压系统分析

组合机床广泛应用于成批大量的生产中。组合机床上的主要通用部件动力滑台是用来实现进给运动的。它要求液压传动系统完成的动作是：快进→第一次工作进给→第二次工作进给→止挡块停留→快退→原位停止，同时还要求系统工作稳定、效率高。那么图 8-1 所示液压动力滑台的液压系统是如何工作的呢？

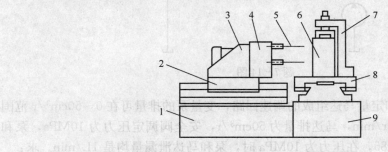

图 8-1 组合机床

1—床身；2—动力滑台；3—动力头；4—主轴箱；5—刀具；6—工件；7—夹具；8—工作台；9—底座。

任务二：机械手液压系统分析

机械手是模仿人的手部动作，在自动化机械或生产线中，按给定程序常用来完成夹紧、传输工件或刀具的工作，还能在高温、高压、危险等恶劣环境以及笨重、单调、频繁的操作中代替人的劳动。试分析 JS01 工业机械手液压系统的工作原理。

任务三：MJ - 50 型数控车床液压系统分析

装有程序控制系统的车床简称数控车床。在数控车床上进行车削加工时，其自动化程度高，能获得较高的加工质量。目前，在数控车床上，大多采用了液压传动技术，试分析 MJ - 50 型数控车床液压系统的工作过程。

任务四：MJ - 50 型数控车床的使用、维护及保养

MJ - 50 型数控车床随着工作时间的增加及环境的影响，液压传动系统会出现一些工作上的异常现象，如产生噪声和振动、油温过高等。出现这些故障以后，要如何去检查和修理液压传动系统呢？

知识链接

知识点 1　阅读液压系统图的步骤

在分析液压系统前，看懂液压系统图是一项基本功。要能很好地阅读液压系统图，必须熟悉液压元件的工作原理和符号，以及各种典型回路的组成。

阅读液压系统图时，大致按下述步骤进行。

（1）了解设备的功用及对液压系统动作和性能的要求。

（2）初步分析液压系统图，以执行元件为中心，将系统分解为若干个子系统。

从液压系统中拆分液压基本回路的主要方法就是从液压元件在基本回路中所起的关键作用入手，结合所学的基本回路的知识，掌握该回路的工作原理。例如：要从液压系统中拆分换向回路，就要选取缸、换向阀、泵组成一个换向回路，换向回路的作用就是通过换向阀来控制缸的运动方向。

（3）对每个子系统进行分析。分析组成子系统的基本回路及各液压元件的作用；按执行元件的工作循环分析实现每步动作的进油和回油路线。

（4）根据系统中对各执行元件之间的顺序、同步、互锁、防干扰或联动等要求分析各子系统之间的联系，弄懂整个液压系统的工作原理。

（5）归纳出设备液压系统的特点和使设备正常工作的要领，加深对整个液压系统的理解。

知识点 2　YT4543 型液压动力滑台液压系统

液压动力滑台是系列化产品，不同规格的滑台，其液压系统的组成和工作原理基本相同。要达到动力滑台工作时的性能要求，就必须将各液压元件有机地组合，形成完整有效的液压控制回路。在动力滑台中，进给运动其实是由液压缸带动主轴头从而完成整个进给运动的。因此，组合机床液压回路的核心问题是如何来控制液压缸的动作。现以 YT4543 型动力滑台为例分析其液压系统的工作原理。

图 8 - 2 所示为 YT4543 型液压动力滑台的液压系统图。YT4543 型动力滑台要求进给速度范围为 6.6mm/min～660mm/min，最大移动速度为 7.3m/min，最大进给力为 4.5×10^4N。该液压系统的动力元件和执行元件为限压式变量泵和单杆活塞式液压缸，系统中有换向回路、调速回路、快速运动回路、速度换接回路、卸荷回路等基本回路。

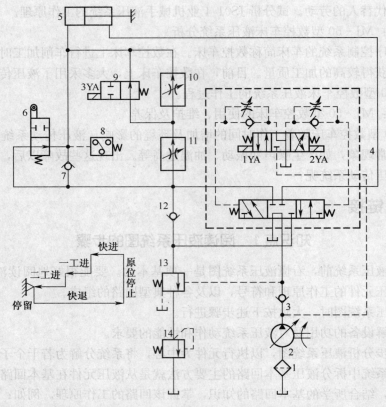

图 8-2　YT4543 型液压动力滑台的液压系统

1—滤油器；2—变量叶片泵；3、7、12—单向阀；4—电液换向阀；5—液压缸；6—行程换向阀；
8—压力继电器；9—二位二通电磁换向阀；10、11—调速阀；13—液控顺序阀；14—背压阀。

回路的换向由电液换向阀完成，同时其中位机能具有卸荷功能，快速进给由液压缸的差动连接来实现，用限压式变量泵和串联调速阀来实现二次进给速度的调节，用行程阀和电磁阀实现速度的换接，为了保证进给的尺寸精度，采用了止位钉停留来限位。该系统能够实现的自动工作循环为：快进→第一次工进→第二次工进→止位钉停留→快退→原位停止，该系统中电磁铁和行程阀的动作顺序见表 8-1。

表 8-1　YT4543 型动力滑台液压系统电磁铁和行程阀动作顺序表

工作循环	电磁铁			行程阀
	1YA	2YA	3YA	
快进	+	－	－	－
一工进	+	－	－	+
二工进	+	－	+	+
止位钉停留	+	－	+	+
快退	－	+	－	+ －
原位停止	－	－	－	－
注："＋"表示电磁铁得电或行程阀被压下；"－"表示电磁铁失电或行程阀抬起，后同				

（一）YT4543 型动力滑台液压系统的工作原理

1. 快进

按下启动按钮，电液换向阀 4 的电磁铁 1YA 通电，使电液换向阀 4 的先导阀左位工作，控制油液经先导阀左位经单向阀进入主液动换向阀的左端使其左位接入系统，泵 2 输出的油液经主液动换向阀左位进入液压缸 5 的左腔（无杆腔），因为此时为空载，系统压力不高，顺序阀 13 仍处于关闭状态，故液压缸右腔（有杆腔）排出的油液经主液动换向阀左位也进入了液压缸的无杆腔。这时液压缸 5 为差动连接，限压式变量泵输出流量最大，动力滑台实现快进。系统控制油路和主油路中油液的流动路线如下：

1) 控制油路

(1) 进油路：滤油器 1→泵 2→阀 4 的先导阀的左位→左单向阀→阀 4 的主阀的左端。

(2) 回油路：阀 4 的右端→右节流阀→阀 4 的先导阀的左位→油箱。

2) 主油路

(1) 进油路：滤油器 1→变量泵 2→单向阀 3→阀 4 的主阀的左位→行程阀 6 下位→液压缸 5 左腔。

(2) 回油路：液压缸 5 左腔→阀 4 的主阀的左位→单向阀 12→行程阀 6 下位→液压缸 5 左腔。

2. 第一次工进

当快进完成时，滑台上的挡块压下行程阀 6，行程阀上位工作，阀口关闭，这时液动换向阀 4 仍工作在左位，泵输出的油液通过阀 4 后只能经调速阀 11 和二位二通电磁换向阀 9 右位进入液压缸 5 的左腔。由于油液经过调速阀而使系统压力升高，于是将外控顺序阀 13 打开，并关闭单向阀 12，液压缸差动连接的油路被切断，液压缸 5 右腔的油液只能经顺序阀 13、背压阀 14 流回油箱，这样就使滑台由快进转换为第一次工进。由于工作进给时液压系统油路压力升高，所以限压式变量泵的流量自动减小，滑台实现第一次工进，工进速度由调速阀 11 调节。此时控制油路不变，其主油路如下：

(1) 进油路：滤油器 1→泵 2→单向阀 3→阀 4 的主阀的左位→调速阀 11→换向阀 9 右位→液压缸 5 左腔。

(2) 回油路：液压缸 5 右腔→阀 4 的主阀的左位→顺序阀 13→背压阀 14→油箱。

3. 第二次工进

第二次工进时的控制油路和主油路的回油路与第一次工进时基本相同，不同之处是当第一次工进结束时，滑台上的挡块压下行程开关，发出电信号使电磁换向阀 9 的电磁铁 3YA 通电，阀 9 左位接入系统，切断了该阀所在的油路，经调速阀 11 的油液必须通过调速阀 10 进入液压缸 5 的左腔。此时顺序阀 13 仍开启。由于调速阀 10 的阀口开口量小于调速阀 11，系统压力进一步升高，限压式变量泵的流量进一步减小，使得进给速度降低，滑台实现第二次工进。工进速度可由调速阀 10 调节。其主油路如下：

(1) 进油路：滤油器 1→变量泵 2→单向阀 3→阀 4 的主阀的左位→调速阀 11→调速阀 10→液压缸 5 左腔。

(2) 回油路：液压缸 5 右腔→阀 4 的主阀的左位→顺序阀 13→背压阀 14→油箱。

4. 止位钉停留

当滑台完成第二次工进时，动力滑台与止位钉相碰撞，液压缸停止不动。这时液压系统压力进一步升高，当达到压力继电器8的调定压力后，压力继电器动作，发出电信号传给时间继电器，由时间继电器延时控制滑台停留时间。在时间继电器延时结束之前，动力滑台将停留在止位钉限定的位置上，且停留期间液压系统的工作状态不变。停留时间可根据工艺要求由时间继电器来调定。设置止位钉的作用是可以提高动力滑台行程的位置精度。这时的油路同第二次工进的油路，但实际上，液压系统内的油液已停止流动，液压泵的流量已减至很小，仅用于补充泄漏油。

5. 快退

动力滑台停留时间结束后，时间继电器发出电信号，使电磁铁2YA通电，1YA、3YA断电。这时阀4的先导阀右位接入系统，电液换向阀4的主阀也换为右位工作，主油路换向。因滑台返回时为空载，液压系统压力低，变量泵的流量又自动恢复到最大值，故滑台快速退回，其油路如下：

1）控制油路

（1）进油路：滤油器1→变量泵2→阀4的先导阀的右位→右单向阀→阀4的主阀的右端。

（2）回油路：阀4的主阀的左端→左节流阀→阀4的先导阀的右位→油箱。

2）主油路

（1）进油路：滤油器1→变量泵2→单向阀3→电液换向阀4的主阀的右位→液压缸5右腔。

（2）回油路：液压缸5左腔→单向阀7→电液换向阀4的主阀的右位→油箱。

6. 原位停止

当动力滑台快退到原始位置时，挡块压下行程开关，使电磁铁2YA断电，这时电磁铁1YA、2YA、3YA都失电，电液换向阀4的先导阀及主阀都处于中位，液压缸5两腔被封闭，动力滑台停止运动，滑台锁紧在启始位置上。变量泵2通过换向阀4的中位卸荷。其油路如下：

1）控制油路

（1）回油路a：阀4的主阀的左端→左节流阀→阀4的先导阀的中位→油箱。

（2）回油路b：阀4的主阀的右端→右节流阀→阀4的先导阀的中位→油箱。

2）主油路

（1）进油路：滤油器1→变量泵2→单向阀3→阀4的先导阀的中位→油箱。

（2）回油路a：液压缸5左腔→阀7→阀4的先导阀的中位（堵塞）；

回油路b：液压缸5右腔→阀4的先导阀的中位（堵塞）。

（二）YT4543型动力滑台液压系统的特点

通过对YT4543型动力滑台液压系统的分析，可知该系统具有如下特点。

（1）采用由限压式变量泵和调速阀组成的进油路容积节流调速回路，这种回路能够使动力滑台得到稳定的低速运动和较好的速度负载特性，而且由于系统无溢流损失，系统效率较高。另外，回路中设置了背压阀，可以改善动力滑台运动的平稳性，并能使滑

160

台承受一定的反向负载。

（2）采用限压式变量泵和液压缸的差动连接回路来实现快速运动，使能量的利用比较经济合理。动力滑台停止运动时，换向阀使液压泵在低压下卸荷，减少了能量损失。

（3）采用行程阀和液控顺序阀实现快进与工进的速度换接，动作可靠，速度换接平稳。同时，调速阀可起到加载的作用，可在刀具与工件接触之前就能可靠地转入工作进给，因此不会引起刀具和工件的突然碰撞。

（4）在行程终点采用了止位钉停留，不仅提高了进给时的位置精度，还扩大了动力滑台的工艺范围，更适合于镗削阶梯孔、刮端面等加工工序。

（5）由于采用了调速阀串联的二次进给调速方式，可使启动和速度换接时的前冲量较小，并便于利用压力继电器发出信号进行控制。

知识点3 数控机床中的机械手液压系统

机械手是模仿人的手部动作，按给定程序实现自动抓取、搬运和操作的自动装置。机械手一般由执行机构、驱动系统、控制系统及检测装置三大部分组成。机械手驱动系统多采用电、液、气联合驱动。

JS01工业机械手是圆柱坐标式、全液压驱动机械手，具有手臂升降、伸缩、回转和手腕回转4个自由度。执行机构由手部伸缩、手腕伸缩、手臂升降、手臂回转和回转定位等机构组成，每一部分均由液压缸驱动与控制。它完成的动作循环为：插定位销→手臂前伸→手指张开→手指夹紧抓料→手臂上升→手臂缩回→手腕回转180°→拔定位销→手臂回转95°→插定位销→手臂前伸→手臂中停（此时主机的夹头下降夹料）→手指松开（此时主机夹头夹着料上升）→手指闭合→手臂缩回→手臂下降→手腕回转复位→拔定位销→手臂回转复位→待料（泵卸载）。

（一）JS01工业机械手液压系统的工作原理

JS01工业机械手液压系统如图8-3所示。各执行机构的动作均由电控系统控制相应的电磁换向阀，按程序依次步进动作。电磁铁动作顺序见表8-2。其动作次序如下：

（1）插销定位（1Y＋，12Y＋）。按下油泵启动按钮后，双联叶片泵1、2同时供油，电磁铁1Y、2Y带电，油液经溢流阀3至油箱，机械手处于待料卸荷状态。

当棒料到达待上料位置，启动程序动作。电磁铁1Y带电，2Y不带电，使泵1继续卸荷，而泵2停止卸荷，同时12Y通电。

进油路：泵2→阀6→减压阀8→阀9→阀25（右）→定位缸左腔。

此时，插销定位以保证初始位置准确。注意，定位缸没有回油路，它是依靠弹簧复位的。

（2）手臂前伸（5Y＋，12Y＋）。插销定位后，此支路系统油压升高，使继电器K26发信号，接通电磁铁5Y，泵1和泵2经相应的单向阀汇流到电液换向阀14左位，进入手臂伸缩缸右腔。油路如下：

进油路：泵1→单向阀5→阀14（左）→手臂伸缩缸右腔。

泵2→阀6→阀7┘

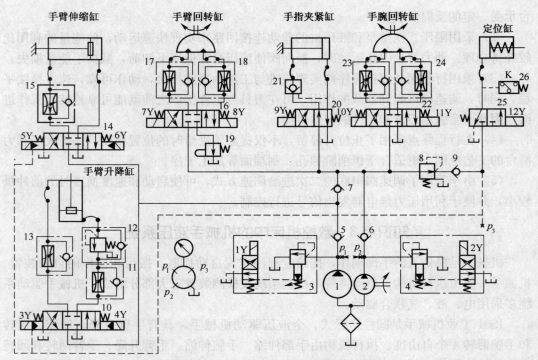

图 8-3　JS01 工业机械手液压系统图

1—大流量泵；2—小流量泵；3、4—溢流阀；5、6、7、9—单向阀；8—减压阀；10、14、16、22—电液换向阀；
11、13、15、17、18、23、24—单向调速阀；12—单向顺序阀；19—行程节流阀；
20、25—电磁换向阀；21—液控单向阀；26—压力继电器。

表 8-2　JS01 工业机械手液压系统电磁铁动作顺序表

动作顺序	1Y	2Y	3Y	4Y	5Y	6Y	7Y	8Y	9Y	10Y	11Y	12Y	K26
插销定位	+											+	− +
手臂前伸					+							+	+
手指张开	+								+			+	+
手指抓料	+											+	+
手臂上升				+								+	+
手臂缩回						+						+	+
手腕回转	+									+		+	+
拔定位销	+												
手臂回转	+						+						
插定位销												+	− +
手臂前伸					+							+	+
手臂中停												+	+
手指张开	+								+			+	+
手指闭合	+											+	+
手臂缩回						+						+	+
手臂下降					+							+	+
手腕反转	+										+		+
拔定位销	+												
手臂反转	+							+					
待料卸载	+	+											

162

回油路：手臂伸缩缸左腔→单向调速阀 15→阀 14（左）→油箱。

（3）手指张开（1Y＋，9Y＋，12Y＋）。手臂前伸至适当位置，行程开关发讯，电磁铁 1Y，9Y 带电，泵 1 卸荷，泵 2 供油经单向阀 6 至电磁换向阀 20 左位，进入手指夹紧缸右腔。回油路从缸左腔通过液控单向阀 21 及阀 20 左位进入油箱。

（4）手指抓料（1Y＋，12Y＋）。手指张开后，时间继电器延时。待棒料由送料机构送到手指区域时，继电器发信号使 9Y 断电，泵 2 的压力油通过阀 20 的右位进入缸的左腔，使手指夹紧棒料。其油路如下：

进油路：泵 2→阀 6→阀 20（右）→阀 21→手指夹紧缸左腔。

回油路：手指夹紧缸右腔→阀 20（右）→油箱。

（5）手臂上升（3Y＋，12Y＋）。当手指抓料后，手臂上升。此时，泵 1 和泵 2 同时供油到升降缸。主油路如下：

进油路：泵 1→单向阀 5→阀 10（左）→阀 11→阀 12→手臂升降缸下腔。

泵 2→阀 6→阀 7→┘

回油路：手臂升降缸上腔→阀 13→阀 10（左）→油箱。

（6）手臂缩回（6Y＋，12Y＋）。手臂上升至预定位置，碰行程开关，3Y 断电，电液换向阀 10 复位，6Y 带电。泵 1 和泵 2 一起供油至电液换向阀 15 进入伸缩缸左腔，而右腔油液经阀 14 右端回油箱。

（7）手腕回转（1Y＋，10Y＋，12Y＋）。当手臂上的碰块碰到行程开关时，6Y 断电，阀 14 复位，1Y，10Y 通电。此时，泵 2 单独供油至阀 22 左端，通过阀 24 进入手腕回转缸，使手腕回转 180°。

（8）拔定位销（1Y＋）。当手腕上的碰块碰到行程开关时，10Y、12Y 断电，阀 22、25 复位，定位缸油液经阀 25 左端回油箱，弹簧作用拔定位销。

（9）手臂回转（1Y＋，7Y＋）。定位缸支路无油压后，压力继电器 K26 发信号，接通 7Y。泵 2 的压力油→阀 6→换向阀 16 左端→单向调速阀 18→手臂回转缸，使手臂回转 95°。

（10）插定位销（1Y＋，12Y＋）。当手臂回转碰到行程开关时，7Y 断电，12Y 重又通电，插定位销动作同（1）。

（11）手臂前伸（5Y＋，12Y＋）。此时的动作顺序同（2）。

（12）手臂中停（12Y＋）。当手臂前伸碰行程开关后，5Y 断电，伸缩缸停止动作，确保手臂将棒料放到准确位置处，"手臂中停"等待主机夹头夹紧棒料，夹头夹紧棒料后，时间继电器发信号。

（13）手指张开（1Y＋，9Y＋，12Y＋）。接到继电器信号后，1Y、9Y 通电，手指张开动作顺序同（3）。并启动时间继电器延时，主机夹头移走棒料后，继电器发信号。

（14）手指闭合（1Y＋，12Y＋）。接继电器信号，9Y 断电，手指闭合动作顺序同（4）。

（15）手臂缩回（6Y＋，12Y＋）。当手指闭合后，1Y 断电，使泵 1 和泵 2 一起供油，同时 6Y 通电，其动作顺序同（6）。

（16）手臂下降（4Y＋，12Y＋）。手臂缩回碰到行程开关，6Y 断电，4Y 断电。此时，电液换向阀 10 右端动作，压力油经阀 10 和单向调速阀 13 进入升降缸上腔。主油路如下：

进油路：泵1→单向阀5→阀10（右）→阀13→手臂升降缸上腔。

泵2→阀6→阀7→┘

回油路：手臂升降缸下腔→阀12→阀11→阀10（右）→油箱。

（17）手腕反转（1Y+，11Y+，12Y+）。当升降导套上的碰铁碰到行程开关时，4Y缸断电，1Y、11Y通电。泵2供油至阀22右端，压力油通过单向调速阀23进入手腕回转的另一腔，并使手腕反转180°。

（18）拔定位销（1Y+）。手腕反转碰行程开关后，11Y、12Y断电。动作顺序同（8）。

（19）手臂反转（1Y+，8Y+）。拔定位销，压力继电器发信号，8Y接通。换向阀16右端动作，压力油进入手臂回转缸的另一腔，手臂反转95°，机械手复位。

（20）待料卸载（1Y+，2Y+）。手臂反转到位后，启动行程开关，8Y断电，2Y接通。此时，两油泵同时卸荷。机械手的动作循环结束，等待下一个循环。

机械手的动作也可由微机程序控制，与相关主机联为一体，其动作顺序基本相同。

（二）JS01工业机械手液压系统的主要特点

（1）系统采用了双联泵供油，额定压力为6.3MPa，手臂升降与伸缩时由两个泵同时供油，流量为（35+18）L/min，手臂及手腕回转、手指松紧及定位缸工作时，只由小流量泵2供油，大流量泵1自动卸载。由于定位缸和控制油路所需压力较低，在定位缸支路上串联有减压阀8，使之获得稳定的1.5MPa～1.8MPa压力。

（2）手臂的伸缩和升降采用单杆双作用液压缸驱动，手臂的伸出和升降速度分别由单向调速阀15、13和11实现回油节流调速；手臂及手腕的回转由摆动液压缸驱动，其正反向运动速度亦采用17和18、23和24单向回油节流阀调速。

（3）执行机构的定位和缓冲是机械手工作平稳可靠的关键。从提高生产率来说，希望机械手正常工作速度越快越好，但工作速度越高，启动和停止时的惯性力就越大，振动和冲击就越大，不仅会影响到机械手的定位精度，严重时还会损伤机件。因此为达到机械手的定位精度和运动平稳性的要求，一般在定位前要求采取缓冲措施。

该机械手手臂伸出、手腕回转由死挡铁定位保证精度，端点到达前发信号切断油路，滑行缓冲，手臂缩回和手臂上升由行程开关适时发信号，提前切断滑行缓冲并定位。此外，手臂伸缩缸和升降缸采用了电液换向阀换向，调节换向时间，亦增加缓冲效果。由于手臂的回转部分质量较大，转速较高，运动惯性矩较大，系统的手臂回转缸除采用单向调速阀回油节流调速外，还在回油路上安装有行程节流阀19进行减速缓冲，最后由定位缸插销定位，满足定位精度要求。

（4）手指夹紧工件后不受系统压力波动的影响，可牢固地夹紧工件，并采用了液控单向阀21的锁紧回路。

（5）手臂升降为立式液压缸，为支承平衡手臂运动部件的自重，采用了单向顺序阀12的平衡回路。

知识点4　MJ-50型数控车床液压系统

MJ-50数控车床液压系统主要承担卡盘、回转刀架与刀盘及尾架套筒的驱动与控制。它能实现卡盘的夹紧与放松及两种夹紧力（高与低）之间的转换；回转刀盘的正反转及刀盘的松开与夹紧；尾架套筒的伸缩。液压系统的所有电磁铁的通、断均由数控系统用 PLC 来控制。

MJ-50 型数控车床整个液压系统由卡盘、回转刀盘与尾架套筒三个分系统组成，并以一变量液压泵为动力源，系统的压力调定为 4MPa。

图 8-4 是 MJ-50 数控车床液压系统的原理图。机床中由液压系统实现的动作有：卡盘的夹紧与松开、刀架的夹紧与松开、刀架的正转与反转、尾座套筒的伸出与缩回。液压系统中各电磁阀的电磁铁动作由数控系统的 PLC 控制实现。

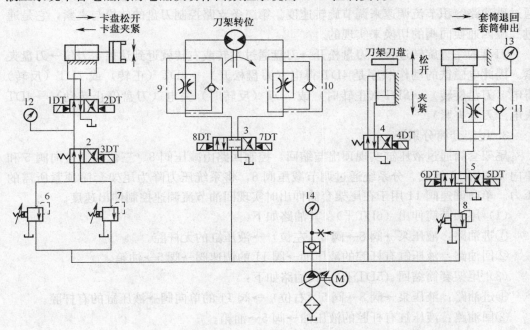

图 8-4　MJ-55 数控车床液压系统的原理图

1、2、3、4、5—换向阀；6、7、8—减压阀；9、10、11—调速阀；12、13、14—压力表。

（一）MJ-50 数控车床液压系统各分系统的工作原理

1. 卡盘分系统

卡盘分系统的执行元件是一液压缸，控制油路则由一个有两个电磁铁的二位四通换向阀 1、一个有一个电磁铁的二位四通换向阀 2、两个减压阀 6 和 7 组成。

（1）高压夹紧（3DT−、1DT＋）。换向阀 2 和 1 均位于左位。这时活塞左移使卡盘夹紧（称正卡或外卡），夹紧力的大小可通过减压阀 6 调节。由于阀 6 的调定值高于阀 7，所以卡盘处于高压夹紧状态。

①进油路：液压泵→减压阀 6→换向阀 2→换向阀 1→液压缸右腔。

②回油路：液压缸左腔→换向阀 1→油箱。

（2）卡盘松夹（2DT＋、1DT−）。阀 1 切换至右位。此时活塞右移，卡盘松开。

①进油路：液压泵→减压阀 6→换向阀 2→换向阀 1→液压缸左腔。

②回油路：液压缸右腔→换向阀 1→油箱。

（3）低压夹紧。油路与高压夹紧状态基本相同，唯一的不同是这时 3DT 得电而使

165

阀 2 切换至右位，因而液压泵的供油只能经减压阀 7 进入分系统。通过调节阀 7 便能实现低压夹紧状态下的夹紧力。

2. 回转刀盘分系统

回转刀盘分系统有两个执行元件，刀盘的松开与夹紧由液压缸执行，而液压马达则驱动刀盘回转。因此，分系统的控制回路也有两条支路。第一条支路由三位四通换向阀 3 和两个单向调速阀 9 和 10 组成。通过三位四通换向阀 3 的切换控制液压马达使刀盘正、反转，而两个单向调速阀 9 和 10 与变量液压泵，则使液压马达在正、反转时都能通过进油路容积节流调速来调节旋转速度。第二条支路控制刀盘的放松与夹紧，它是通过二位四通换向阀的切换来实现的。

刀盘的完整旋转过程：刀盘松开→刀盘通过左转或右转就近到达指定刀位→刀盘夹紧。因此电磁铁的动作顺序是 4DT 得电（刀盘松开）→8DT（正转）或 7DT（反转）得电（刀盘旋转）→8DT（正转时）或 7DT（反转时）失电（刀盘停止转动）→4DT 失电（刀盘夹紧）。

3. 尾架套筒分系统

尾架套筒通过液压缸实现顶出与缩回。控制回路由减压阀 8、三位四通换向阀 5 和单向调速阀 11 组成。分系统通过调节减压阀 8，将系统压力降为尾架套筒顶紧所需的压力。单向调速阀 11 用于在尾架套筒伸出时实现回油节流调速控制伸出速度。

（1）尾架套筒伸出（6DT＋）。其油路如下：

①进油路：液压泵→阀 8→阀 5（左位）→液压缸的无杆腔。

②回油路：液压缸有杆腔的液压油→阀 11 的调速阀→阀 5→油箱。

（2）尾架套筒缩回（5DT＋）。其油路如下：

①进油路：液压泵→阀 8→阀 5（右位）→阀 11 的单向阀→液压缸的有杆腔。

②回油路：液压缸有杆腔的液压油→阀 5→油箱。

（二）MJ-50 数控机床液压系统的主要特点

（1）数控机床控制的自动化程度要求较高，类似于机床的液压控制，它对动作的顺序要求较严格，并有一定的速度要求。液压系统一般由数控系统的 PLC 或 CNC 来控制，所以动作顺序直接用电磁换向阀切换来实现的较多。

（2）由于数控机床的主运动已趋于直接采用伺服电动机驱动，所以液压系统的执行元件主要承担各种辅助功能，虽其负载变化幅度不是太大，但要求稳定。因此，常采用减压阀来保证支路压力的恒定。

🕹 任务实施

任务一：YT4543 型液压动力滑台液压系统分析

（一）分析任务

组合机床是一种高效率的专用机床，它由具有一定功能的通用部件（包括机械动力滑台和液压动力滑台）和专用部件组成，加工范围较广，自动化程度较高，多用于大批量生产中。液压动力滑台由液压缸驱动，根据加工需要可在滑台上配置动力头、主轴箱或各种专用的切削头等工作部件，以完成钻、扩、铰、铣、镗、刮端面、加工倒角、加工螺纹等加工工序，并可实现多种进给工作循环。

要达到动力滑台工作时的性能要求，就必须将各液压元件有机地组合，形成完整有效的液压控制回路。在动力滑台中，进给运动其实是由液压缸带动主轴头从而完成整个进给运动的。因此，组合机床液压回路的核心问题是如何来控制液压缸的动作。

（二）回路图（图 8-2）

（三）液压系统分析

(1) 液压回路的解读：大致可按知识点一所示步骤进行。

(2) 液压系统图的分析：液压系统图的分析可以考虑以下几个方面。

①液压基本回路的确定是否符合主机的动作要求。

②各主油路之间、主油路与控制油路之间有无矛盾和干涉现象。

③液压元件的代用、变换和合并是否合理、可行。

④液压系统性能的改进方向。

（四）实施步骤

(1) 根据所给回路图，找出相应的液压元件。

(2) 按指导老师要求，学生分组进行固定液压元件。

(3) 按图 8-2 所示的液压回路图接好油路和电路。

(4) 检查无误后启动液压泵，观察回路运行情况。

(5) 分析并说明各控制元件在回路中的作用。

(6) 填写填写电磁铁动作顺序表。

(7) 分析系统由哪些基本回路组成并总结系统的特点。对遇到的问题进行分析并解决。

(8) 完成实训并经老师检查评价后，关闭电源，拆下管线和元件放回原处。

(9) 各组集中，教师点评，学生提问，并完成实训报告。

教师巡回指导，并及时给每位学生打操作分数。

（五）质量评价标准（表 8-3）

表 8-3 质量评价标准

考核项目	考核要求	配分	评分标准	扣分	得分	备注
元件选择	正确快速选择液压元件	10	1. 选择液压元件错误扣 10 分 2. 选择元件速度慢扣 5 分			
安装连接	正确快速连接液压元件	30	1. 连接错误一处扣 10 分 2. 连接超时扣 2 分～5 分 3. 管路连接质量差扣 5 分			
回路运行	正确运行，调试回路	40	1. 不会正确调试压力控制阀与流量控制阀扣 20 分 2. 不会解决运行中遇到的问题扣 20 分			

考核项目	考核要求	配分	评分标准	扣分	得分	备注
拆卸回路	正确、合理拆卸回路	5	1. 没有按规定程序拆卸回路扣 5 分 2. 没有将元件按规定涂油扣 5 分 3. 没有将元件按规定放置扣 2 分			
安全生产	自觉遵守安全文明生产规程	10	不遵守安全文明生产扣 10 分			
实训报告	按时按质完成实训报告	5	1. 没有按时完成实训报告扣 5 分 2. 实训报告质量差扣 2 分～5 分			
自评得分		小组互评得分		教师签名		

任务二：机械手液压系统分析

（一）分析任务

JS01 工业机械手是圆柱坐标式、全液压驱动机械手，具有手臂升降、伸缩、回转和手腕回转 4 个自由度。执行机构由手部伸缩、手腕伸缩、手臂升降、手臂回转和回转定位等机构组成，每一部分均由液压缸驱动与控制。各执行机构的动作均由电控系统控制相应的电磁换向阀，按程序依次步进动作。

（二）回路图（图 8 - 3）

（三）液压系统分析（同任务一）

（四）实施步骤（同任务一）

（五）质量评价标准（同表 8 - 3）

任务三：MJ - 50 型数控车床液压系统分析

（一）分析任务

机床中由液压系统实现的动作有卡盘的夹紧与松开、刀架的夹紧与松开、刀架的正转与反转、尾座套筒的伸出与缩回。液压系统中各电磁阀的电磁铁动作由数控系统的 PLC 控制实现。

（二）回路图（图 8 - 4）

（三）液压系统分析（同任务一）

（四）实施步骤（同任务一）

（五）质量评价标准（同表 8 - 3）

任务四：MJ - 50 型数控车床的使用、维护及保养

（一）分析任务

正确地维护和保养液压传动系统是延长液压传统系统正常使用寿命的重要措施。MJ－50型数控车床随着工作时间的增加及环境的影响，液压传动系统会出现一些工作上的异常现象，如产生嘈声和振动、油温过高等。出现这些故障以后，需要检查和修理液压传动系统。该项目通过学习液压传动系统的检修和故障分析方法，使学生能够检修数控机床工作中常见的几种故障。

（二）液压系统故障分析

CK6140数控车床液压系统常见故障及检修方法流程如图8－5所示。

1. 系统产生噪声和振动

（1）原因之一：液压系统中的气穴现象。针对这个原因，应检查排气装置是否工作可靠，同时应在开车后，使执行元件快速全行程往复几次排气。

（2）原因之二：液压泵或液压马达方面，一是各密封处的密封性能降低；二是由于使用中液压泵零件磨损，造成间隙过大，流量不足压力波动大。此时应更换密封件，调整各处间隙，或是更换液压泵。

（3）原因之三：溢流阀不稳定引起压力波动和噪声。对此应清洗、疏通阻尼孔。

（4）原因之四：换向阀的调整不当使阀芯移动太快，造成换向冲击，因而产生噪声与振动。调整控制油路中的节流元件能有效避免换向产生的冲击。

（5）原因之五：机械振动，管道固定装置松动，在油液流动时，引起管子抖动。检修过程中应仔细检查各固定点是否可靠。

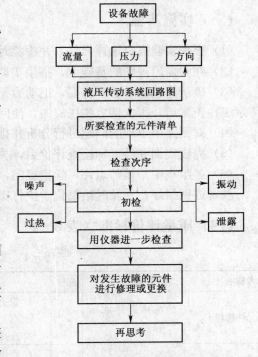

图8－5 液压系统常见故障及检修方法流程图

2. 液压传动系统发生爬行

（1）原因之一：液压油中混有空气。因空气的压缩性较大，含有气泡的液体达到高压区而受到剧烈压缩使油液体积变小，从而造成工作部件产生爬行。一般可在高处部件上设置排气装置，将空气排除。

（2）原因之二：相对运动部件间的摩擦阻力太大或摩擦阻力的不断变化，使工作部件在运动时产生爬行现象。在检修中应重点检查活塞、活塞杆等零件的形位公差及表面粗糙度是否符合要求，同时应保证液压系统和液压油的清洁，以免污物进入相对运动零件的表面间，从而增大摩擦阻力。

（3）原因之三：密封件密封不良使液压油产生泄漏而导致爬行。这时要更换密封件，检查连接处是否可靠，同时对于旧设备也可加大液压泵的流量来抑制爬行现象的产生。

3. 油温过高

（1）原因之一：系统压力调定过高，使油温过高。应适当降低调定值。

（2）原因之二：液压泵和各连接处产生泄漏，造成容积损失而发热。这时应紧固各连接处，并修理液压泵，严防泄漏。

（3）原因之三：卸荷时或安全阀压力开关工作不良，使系统不能有效地在空闲时卸荷，造成油温上升。应重新进行调节，改善阀的工作情况，使之符合要求。

（4）原因之四：油液黏度过高，使内摩擦增大造成发热严重。应改用合适的液压油，并定期更换。

（5）原因之五：液压散热系统工作不良。散热系统表面随使用时间的增加，附着了灰尘，降低了散热效果，这时应对其做好清理工作。

（三）实施步骤

（1）根据实验需要选择元件，并检验元件使用性能是否正常。

（2）在看懂原理图的基础上，搭接实训回路。

（3）确认连接安装正确稳妥，把动力元件调节装置的调压旋钮旋松，通电开启泵，待泵工作正常后，再次调节调压旋钮，使回路中的压力在系统工作压力以内。

（4）对回路中出现的问题进行分析并排除。

（5）完成实训并经老师检查评价后，关闭电源，拆下管线和元件放回原处。

（6）各组集中，教师点评，学生提问，并完成实训报告。

教师巡回指导，并及时给每位学生打操作分数。

（四）质量评价标准（表 8-4）

表 8-4 质量评价标准

考核项目	考核要求	配分	评分标准	扣分	得分	备注
元件选择	正确快速选择液压元件	10	1. 没有正确快速选择液压元件扣5分 2. 选择元件速度慢扣5分			
安装连接	正确快速连接液压元件	40	1. 连接错误一处扣10分 2. 连接超时10min以上扣5分 3. 管路连接质量差扣5分			
回路运行	正确运行，调试回路	20	1. 不按规定运行回路扣5分 2. 不会解决运行中遇到的问题扣15分			
拆卸回路	正确、合理拆卸回路	15	1. 没有按规定程序拆卸回路扣10分 2. 没有将元件按规定放置扣5分			
安全生产	自觉遵守安全文明生产规程	10	不遵守安全文明生产扣10分			
实训报告	按时按质完成实训报告	5	1. 没有按时完成实训报告扣5分 2. 实训报告质量差扣2分～5分			
自评得分		小组互评得分		教师签名		

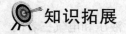 **知识拓展**

知识点1 液压系统的安装、调试及维护

（一）液压系统的安装

安装液压系统时，应注意以下事项。

（1）安装前检查各油管是否完好无损并进行清洗。对液压元件要用煤油或柴油进行清洗，自制重要元件应进行密封和耐压试验。试验压力可取工作压力的两倍或最高工作压力的1.5倍。

（2）液压泵、液压马达与电动机、工作机构间的同轴度偏差应在0.1mm以内，轴线间倾角不大于1°。避免用过大的力敲击泵轴和液压马达轴，以免损伤转子。同时泵与马达的旋转方向及进出油口方向不得接反。

（3）液压缸安装时，要保证符合活塞杆的轴线与运动部件导轨面平行度的要求。活塞杆轴线对两端支座的安装基面，其平行度误差不得大于0.05mm。对行程较长的油缸，活塞杆与工作台的连接应保持浮动，以补偿安装误差产生活塞杆卡住和补偿热膨胀的影响。

（4）电磁阀的回油、减压阀和顺序阀等的卸油与回油管连通时不应有背压，否则应单设回油管；溢流阀的回油管口与液压泵的吸油口不能靠得太近，以免吸入温度较高的油液；方向阀一般应保持轴线水平安装。

（5）辅助元件的安装应严格按设计要求的位置安装，并注意整齐、美观，在符合设计要求的情况下，尽量考虑使用、维护和调整的方便。例如，蓄能器应保持轴线竖直安装，并安装在易用气瓶充气的地方；过滤器应安装在易于拆卸、检查的位置等。

（6）液压元件在安装时用力要恰当，防止用力过大使元件变形，从而造成漏油或某些零件不能运动。安装时需清除被密封零件的尖角，防止损坏密封件。

（7）各油管接头处要装紧和密封良好，管道尽可能短，避免急拐弯，拐弯的位置越少越好，以减少压力损失。吸油管宜短、粗，一般吸油口都装有滤油器，滤油器必须至少在油面以下200mm。回油管应远离吸油管并插入油箱液面之下，可防止回油飞溅而产生气泡并很快被吸入泵内，回油管口应切成45°斜面并朝箱壁以扩大通流面积。

（8）系统全部管道应进行两次安装，即第一次配管试装合适后拆下管路，用20%的硫酸或盐酸溶液进行酸洗，再用10%的苏打水中和15min，最后再用温水冲洗，待干燥涂油后进行第二次正式安装。

（9）系统安装完毕后，应采用清洗油对内部进行清洗，油温为50℃～80℃。清洗时在回油路上设置滤油器，开始使液压泵间歇运转，然后长时间运转8h～12h，清洗到滤油器的滤芯上不再有杂质时为止。复杂系统可分区清洗。

（二）液压系统的调试

新设备在安装以后以及设备经过修理之后，必须对液压设备按有关标准进行调试，

以保证系统能够安全可靠地工作。

在调试前，应弄清液压系统的工作原理和性能要求；明确机械、液压和电气三者的功能和彼此联系；熟悉系统的各种操作和调节手柄的位置及旋向等；检查各液压元件的连接是否正确可靠，液压泵的转向、进出油口是否正确，油箱中是否有足够的油液，检查各控制手柄是否在关闭或卸荷的位置，各行程挡块是否紧固在合适的位置等。检查无问题时，可按照以下步骤进行试车。

1. 空载试车

空载试车时先启动液压泵，检查泵在卸荷状态下的运转。正常后，即可使其在工作状态下运转。一般运转开始要点动三、五次，每次点动时间可逐渐延长，直到使液压泵在额定转速下运转。

液压泵运转正常后，可调节压力控制元件。各压力阀应按其实际所处位置，从溢流阀依次调整，将溢流阀逐渐调到规定的压力值，并使泵在工作状态下运转，检查溢流阀在调节过程中有无异常声响，压力是否稳定，还应检查系统各管道接头、元件结合面处有无漏油。其他压力阀可根据工作需要进行调整。压力调定后，应将压力阀的调整螺杆锁紧。

按压相应的按钮，使液压缸做全行程的往复运动，往返数次将系统中的空气排掉。如果缸内混有空气，会影响其运动的平稳性。引起工作台在低速运动时产生爬行现象，同时会影响机床的换向精度。

其后调整自动工作循环和顺序动作，检查各动作的协调性和顺序动作的正确性，检查启动、换向和速度换接的平稳性，有无泄漏、爬行、冲击等现象。

在各项调试完毕后，应在空载条件下动作 2h 后，再检查液压系统工作是否正常，一切正常后，方可进入负载试车。

2. 负载试车

负载后，是否能实现预定的工作要求。为避免设备损坏，一般先低负载试车，若正常，则在额定负载下试车。

负载试车时，应检查系统在发热、噪声、振动、冲击和爬行等方面的情况，并做出书面记录，以便日后查对；检查各部分的漏油情况，发现问题，及时排除。若系统工作正常，便可正式投入使用。

（三）液压系统的使用维护

液压系统的正确使用与及时的维护保养是保证设备正常运行的基本条件。

1. 使用时应注意的事项

（1）使用前必须熟悉液压设备的操作要领，对各液压元件所控制的相应执行元件和调节旋钮的转动方向与压力、流量大小变化的关系等要充分弄清楚，防止调节错误造成事故。对导轨及活塞杆外露部分进行擦拭。

（2）液压系统在运行时，应密切注意油温的变化。低温下，油温应达到 20℃ 以上才准许顺序动作；油温高于 60℃ 时应注意系统工作情况，异常升温时，应停车检查。

（3）停机 4h 以上的设备应先使液压泵空载运行 5min，然后启动执行机构工作。

（4）液压油要定期检查和更换，保持清洁。新设备使用三个月即应清洗油箱更换新油，以后每隔半年至一年进行清洗和换油。过滤器的滤芯应定期清洗或更换。

（5）设备若长时间不用，应将各调节手轮放松，防止弹簧产生永久变形（弹簧力丧失）而影响元件性能。

2. 设备的维护

设备的维护主要分为日常维护、定期维护和综合维护。

1）日常维护

日常维护保养是指液压设备的操作人员每天在设备使用前、使用中及使用后对设备进行的例行检查。通常借助眼、耳、手、鼻等感觉器官和借助于装在设备上的仪表（如压力表等）对设备进行观察和检查。

（1）使用前的检查主要包括油箱内油量的检查、室温与油温的检查和压力表的检查。

（2）使用中的检查主要包括：溢流阀调节压力的检查，油温、泵壳温度、电磁铁温度的检查，漏油情况检查，噪声振动检查和压力表检查。

（3）停机后的检查主要包括：油箱油面检查，油箱、各液压元件、油缸等裸露表面污物的清扫和擦洗，各阀手柄位置应恢复到"卸荷"、"停止"、"后退"等位置上，关闭电源并填写交接班记录。

2）定期维护

这一工作以专业维修人员为主、生产工人参与的一种有计划的预防性检查。与日常检查一样，是为使设备保养工作更可靠、寿命更长，并及早发现故障苗头和趋势的一项工作。检查手段除人的感官外，还要用一定的检查工具和仪器。检查的内容主要包括：对各种液压元件的检查，对过滤器的拆开清洗，对液压系统的性能检查以及对规定必须定期维修的部件应认真加以保养。定期检查一般分为3个月或半年两种。定期维护检查搞好了，可使日常检查更简单。

3）综合检查

综合检查1年～2年进行一次。检查的内容和范围力求广泛，尽量做彻底的全面性的检查。综合检查对所有液压元件进行解体，根据解体后发现的情况和问题，进行修理或更换。综合检查时，对修过或更换过的液压件要做好记录，这对今后查找和分析故障以及要准备哪些备件都可以作为参考依据。综合检查前，要预先准备好诸如密封件、滤芯、蓄能器的皮囊、管接头、硬软管及电磁铁等易损件，因为这些零件都是可以预计到要更换的。综合检查时如发现液压设备使用说明书等资料丢失，要设法备齐归档。

知识点 2　YB32－200 型四柱万能液压压力机的液压系统

液压机可以进行冲剪、弯曲、翻边、拉深、冷挤、成型等多种加工。为完成上述工作，液压压力机应能产生较大的压制力，因此其压力系统工作压力高，液压缸的尺寸大，流量也大，是较为典型的高压大流量系统。液压机在压制工件时系统压力高，但速度低，而空行程时速度快、流量大、压力低，因此各工作阶段的换接要平稳，功率的利用要合理。为满足不同工艺需要，系统的压力要能方便地变换和调节。由于压力机是立式设备，因此要确保工作时的安全可靠。

（一）YB32-200型四柱万能液压压力机简介

YB32-200型四柱万能液压压力机有上、下两个液压缸，安装在四个立柱之间。上液压缸为主缸，驱动上滑块实现"快速下行→慢速加压→保压延时→卸压换向→快速退回→原位停止"的工作循环。下液压缸为顶出缸，驱动下滑块实现"向上顶出→停留→向下退回→原位停止"的工作循环。在进行薄板件拉伸压边时，要求下滑块实现"上位停留→浮动压边（即下滑块随上滑块短距离下降）→上位停留"工作循环。图8-6所示为YB32-200型液压压力机工作循环图。

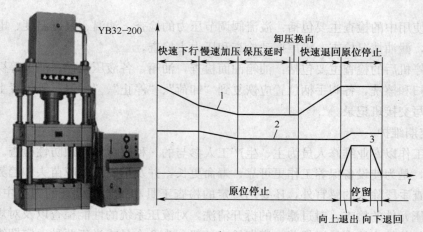

图8-6 YB32-200型液压机外型图和工作循环图
1—主缸工作循环；2—浮动压边工作循环；3—顶出缸工作循环。

YB32-200型四柱万能液压机主缸最大压制力为2000kN，其压力系统的最高工作压力为32MPa。图8-7所示的是YB32-200型四柱万能液压机的液压系统图。该压力机的液压系统由主缸、顶出缸、轴向柱塞式变量泵1、安全阀2、远程调压阀3、减压阀4、电磁换向阀5、液动换向阀6、顺序阀7、预泄换向阀8、主缸安全阀13、顶出缸电液换向阀14等元件组成。该系统采用变量泵—液压缸式容量调速回路，工作压力范围为10MPa～32MPa，其主油路的最高工作压力由安全阀2限定，实际工作压力可由远程调压阀3调整。控制油路的压力可由减压阀4调整。液压泵的卸荷压力可由顺序阀7调整。

（二）YB32-200型四柱万能液压机液压系统的工作原理

YB32-200型压力机在压制工件时，其压力系统中主缸和顶处缸分别完成图8-6所示工作循环时的油路，该系统中电磁铁和行程阀的动作顺序见表8-5。其工作原理分析如下：

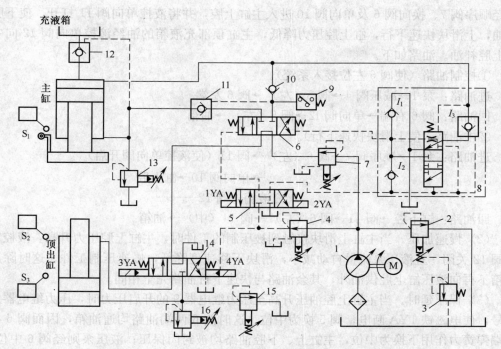

图 8-7　YB32-200 型液压压力机液压系统图

1—变量泵；2—安全阀；3—远程调压阀；4—减压阀；5—电磁换向阀；
6—液动换向阀；7—顺序阀；8—预泄换向阀；9—压力继电器；10—单向阀；
11、12—液控换向阀；13—安全阀；14—电液换向阀；15—背压阀；16—安全阀。

表 8-5　电磁铁动作顺序表

工作循环液压缸		信 号 来 源	电 磁 铁							
			1YA		2YA		3YA		4YA	
			+	-	+	-	+	-	+	-
主缸	快速下行	按启动按钮	+			-		-		-
	慢速加压	上滑快压住工件	+			-		-		-
主缸	保压延时	压力继电器发信号		-		-		-		-
	卸压换向	时间继电器发信号		-	+			-		-
	快速退回	预泄阀换为下位		-	+			-		-
	原位停止	行程开关 S_1		-		-		-		-
顶出缸	向上顶出	行程开关 S_1 或按钮		-		-		-	+	
	向下退回	时间继电器发信号		-		-	+			-
	原位停止	终点开关 S_2		-		-		-		-

注："+"表示电磁铁通电；"-"表示电磁铁短电

1. 主缸运动

（1）快速下行。按下启动按钮，电磁铁 1YA 通电，电磁换向阀 5 左位接入系统，控制油路进入液动换向阀 6 的左端，阀右端回油，故阀 6 左位接系统。主油路中的压力油经顺序阀 7、换向阀 6 及单向阀 10 进入主缸上腔，并将液控单向阀 11 打开，使下腔回油，上滑块快速下行，缸上腔压力降低，主缸顶部充液箱的油经液控单向阀 12 向主缸上腔补油。油路如下。

①控制油路（使阀 6 左位接入系统）。

进油路：泵 1→减压阀 4→阀 5（左）→阀 6 左端

回油路：阀 6 右端→单向阀 I2→阀 5（左）→油箱

②主油路（使上滑块快速下行）。

进油路：泵 1→顺序阀 7→阀 6（左）┬→阀 11（使液控单向阀开启）

　　　　　　　　　　　　　　　　└→单向阀 10→缸上腔

　　　　　　　　　　充液箱→阀 12──┘

回油路：缸下腔→阀 11→阀 6（左）→阀 14（中）→油箱

（2）慢速加压。当主缸上滑块接触到被压制的工件时，主缸上腔压力升高，液控单向阀 12 关闭，且液压泵流量自动减小，滑块下移速度降低，慢速压制工件。这时除充液箱不再向液压缸上腔供油外，其余油路与快速下行油路完全相同。

（3）保压延时。当主缸上腔油压升高至压力继电器 9 的开启压力时，压力继电器发信号，使电磁铁 1YA 断电，阀 5 换为中位。这时阀 6 两端油路均通油箱，因而阀 6 在两端弹簧力作用下换为中位，主缸上、下腔油路均被封闭保压；液压泵则经阀 6 中位、阀 14 中位卸荷。同时，压力继电器还向时间继电器发信号，使时间继电器开始延时。保压时间由时间继电器在 0min～24min 范围内调节。保压延时的油路如下。

①控制油路（使阀 6 换为中位）。

控制油路 a：阀 6 左端→阀 5（中）→油箱

控制油路 b：阀 6 右端→单向阀 I_2→阀 5（中）→油箱

②主油路。

进油路：泵 1→顺序阀 7→阀 6（中）→阀 14（中）→油箱（泵卸荷）

回油路：主缸上腔┬→单向阀 10（闭）

　　　　　　　　└→液控单向阀 I_3（闭）　　　　（油路封闭,系统延时保压）

　　　　主缸下腔→液控单向阀 11（闭）

该系统也可利用行程控制使系统由慢速加压阶段转为保压延时阶段，即当慢速加压，上滑块下移至预定的位置时，由与上滑块相连的动力件上的挡块压下行程开关（图中未画出）发出信号，使阀 5、阀 6 换为中位停止状态，同时向时间继电器发出信号，使系统进入保压延时阶段。

（4）泄压换向。保压延时结束后，时间继电器发出信号，使电磁铁 2YA 通电，阀 5 换为右位。控制油经阀 5 进入液控单向阀 I_3 的控制油腔，顶开其卸荷芯（液控单阀 I_3 带有卸荷阀芯），使主缸上腔油路的高压油经 I_3 卸压阀芯上的槽口及预泄换向阀 8 上位（图示位置）的孔道连通，从而使主缸上腔油泄压。其油路如下。

①控制油路。

进油：泵 1→阀 4→阀 5（右）→I_3（使 I_3 卸荷阀芯开启）

②主油路。

回油：主缸上腔→I_3（卸荷阀芯槽口）→阀 8（上）→油箱（主缸上腔泄压）

（5）快速退回。主缸上腔泄压后，在控制油压作用下，阀8换为下位，控制油经阀8进入阀6右端，阀6左端回油，因此阀6右位接入系统。主油路中，压力油经阀6、阀11进入主缸下腔，同时将液控单向阀12打开，使主缸上腔油返回充液箱，上滑块则快速上升，退回至原位。其油路如下。

①控制油路（使阀6换为右位）。

进油路：泵1→阀4→阀5（右）→阀8（下）→阀6右端

回油路：阀6左端→阀5（右）→油箱

②主油路（上滑块快速退回）。

进油路：泵1→阀7→阀6（中）→阀11 $\begin{cases} \to \text{主缸上腔} \\ \to \text{阀12控制口} \end{cases}$

回油路：主缸上腔→阀12→油箱

（6）原位停止。当上滑块返回至原始位置，压下行程开关S_1时，使电磁铁2YA断电，阀5和阀6换为中位（阀8复位），主缸上、下腔封闭，上滑块停止运动。阀13为上缸安全阀，起平衡上滑块重量作用，可防止与上滑块相连的运动部件在上位时因自重而下滑。

2. 顶出缸运动

（1）向上顶出。当主缸返回原位，压下行程开关S_1时，除使电磁铁2YA断电，主缸原位停止外，还使电磁铁4YA通电，阀14换为右位。压力油经阀14进入顶出缸下腔，其上腔回油，下滑块上移，将压制好的工件从模具中顶出。这时系统的最高工作压力可由溢流阀15调整。其油路如下。

主油路（使下滑块上移顶出工件）中：

进油路：泵1→阀7→阀6（中）→阀14（右）→缸下腔

回油路：缸上腔→阀14（右）→油箱

（2）停留。当下滑块上移到其活塞碰到缸盖时，便可停留在这个位置上。同时碰到上位开关S_2，使时间继电器动作，延时停留。停留时间可由时间继电器调整。这时的油路未变。

（3）向下退回。当停留结束时，时间继电器发出信号，使电磁铁3YA通电（4YA断电），阀14换为左位。压力油进入顶出缸上腔，其下腔回油，下滑块下移。其油路如下。

主油路（使下滑块下移）中：

进油路：泵1→阀7→阀6（中）→阀14（左）→缸上腔

回油路：缸下腔→阀14（左）→油箱

（4）原位停止。当下滑块退至原位时，滑块压下下位开关S_3，使电磁铁3YA断电，阀14换为中位，运动停止。缸上腔和泵油均为阀14中位通油箱。

3. 浮动压边

（1）上位停留。先使电磁铁4YA通电，阀14换为右位，顶出缸下滑块上升至顶出位置，由行程开关或按钮发信号使4YA再断电，阀14换为中位，使下滑块停在顶出位置上。这时顶出缸下腔封闭，上腔通油箱。

（2）浮动压边。浮动压边时主缸上腔进压力油（主缸油路同慢速加压油路），主缸下腔油进入顶出缸上腔，顶出缸下腔油可经阀 15 流回油箱。

主缸上滑块下压薄板时，下滑块也在此压力下随之下行。这时阀 15 为背压阀，它能保证顶出缸下腔有足够的压力。阀 16 为安全阀，它能在阀 15 堵塞时起过载保护作用。浮动压边时的油路如下。

主油路（使上下滑块同时下移，浮动压边）中：

进油路：主缸下腔→阀 11→阀 6（左）→阀 14（中）→顶出缸上腔

$$\text{油箱} \longleftarrow$$

回油路：顶出缸下腔→阀 15→油箱

（三）YB32-200 型液压压力机液压系统的特点

（1）采用了变量泵—液压缸式容积调速回路。所用液压泵为恒功率斜盘式轴向柱塞泵，它的特点是空载快速时，油压低而供油量大，压制工件时，压力高，泵的流量能自动减小，可实现低速。系统中无溢流损失和节流损失，效率高，功率利用合理。

系统中设置了远程高压阀，这样可在压制不同材质、不同规格的工件时，对系统的最高工作压力进行调节，以获得最理想的压制力，使用方便。

（2）两液压缸均采用电液换向阀换向，便于用小规格的、反应灵敏的电磁阀控制高压大流量的液动换向阀，使主油路换向。其控制油路采用了串接减压阀的减压回路，其工作压力比主油路低而平稳，既能减少功率消耗，降低泄漏损失，还能使主油路换向平稳。

（3）采用两主换向阀中位串联的互锁回路。即当主缸工作时，顶出缸油路被断开，停止运动；当顶出缸工作时，主缸油路断开，停止运动。这样能避免操作不当出现事故，保证了安全生产。当两缸主换向阀均为中位时，液压泵卸荷，其油路上串接一顺序阀，其调整压力约为 2.5MPa，可使泵的出口保持低压，以便于快速启动。

（4）液压压力机是大功率立式设备。压制工件时需要很大的力。因而主缸直径大，上滑块快速下行时需要很大的流量，但顶出缸工作时却不需要很大的流量。因此，该系统采用顶置充液箱，在上滑块快速下行时直接从缸的上方向主缸上腔补油。这样既可使系统采用流量较小的泵供油，又可避免在长管道中有高速大流量油流而造成能量的损耗和故障，还减小了下置油箱的尺寸（充液箱与下置油箱有管路连通，上箱油量超过一定量时可溢回下油箱）。此外，两立式液压缸各有一个安全阀，构成平衡回路，能防止上、下滑块在上位停止时因自重而下滑，起支撑作用。

（5）在保压延时阶段时，由多个单向阀、液控单向阀组成主缸保压回路，利用管道和油液本身的弹性变形实现保压，方法简单。由于单向阀密封好，结构尺寸小，工作可靠，因而使用和维护也比较方便。

（6）系统中采用了预泄换向阀，使主缸上腔卸压后才能换向。这样可使换向平稳，无噪声和液压冲击。

知识点 3　汽车起重机液压系统液压系统

汽车起重机是一种安装在汽车底盘上的起重运输设备。它主要由起升机构、回转机构、变幅机构、伸缩机构和支腿部分等组成，这些工作机构动作的完成由液压系统来驱动。一般要求输出力大，动作平稳，耐冲击，操作灵活、方便、安全、可靠。

Q2-8 型汽车起重机具有较高的行走速度和较大的承载能力，所以其调动与使用起来非常灵活，机动性能也很好，并可在有冲击、振动、温度变化较大和环境较差的条件下工作。起重机一般采用中、高压手动控制系统。对于汽车起重机来说，无论在机械方面还是在液压方面，对工作系统的安全和可靠性要求都是特别重要的。

（一）Q2-8 型汽车起重机液压系统

Q2-8 型汽车起重机采用液压传动，最大起重量为 80kN，最大起重高度为 11.5m，起重装置可连续回转。图 8-8 所示为 Q2-8 型汽车起重机外形结构图。它由汽车 1、转台 2、支腿 3、吊臂变幅液压缸 4、基本臂 5、吊臂伸缩液压缸 6 和起升机构 7 等组成。Q2-8 型汽车起重机液压系统的工作原理如图 8-9 所示。该系统为中高压系统，动力源采用轴向柱塞泵，由汽车发动机通过汽车底盘变速箱上的取力箱驱动。液压泵的工作压力为 21MPa，排量为 40mL，转速为 1500r/min。液压泵通过中心回转接头从油箱中吸油，输出的液压油经手动阀组 1（由换向阀 A 和 B 组成）和手动阀组 2（由换向阀 C、D、E、F 组成）输送到各个执行元件。整个系统由支腿收放、吊臂变幅、吊臂伸缩、转台回转和吊重起升五个工作回路所组成，且各部分都具有一定的独立性。整个系统分为上、下

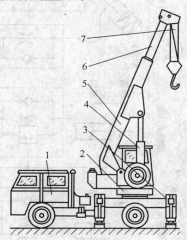

图 8-8　Q2-8 型汽车起重机的
外形结构

1—汽车；2—转台；3—支腿；
4、6—液压缸；5—基本臂；
7—起升机构

车两部分，除液压泵、溢流阀、阀组 1 及支腿部分外，其余元件全部装在可回转的上车部分。油箱装在上车部分，兼作配重。上、下车两部分油路通过中心回转接头 9 连通。支腿收放回路和其他动作回路均采用一个 M 型中位机能三位四通手动换向阀进行切换。各个手动换向阀相互串联组合，可实现多缸卸荷。

（二）Q2-8 型汽车起重机液压系统的工作原理

根据起重工作的具体要求，操纵各阀不仅可以分别控制各执行元件的运动方向，还可以通过控制阀芯的位移量来实现节流调速。

1. 支腿收放回路

由于汽车轮胎支撑能力有限，且为弹性变形体，作业时不安全，故在起重作业前必须放下前、后支腿，用支腿承重使汽车轮胎架空。在行驶时又必须将支腿收起，轮胎着地。为此，在汽车的前、后两端各设置两条支腿，每条支腿均配置有液压缸。前支腿两个液压缸同时用一个三位四通手动换向阀 A 控制其收、放动作，而后支腿两个液压缸则用另一个三位四通手动换向阀 B 控制其收、放动作。为确保支腿能停放在任意位置并能可靠地锁住，在支腿液压缸的控制回路中设置了双向液压锁 4。

（1）当三位四通手动换向阀 A 工作在左位时，前支腿放下，其进、回油路线如下。

①进油路：液压泵→阀 A 左位→液控单向阀→前支腿液压缸无杆腔。

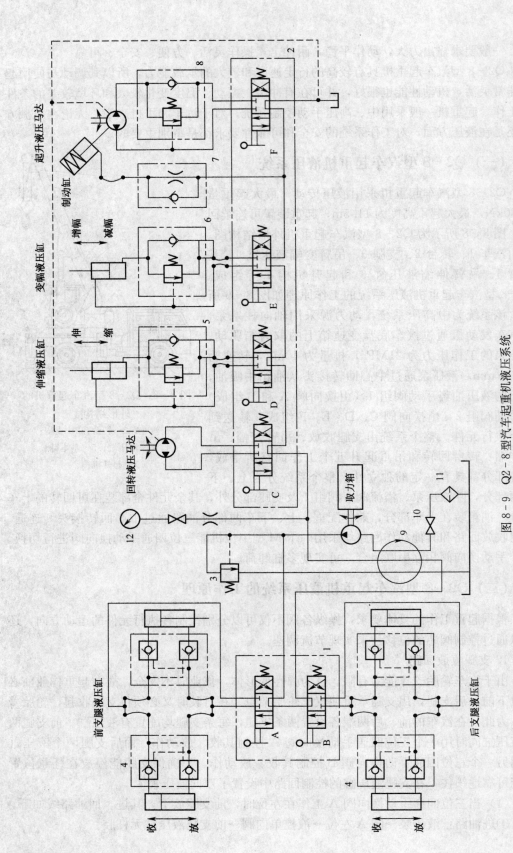

图 8-9　Q2-8 型汽车起重机液压系统

1、2—手动阀组；3—顺序阀；4—液压锁；5、6、8—单向顺序阀；7—单向节流阀；9—三通路旋转接头；10—截止阀；11—过滤器；12—压力表。

②回油路：前支腿液压缸有杆腔→液控单向阀→阀 A→阀 B→阀 C→阀 D→阀 E→阀 F→油箱。

（2）当三位四通手动换向阀 A 工作在右位时，前支腿收回，其进、回油路线如下。

①进油路：液压泵→阀 A 右位→液控单向阀→前支腿液压缸有杆腔。

②回油路：前支腿液压缸无杆腔→液控单向阀→阀 A→阀 B→阀 C→阀 D→阀 E→阀 F→油箱。

后支腿液压缸用阀 B 控制，其油流路线与前支腿相同。

2. 转台回转回路

转台的回转由一个大转矩液压马达驱动，它能双向驱动转台回转。通过齿轮、蜗杆机构减速，转台的回转速度为 1r/min～3r/min。由于速度较低，惯性较小，一般不设缓冲装置，液压马达的回转由三位四通手动换向阀 C 控制，当三位四通手动换向阀 C 工作在左位或右位时，分别驱动液压马达正向或反向回转。其油流路线如下。

①进油路：液压泵→阀 A→阀 B→阀 C→回转液压马达。

②回油路：回转液压马达→阀 C→阀 D→阀 E→阀 F→油箱。

3. 吊臂伸缩回路

吊臂由基本臂和伸缩臂组成，伸缩臂套装在基本臂内，由吊臂伸缩液压缸驱动进行伸缩运动，为使其伸缩运动平稳可靠，并防止在停止时因自重而下滑，在油路中设置了平衡阀 5（外控式单向顺序阀）。吊臂伸缩运动由三位四通手动换向阀 D 控制，使其具有伸出、缩回和停止三种工况。当三位四通手动换向阀 D 工作在左位、右位或中位时，分别驱动伸缩液压缸伸出、缩回或停止。

（1）当阀 D 右位时，吊臂伸出，其油流路线如下。

①进油路：液压泵→阀 A→阀 B→阀 C→阀 D→平衡阀 5 中的单向阀→伸缩液压缸无杆腔。

②回油路：伸缩液压缸有杆腔→阀 D→阀 E→阀 F→油箱。

（2）当阀 D 左位时，吊臂缩回，其油流路线如下。

①进油路：液压泵→阀 A→阀 B→阀 C→阀 D→伸缩液压缸有杆腔。

②回油路：伸缩液压缸无杆腔→平衡阀 5 中的顺序阀→阀 D→阀 E→阀 F→油箱。

4. 吊臂变幅回路

吊臂变幅是通过改变吊臂的起落角度来改变作业高度。吊臂的变幅运动由变幅液压缸驱动，变幅要求能带载工作，动作要平稳可靠。为防止吊臂在停止阶段因自重而减幅，在油路中设置了平衡阀 6，提高了变幅运动的稳定性和可靠性。吊臂变幅运动由三位四通手动换向阀 E 控制，在其工作过程中，通过改变手动换向阀 E 开口的大小和工作位，即可调节变幅速度和变幅方向。

（1）吊臂增幅时，三位四通手动换向阀 E 右位工作，其油流路线如下。

①进油路：液压泵→阀 A→阀 B→阀 C→阀 D→阀 E→阀 6 中的单向阀→变幅液压缸无杆腔。

②回油路：变幅液压缸有杆腔→阀 E→阀 F→油箱。

（2）吊臂减幅时，三位四通手动换向阀 E 左位工作，其油流路线如下。

①进油路：液压泵→阀 A→阀 B→阀 C→阀 D→阀 E→变幅液压缸有杆腔。

②回油路：变幅液压缸无杆腔→平衡阀 6 中的顺序阀→阀 E→阀 F→油箱。

5. 吊重起升回路

吊重起升是系统的主要工作回路。吊重的起吊和落下作业由一个大转矩液压马达驱动卷扬机来完成。起升液压马达的正、反转由三位四通手动换向阀 F 控制。马达转速的调节（即起吊速度）可通过改变发动机转速及手动换向阀 F 的开口来调节。回路中设有平衡阀 8，用以防止重物因自重而下滑。由于液压马达的内泄漏比较大，当重物吊在空中时，尽管回路中设有平衡阀，重物仍会向下缓慢滑落，为此，在液压马达的驱动轴上设置了制动器。当起升机构工作时，在系统油压的作用下，制动器液压缸使闸松开；当液压马达停止转动时，在制动器弹簧的作用下，闸块将轴抱死进行制动。当重物在空中停留的过程中重新起升时，有可能出现在液压马达的进油路还未建立起足够的压力以支撑重物时，制动器便解除了制动，造成重物短时间失控而向下滑落。为避免这种现象的出现，在制动器油路中设置了单向节流阀 7。通过调节该节流阀开口的大小，能使制动器抱闸迅速，而松闸则能缓慢地进行。

（三）Q2-8 型汽车起重机液压系统的特点

Q2-8 型汽车起重机的液压系统有如下几个特点。

（1）该系统为单泵、开式、串联系统，采用了换向阀串联组合，不仅各机构的动作可以独立进行，而且在轻载作业时，可实现起升和回转复合动作，以提高工作效率。

（2）系统中采用了平衡回路、锁紧回路和制动回路，保证了起重机的工作可靠，操作安全。

（3）采用了三位四通手动换向阀换向，不仅可以灵活方便地控制换向动作，还可通过手柄操纵来控制流量，实现节流调速。在起升工作中，将此节流调速方法与控制发动机转速的方法结合使用，可以实现各工作部件微速动作。

（4）各三位四通手动换向阀均采用了 M 型中位机能，使换向阀处于中位时能使系统卸荷，可减少系统的功率损失，适宜于起重机进行间歇性工作。

小 结

液压系统图是表示该系统的执行元件所实现的动作的工作原理图。正确而迅速地读懂液压系统图，对于液压设备的设计、使用、维修、调整都有重要的作用。如果所要阅读的液压系统图附有工作原理说明书，就可按说明书逐一看下去。如果所要阅读的液压系统图没有工作原理说明书，而只是一张系统图（可能图上附有工作循环表，电磁铁工作表或很简略的说明），这时就按照阅读液压图的步骤，根据要求通过分析，弄清系统的工作原理。

思考与练习

8-1 试述阅读液压传动系统图的一般步骤。

8-2 液压动力滑台快进动作的工作原理是什么？其从快进到工进动作是如何控制

的？试想一下是否还有别的控制方法。

8-3 简述 JS01 工业机械手所能完成的功能及其工作原理。

8-4 简述 MJ-50 数控车床液压系统中的回转刀盘分系统的作用及其工作油路。

8-5 电液换向阀的滑阀不动作的产生原因有哪几种情况？如何解决？

8-6 减压回路工作中压力减不下来的原因有哪些？如何解决？

8-7 顺序动作回路工作时，顺序动作冲击大的原因是什么？怎样解决？

8-8 液压缸运动速度不稳定的原因有哪些？怎么解决该问题？

项目 9　液压系统设计

液压传动系统的设计是整机设计的一部分，因此在满足整机要求的前提下，应尽量做到结构简单、安全可靠、经济性好并且操作维护方便。应当指出，目前所用的设计方法仍属经验设计，而现代科学设计方法正在发展中，尤其是液压 CAD 的应用大大提高了设计的质量和进度。

【知识目标】

1. 液压系统的设计步骤。
2. 液压系统参数检测。

【能力目标】

1. 了解液压系统的设计步骤。
2. 掌握液压系统图的拟定方法。
3. 学习选择液压元件，确定各个元件的压力和流量的调整值。
4. 掌握基本的性能验算。

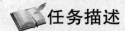 任务描述

某厂气缸加工自动线上要求设计一台卧式单面多轴钻孔组合机床，机床有主轴 16 根，钻 14 个 $\phi 13.9\,mm$ 的孔、2 个 $\phi 8.5\,mm$ 的孔，要求的工作循环是：快速接近工件，然后以工作速度钻孔，加工完毕后快速退回原始位置，最后自动停止；工件材料：铸铁，硬度为 240HBS；假设运动部件重 $G = 9800\,N$；快进、快退速度 $v_1 = 0.1\,m/s$；动力滑台采用平导轨，静、动摩擦因数 $\mu_s = 0.2$，$\mu_d = 0.1$；往复运动的加速、减速时间为 $0.2s$；快进行程 $L_1 = 100\,mm$；工进行程 $L_2 = 50\,mm$。试设计其液压系统。

知识链接

知识点 1　液压系统的设计步骤

液压系统的设计与计算，是在掌握液压基础知识、液压元件的工作原理、结构和基本回路的基础上进行的。此外，还必须了解常用液压元件、液压附件的产品性能、品牌优劣、甚至液压元件的加工设备和管理情况，以便制造出稳定可靠的液压设备。液压系统的设计步骤大致如下：

（1）明确设计要求并进行工况分析。主要是了解主机对液压传动系统的运动和性能要求，如运动方式、行程和速度范围、负载条件、运动精度、平稳性以及工作环境情况等。

（2）初步确定液压系统参数。主要是确定执行元件的压力和流量。

（3）拟定液压系统原理图。这是整个设计的关键步骤，主要是选择和拟定基本回路，然后组成完整的液压系统。

（4）计算和选择液压元件。即根据系统的最大工作压力和流量选择液压泵和电机，同时根据压力和流量来选择各控制元件及辅助元件。

（5）液压系统的性能验算。液压系统的参数有许多是由估计或经验确定的，因此要通过验算来评判其性能。系统不同，需要验算的内容也不尽相同，但压力损失和温升两项验算往往是必不可少的。

（6）绘制工作图并编写技术文件。主要包括液压系统图、泵站装配图、管路安装图以及设计说明书、使用说明书、零部件目录、标准件明细表等文件。

上述各步并不是固定不变的，根据系统的具体要求可详可略，同时各步之间互相联系、互相影响，往往要经过多次反复才能完成设计工作。

知识点 2   液压系统设计与计算的具体原则

1. 了解对主机的工作要求，明确设计依据

（1）了解主机的结构、工作循环及周期。

（2）了解主机对液压系统的性能要求，包括执行元件的运动方式和行程、运动速度及其调整范围；运动平稳性及定位精度；执行元件的负载条件、动作顺序和连锁要求；传感元件的安装位置；信号转换、紧急停车、操作距离；自动化程度等。

（3）了解主机的工作环境和安装空间大小，如温度及其变化范围、湿度、振动、冲击、粉尘度、腐蚀、防爆等要求。

（4）确定是否需要液压、气动、电气等系统相配合，了解对配合装置的要求。

2. 参数设计

参数设计的任务是在初定系统方案和系统工作压力的基础上，根据主机所需操作力、执行元件的运动速度和方向、工作环境等要求，确定执行元件的结构尺寸（如活塞杆直径、缸筒壁厚、行程长度等）及安装方法。

1）初定系统压力

液压系统压力，即泵的出口压力与液压设备的工作环境、精度要求等有关。

2）计算执行元件主要尺寸

根据主机所需操作力或力矩，由缸的活塞受力平衡方程或马达转子的力矩平衡方程，求出缸径（活塞直径）或马达排量。

计算液压执行元件尺寸时，需先选取缸或马达的回油腔压力（背压）和杆径比d/D。背压值应该根据回路特点参考经验数据在 0.2MPa～1.5MPa 范围中选定。杆径比 d/D 按液压缸的往返速比的要求来选取，或按活塞杆受力状况来确定：当活塞杆受拉时，一般取 $d/D=0.3\sim0.5$；当活塞杆受压时，一般取 $d/D=0.5\sim0.7$。

D、d 的计算结果需按国标圆整。

3）计算执行元件各工作阶段的工作压力、输入流量和功率

根据执行元件的负载和速度以及结构参数（如缸的活塞有效作用面积、马达的排量），计算出执行元件在一个工作循环中各阶段的工作压力、输入流量和功率，以此作选择液压泵的依据。

3. 拟订系统方案（原理图）

1）根据主机动作要求，确定执行元件类型

要求实现连续回转运动，选用液压马达；要求实现往复摆动，选用摆动液压缸或者齿轮齿条液压缸；要求实现直线往复运动，选用活塞缸。若负载为双向等值负载且要求双向运动速度相等，则选用双活塞杆缸；若活塞为单向负载，则选用单活塞杆缸；若在缸径大行程长的场合，则不宜选用活塞缸，而应选用柱塞缸。

2）分析系统工况，确定执行元件的工作顺序及其速度、负载变化范围

由执行元件数目、工作要求和循环动作过程，拟订执行元件的工作顺序，并分析各执行元件在整个工作循环的速度、负载变化规律，确定各执行元件的最大负载、最低和最高运动速度、工作行程及最大行程，列表备用。

3）确定油源的类型

液压泵的结构形式依据初定系统压力来选择，当 $p < 21MPa$ 时，选用齿轮泵和叶片泵；当 $p > 21MPa$ 时，选用柱塞泵。为节省投资，方便运行，在大多数场合中选用定量泵；若系统要求高效节能，则应选用变量泵；若系统有多个执行元件，各工作循环所需流量相差很大，则应选多泵供油，实现分级调节。

4）确定调速方式

液压系统定量泵节流调速回路的调节方式简单，广泛地应用在中小型液压设备上。在速度稳定性要求较高的场合，可用调速阀或旁通型调速阀替代普通节流阀，这样提高了系统速度刚性，但增加了功率损失。行走机械的液压系统可通过改变柴油机或汽油机的转速达到调速目的。大功率的液压设备，应采用容积调速方式。

5）确定调压方式

液压系统中，一般选用弹簧加载的先导型溢流阀作安全阀或稳压阀，或卸载阀。为方便调节系统最高工作压力，往往采用远程调压阀遥控。如果系统在一个工作循环中的不同阶段工作压力相差很大，则应考虑采用多级调压。如果需要自动控制，则应选用电液比例溢流阀。

6）选择换向回路

若液压设备要求自动化程度较高，则应选用电控换向，在小流量（$< 100L/min$）时选用电磁换向阀，在大流量时选用电液换向阀或二通插装阀。当需要计算机控制时，选用电液比例换向阀。对于工作环境恶劣的行走式液压机械，如装载机、起重机等，为保证工作可靠性，一般采用手动换向阀（多路换向阀）。对于采用闭式回路的液压机械，如卷扬机、车辆马达等，则采用手动双向变量泵的换向回路。

7）综合考虑其他问题

组合基本回路，要注意防止回路间可能存在的相互干扰，要考虑多个执行元件之间的同步、互锁、顺序等要求，参考各种液压基本回路，确定液压系统方案。

4. 元件选择

1）选择液压泵

选择液压泵：由执行元件工况图，确定泵的主要参数。

泵的最大工作压力

$$p_p \geqslant p_1 + \sum \Delta p$$

式中　p——执行元件最高工作压力；

　　$\sum p$——执行元件进油路压力损失，在元件、管路未确定前，初定简单系统 $\sum \Delta p$

=0.2MPa～0.5MPa，复杂系统 $\sum \Delta p$ =0.5MPa～1.5MPa。

泵的最大流量为

$$q_p \geqslant K(\sum q)_{max}$$

式中　$(\sum q)_{max}$ ——同时动作的各执行元件所需流量之和的最大值；

　　　K ——泄漏系数，一般取 $K=1.1\sim1.3$，大流量时取小值，反之取大值。

再由 p_p、q_p 值在产品目录中选取液压泵的规格型号。为使泵有一定的压力储备，泵的额定压力应比 p_p 高 $15\%\sim25\%$，额定流量应与 q_p 相符。

驱动液压泵的电机功率可按下式计算：

$$P=p_pq_p/\eta_p$$

式中　η_p ——液压泵总效率，可由泵的产品样本查出。

计算中应注意：如果泵的工作压力低于其额定压力，工作流量小于额定流量，则泵的效率会下降。

2）选择控制元件

根据系统或执行元件的工作压力和通过阀的实际最大流量由产品样本确定控制阀的规格型号。被选定阀的额定压力和额定流量应大于或等于系统的最大工作压力和阀的实际流量，必要时通过阀的实际流量可略大于该阀的额定流量，但不得超过 20%，以免压力损失过大，引起噪声和发热。选择流量时，还应考虑最小稳定流量是否满足工作部件最低速度要求。

3）选择辅件

选择液压辅件，如过滤器、蓄能器、管道和管接头。油箱的有效容积应根据液压泵的额定流量 q_p 来确定。对低压系统（0MPa～2.5MPa），$V=(2\sim4)q_p$；对中压系统（2.5MPa～6.3MPa），$V=(5\sim7)q_p$；对高压系统（>6.3MPa），$V=(6\sim12)q_p$。

5. 性能验算

为判别系统设计质量，以完善、改进系统，应对系统有关性能加以验算。需要验算的项目根据系统而有所不同，一般都要进行压力损失验算。对液压系统还要进行进行发热升温和系统效率计算。

1）压力损失验算

管路系统的压力损失包括管道内的沿程损失、局部损失以及流经阀类元件和辅件的局部损失三项，即

$$\sum \Delta p=\sum \Delta p_\lambda + \sum \Delta p_{\xi 1} + \sum \Delta p_{\xi 2}$$

如果算出的管路的总压力损失 $\sum \Delta p$ 与初算时的假设值或允许值 $[\sum \Delta p]$ 相差甚远，则必须以此时的 $\sum \Delta p$ 代替假设值，重新计算，或者对原设计进行修改，如重新选择管径或者改进管道布置等。

2）液压系统的发热温升计算

液压系统工作时，液压泵和执行元件的容积损失和机械损失、液流流经管路及各类元件的压力损失及泄漏等，所有这些损失消耗的能量都会转变为热能，使油温升高。连续工作一段时间后，系统所产生的热量与散发到空气中的热量相等即达到热平衡状态，此后温度不再升高。不同主机，因工作条件工况不同，最高允许油温是不同的。系统的发热温升计算，就是计算系统的实际油温是否小于最高允许温度。

系统单位时间的发热量

$$\phi = P_1 - P_2 \qquad \text{(kW)}$$

式中　　P_1——液压泵输入功率（kW）；

P_2——系统输出功率（kW）。

当系统达到热平衡时，系统温升为

$$\Delta T = T_1 - T_2 = \phi / C_T A$$

式中　　T_1——系统达到热平衡时的油温（℃）；

T_2——环境温度（℃）；

A——油箱散热面积（m^2）；

C_T——油箱散热系数(kW/($m^2 \cdot$℃))（当自然冷却通风很差时，$C_T = (8 \sim 9) \times 10^{-3}$ kW/($m^2 \cdot$℃)；当自然冷却通风良好时，$C_T = (15 \sim 17.5) \times 10^{-3}$ kW/ ($m^2 \cdot$℃)；当油箱加专用冷却器时，$C_T = (110 \sim 170) \times 10^{-3}$kW/ ($m^2 \cdot$℃))。

然后按下式验算

$$T_1 = T_2 + \Delta T \leqslant [T_1]$$

式中　　$[T_1]$——最高允许油温（对一般机床，$[T_1] = 55℃ \sim 70℃$；对粗加工机床、工程机械，$[T_1] = 65℃ \sim 80℃$）。

如果实际油温小于最高允许油温，则系统满足要求。如果油温超过最高允许油温，则必须采取降温措施。因液压系统散发热量的元件主要是油箱，故此时应增加油箱散热面积或装冷却器。

6. 绘制工作图，编制技术文件

正式的工作图包括系统原理工作图、装置图、管道布置图、非标准元件的零件图及装配图。液压系统装置图包括液压泵装置图、集成油路装配图。

编写技术文件包括设计计算说明书、零部件目录表、标准件与通用件以及外购件总表。

任务实施

卧式单面多轴钻孔组合机床液压系统具体设计步骤如下：

1. 作负载循环图与速度循环图

1）计算切削阻力

钻铸铁孔时，其轴向切削阻力可用以下公式计算：

$$F_c = 25.5 DS^{0.8} HBS^{0.6} \quad \text{(N)}$$

式中　　D——钻头直径（mm）；

S——每转进给量（mm/r）。

选择切削用量：钻 $\phi 13.9$mm 孔时，主轴转速 $n_1 = 360$r/min，每转进给量 $S_1 = 0.147$mm/r；钻 $\phi 8.5$mm 孔时，主轴转速 $n_2 = 550$r/min，每转进给量 $S_2 = 0.096$mm/r，则

$$\begin{aligned}
F_c &= 14 \times 25.5 D_1 S_1^{0.8} HBS^{0.6} + 2 \times 25.5 D_2 S_2^{0.8} HBS^{0.6} \\
&= 14 \times 25.5 \times 13.9 \times 0.147^{0.8} \times 240^{0.6} + 2 \times 25.5 \times 8.5 \times 0.096^{0.8} \times 240^{0.6} \\
&= 30500 \quad \text{(N)}
\end{aligned}$$

2）计算摩擦阻力

静摩擦阻力：$F_s = f_s G = 0.2 \times 9800 = 1960$（N）

动摩擦阻力：$F_d = f_d G = 0.1 \times 9800 = 980$（N）

3）计算惯性阻力

$$F_i = \frac{G}{g} \times \frac{\lambda v}{\lambda t} = \frac{9800}{9.8} \times \frac{0.1}{0.2} = 500 \ \text{（N）}$$

4）计算工进速度

工进速度可按加工 $\phi 13.9\text{mm}$ 的切削用量计算，即

$$v_2 = n_1 S_1 = 360/60 \times 0.147 = 0.88\text{mm/s} = 0.88 \times 10^{-3}\text{m/s}$$

5）计算分析

根据以上分析计算各工况负载，见表 9-1。

表 9-1　液压缸负载的计算

工 况	计 算 公 式	液压缸负载 F/N	液压缸驱动力 F_0/N
启 动	$F = f_a G$	1960	2180
加 速	$F = f_d G + G/g \cdot (\Delta v/\Delta t)$	1480	1650
快 进	$F = f_d G$	980	1090
工 进	$F = F_e + f_d G$	31480	35000
反向启动	$F = f_s G$	1960	2180
加 速	$F = f_d G + G/g \cdot (\Delta v/\Delta t)$	1480	1650
快 退	$F = f_d G$	980	1090
制 动	$F = f_d G - G/g \cdot (\Delta v/\Delta t)$	480	532

其中，取液压缸机械效率 $\eta_{cm} = 0.9$。

6）计算快进、工进和快退时间

快进：$t_1 = L_1/v_1 = 100 \times 10^{-3}/0.1 = 1\text{s}$

工进：$t_2 = L_2/v_2 = 50 \times 10^{-3}/0.88 \times 10^{-3} = 56.6\text{s}$

快退：$t_3 = (L_1 + L_2)/v_1 = (100 + 50) \times 10^{-3}/0.1 = 1.5\text{s}$

7）绘图

根据上述数据绘液压缸的负载循环图与速度循环图，如图 9-1 所示。

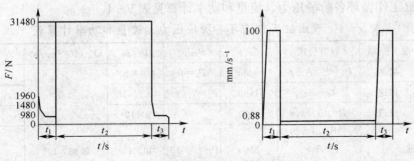

图 9-1　负载循环图与速度循环图

2. 确定液压系统参数

1) 初选液压缸工作压力

液压缸的工作压力的选择有两种方式：一是根据切削负载选，见表 9-2；二是根据机械类型选，见表 9-3。

表 9-2 按负载选执行机构的工作压力

负载/N	<5000	5000~10000	10000~20000	20000~30000	30000~50000	>50000
工作压力/MPa	≤0.8~1	1.5~2	2.5~3	3~4	4~5	>5

表 9-3 按机械类型选执行机构的工作压力

设备类型	机 床			农业机械 工程机械	塑料机械	液压机、冶金机械 挖掘机、起重运输机械
	精加工机床	半精加工机床	粗加工重型机床			
系统压力/MPa	0.8~2	3~5	5~10	10~16	6~25	20~32

由工况分析中可知，工进阶段的负载力最大，所以，液压缸的工作压力按此负载力计算，根据液压缸与负载的关系，选 $p_1 = 40 \times 10^5$ Pa。本机床为钻孔组合机床，为防止钻通时发生前冲现象，液压缸回油腔应有背压，设背压 $p_2 = 6 \times 10^5$ Pa，为使快进、快退速度相等，选用 $A_1 = 2A_2$ 差动油缸，假定快进、快退的回油压力损失为 $\Delta p = 7 \times 10^5$ Pa。

2) 计算液压缸尺寸

由式 $(p_1 A_1 - p_2 A_2) \eta_{cm} = F$ 得

$$A_1 = \frac{F}{\eta_{cm} \left(p_1 - \dfrac{p_2}{2} \right)} = \frac{31480}{0.9 \ (40-6/2) \times 10^3} = 94 \times 10^{-4} \text{m}^2 = 94 \text{cm}^2$$

液压缸直径：$D = \sqrt{\dfrac{4A_1}{\pi}} = \sqrt{\dfrac{4 \times 94}{\pi}} = 10.9$ cm

取标准直径：$D = 110$ mm

因为 $A_1 = 2A_2$，所以 $d = D/\sqrt{2} \approx 80$ mm

则液压缸有效面积为

$$A_1 = \pi D^2/4 = \pi \times 11^2/4 = 95 \text{cm}^2$$
$$A_2 = \pi/4(D^2 - d^2) = \pi/4(11^2 - 8^2) = 47 \text{cm}^2$$

3) 计算液压缸在工作循环中各阶段的压力、流量和功率

液压缸工作循环各阶段压力、流量和功率计算见表 9-4。

表 9-4 液压缸工作循环各阶段压力、流量和功率计算表

工 况		计算公式	F_0/n	P_2/p_a	P_1/p_a	$Q/$ $(10^{-3} \text{m}^3/\text{s})$	P/kW
快进	启动	$P_1 = F_0/A + p_2$	2180	$P_2 = 0$	4.6×10^5		
	加速	$Q = av_1$	1650	$P_2 = 7 \times 10^5$	10.5×10^5	0.5	
	快进	$P = 10^{-3} p_1 q$	1090		9×10^5		0.5
工进		$p_1 = F_0/a_1 + p_2/2$ $q = A_1 V_1$ $p = 10^{-3} p_1 q$	3500	$P_2 = 6 \times 10^5$	40×10^5	0.83×10^5	0.033

(续)

工况		计算公式	F_0/n	P_2/p_a	P_1/p_a	$Q/(10^{-3}m^3/s)$	P/kW
快退	反向启动	$P_1=F_0/a_1+2p_2$	2180	$P_2=0$	4.6×10^5		
	加速		1650		17.5×10^5		
	快退	$Q=A_2V_2$	1090	$P_2=7\times10^5$	16.4×10^5	0.5	0.8
	制动	$P=10^{-3}p_1q$	532		15.2×10^5		

4) 绘制液压缸工况图（图 9-2）

3. 拟定液压系统图

1) 选择液压回路

（1）调速方式：由工况图知，该液压系统功率小，工作负载变化小，可选用进油路节流调速，为防止钻通孔时的前冲现象，在回油路上加背压阀。

（2）液压泵形式的选择：从液压缸工况图清楚的看出，系统工作循环主要由低压大流量和高压小流量两个阶段组成，最大流量与最小流量之比 $q_{max}/q_{min}=0.5/0.83\times10^{-2}\approx60$，其相应的时间之比 $t_2/t_1=56$。根据该情况，选叶片泵较适宜，在本方案中，选用双联叶片泵。

（3）速度换接方式：因钻孔工序对位置精度及工作平稳性要求不高，可选用行程调速阀或电磁换向阀。

（4）快速回路与工进转快退控制方式的选择：为使快进、快退速度相等，选用差动回路作快速回路。

2) 组成系统

在所选定基本回路的基础上，再考虑其他一些有关因素，组成图 9-3 所示液压系统图。

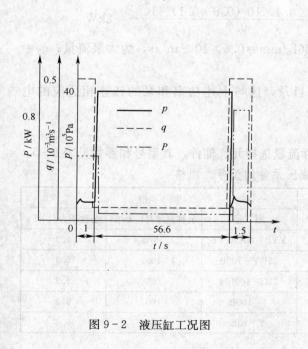

图 9-2 液压缸工况图

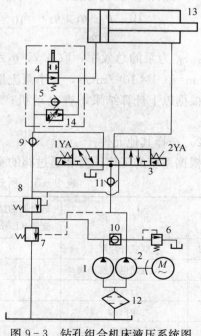

图 9-3 钻孔组合机床液压系统图

3）拟定液压系统图时应注意的几个问题

（1）为保证实现工作循环，在进行基本回路组合时，要防止相互干涉。

（2）在满足工作循环和生产率的情况下，液压回路应力求简单、可靠，避免存在多余的回路。

（3）注意提高系统的工作效率，采取措施防止液压冲击，防止系统发热。

（4）应尽量采用有互换性的标准件，以利于降低成本，缩短设计和制造周期。

4. 选择液压元件

1）选择液压泵和电动机

（1）确定液压泵的工作压力。前面已确定液压缸的最大工作压力为 $40 \times 10^5 Pa$，选取进油管路压力损失 $\Delta p = 8 \times 10^5 Pa$，其调整压力一般比系统最大工作压力大 $5 \times 10^5 Pa$，所以泵的工作压力 $p_B = (40 + 8 + 5) \times 10^5 = 53 \times 10^5 Pa$。

这是高压小流量泵的工作压力。

由图 9-3 可知：液压缸快退时的工作压力比快进时大，取其压力损失 $\Delta p' = 4 \times 10^5 Pa$，则快退时泵的工作压力为

$$P_B = (16.4 + 4) \times 10^5 = 20.4 \times 10^5 Pa$$

这是低压大流量泵的工作压力。

（2）液压泵的流量。由图 9-3 可知，快进时的流量最大，其值为 30L/min，最小流量在工进时，其值为 0.51L/min，考虑到系统泄漏的影响，取泄漏系数 $K = 1.2$，则

$$P_B = 1.2 \times 0.5 \times 10^{-3} = 36 L/min$$

由于溢流阀稳定工作时的最小溢流量为 3L/min，故小泵流量取 3.6L/min。

根据以上计算，选用 YYB-AA36/6B 型双联叶片泵。

（3）选择电动机。由图 9-2 可知，最大功率出现在快退工况，其数值如下式计算：

$$P = \frac{10^{-3} p_{B_2}(q_1 + q_2)}{\eta_B} = \frac{10^{-3} \times 20.4 \times 10^5 (0.6 + 0.1) \times 10^{-3}}{0.7} = 2 kW$$

式中：η_B 为泵的总效率，取 0.7；$q_1 = 36 L/min = 0.6 \times 10^{-3} m^3/s$，为大泵流量；$q_2 = 6 L/min = 0.1 \times 10^{-3} m^3/s$，为小泵流量。

根据以上计算结果，查电动机产品目录，选与上述功率和泵的转速相适应的电动机。

2）选择其他元件

根据系统的工作压力和通过阀的实际流量选择元、辅件，其型号和参数见表 9-5。

表 9-5　所选液压元件的型号、规格

序号	元件名称	通过阀的最大流量/(L/min)	规　格		
			型　号	公称流量/(L/min)	公称压力/$10^5 Pa$
1、2	双联叶片泵		YYB-AA36/6B	36/6	6.3
3	三位五通电液换向阀	84	35DY-100B	100	6.3
4	行程阀	84	22C-100BH	100	6.3
5	单向阀	84	1-100B	100	6.3
6	溢流阀	6	Y-10B	10	6.3

序号	元件名称	通过阀的最大流量/(L/min)	规格		
			型号	公称流量/(L/min)	公称压力/10^5Pa
7	顺序阀	36	XY-25B	25	6.3
8	背压阀	≈1	B-10B	10	6.3
9	单向阀	6	1-10B	10	6.3
10	单向阀	36	1-63B	63	6.3
11	单向阀	42	1-63B	63	6.3
12	过滤器	42	XU-40×100	—	—
13	液压缸	84	SG-E110×1801	—	—
14	调速阀	6	q-6B	6	6.3

3）确定管道尺寸

（1）油管内径 d 按下式计算：

$$d=\sqrt{\frac{4q}{\pi v}}=1.13\times10^{-3}\sqrt{\frac{q}{v}}$$

式中　q——通过油管的最大流量（m^3/s）；

v——管道内允许的流速（m/s）（一般吸油管取 0.5m/s～5m/s；压力油管取 2.5m/s～5m/s；回油管取 1.5m/s～2m/s）。

取 $q=0.7\times10^{-3}m^3$/s，取 $v=4$m/s，则

$$d=\sqrt{\frac{4q}{\pi v}}=1.13\times10^{-3}\sqrt{\frac{q}{v}}=1.13\times10^{-3}\sqrt{\frac{0.7\times10^{-3}}{4}}\approx21.1mm$$

（2）油管壁厚 δ 按下式计算：

$$\delta\geqslant p\cdot d/2(\sigma)$$

式中　p——管内最大工作压力；

(σ)——油管材料的许用压力（$(\sigma)=\sigma_b/n$；σ_b 为材料的抗拉强度；n 为安全系数，钢管 $p<7$MPa 时，取 $n=8$；$p<17.5$MPa 时，取 $n=6$；$p>17.5$MPa 时，取 $n=4$）。

根据计算出的油管内径和壁厚，查手册选取标准规格油管。本例可选内径为 22mm，壁厚为 2mm 的紫铜管。

4）确定油箱容量

油箱容量可按经验公式估算，取 $V=(5\sim7)q$。

本例中：$V=6q=6(6+36)=252$L

5. 液压系统性能的验算

验算内容一般包括系统的压力损失、发热温升、运动平稳性和泄漏量等。本例有关系统的性能验算从略。读者若需要，可查相关资料。

6. 绘制工作图，编写技术文件

经过对液压系统性能的验算和必要的修改之后，便可绘制正式工作图，它包括绘制

液压系统原理图、系统管路装配图和各种非标准元件设计图。正式液压系统原理图上要标明各液压元件的型号规格。对于自动化程度较高的机床，还应包括运动部件的运动循环图和电磁铁、压力继电器的工作状态表。

管道装配图是正式施工图，各种液压部件和元件在机器中的位置、固定方式、尺寸等应表示清楚。

自行设计的非标准件，应绘出装配图和零件图。

编写的技术文件包括设计计算书，使用维护说明书，专用件、通用件、标准件、外购件明细表，以及试验大纲等。

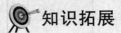 知识拓展

知识点　液压 CAD 技术简介

随着计算机和计算机绘图技术的发展，CAD 技术在各个领域的应用越来越普遍，从而使设计人员从繁重的，甚至是重复性的设计计算及绘图工作中解脱出来，从而提高设计效率，保证设计质量，缩短设计周期。液压系统计算机辅助设计（液压 CAD）在液压技术领域的应用正在日益发展，从液压产品的设计、制造、测试和性能仿真，到液压设备的计算机控制等，所应用的范围越来越广。下面对液压系统计算机辅助设计（液压 CAD）作一简单介绍。

（一）液压 CAD 的内容

液压 CAD 主要应用于以下几个方面。

（1）设计液压系统图：根据原始设计要求设计液压系统，计算和选择元件，得出液压系统图和元件明细表及相关数据。

（2）设计专用液压件：如液压缸、液压阀、集成块、油箱等元件和装置的设计计算、工作图的绘制。

（3）设计液压系统管路安装图：根据液压系统图和元件明细表，绘制二维或三维的液压系统管路安装图。

（4）分析液压系统静态特性：根据设计参数对系统负载特性、系统效率、发热温升等技术特性进行分析，并可反复修改设计参数，进行优化设计。

（5）分析或预测液压系统的动态特性：根据设计好的液压系统建立数学模型，进行稳定性分析或动态响应数字仿真，通过数据或图形曲线显示其结果，反复修改系统参数，直至获得满意的结果为止。

（二）液压 CAD 系统的构成

液压 CAD 系统由液压 CAD 硬件和 CAD 软件构成。图 9-4 所示为液压 CAD 系统构成示意图。

1. 液压 CAD 硬件

液压 CAD 硬件实际上就是一套具有足够的存储空间和较强的图形处理与显示输出能力的普通微型计算机。它包括执行运算和图形处理的中央处理器（CPU）、存储器、

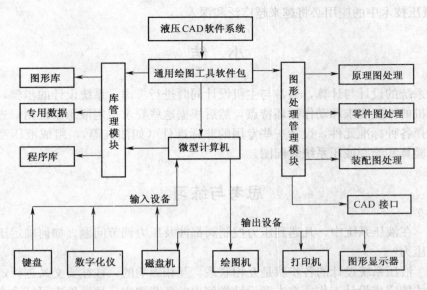

图 9-4　液压 CAD 系统构成示意图

软盘驱动器、彩色显示器、绘图机等。

2. 液压 CAD 软件

软件包括除计算机系统软件（操作系统等）外，还应有专用的液压系统设计软件包（液压 CAD）。它是在通用绘图工具软件包二次应用开发的基础上构成的。

目前国内一般的液压 CAD 软件主要由以下几部分组成。

（1）图形库：图形库是参考国家标准和国内主要液压元件生产厂家的标准，通过对液压原理图、装配图的结构分析，在液压 CAD 软件系统中建立的一套完整的图形库支撑软件，以解决液压 CAD 中对图形输入输出的要求。

图形库中包含各种液压元件的图形符号、常用的液压回路块、各种通用液压集成块符号、各种通用叠加阀符号、各种通用液压元件外形图和通用油箱外形图等。

（2）数据库：进行液压系统的计算机辅助设计，需要利用数据库技术，将设计时所需要的各种数据、标准以及其他设计资料、信息和中间设计结果等存入数据库中，以供设计人员使用。数据库包含各种图形的有关数据，如基准点及所占位置符号、各类通用元件的结构和性能参数、设计计算所需的各种数据等。

（3）程序库：程序库包含各类设计计算公式和完成液压系统 CAD 各项功能的程序等。

近年来，我国液压 CAD/CAM 的研究与开发迅速而深入，如用来进行板式元件集成式液压系统设计的软件包 YCADJ、集成式液压系统 CAD - YCADJ 用户手册，从绘制液压集成式液压系统原理图到自行设计、绘制块体零件图和阀组装图。软件操作方便，还具有良好的开放性，可开发、扩充、修改和重建，为集成式液压系统的设计提供了一种先进的辅助设计手段。MBCADAM 软件包是面向液压集成块从产品零件图设计到工艺设计、数控编程，到加工制造全过程的集成化软件包，实现了液压集成块 CAD/CAPP/CAM 一体化。随着计算机技术的发展，液压 CAD 技术已成为专业技术人员强有力的工具，在生产设计中发挥着越来越大的作用。软件系统的不断开发和完善，使得

CAD在液压技术中的应用必将越来越广泛和深入。

小　结

液压系统的设计与计算，通常与主机设计同时进行考虑。系统设计的步骤，一般是先了解主机的性能要求和动作循环特点，然后根据这些要求拟定液压系统图；进行初步计算；选择各种标准元件，设计一些专用的非标准件（如油缸等），组成液压系统；进行系统的验算和绘制液压系统装配图。

思考与练习

9-1　在液压系统中，凡遇到压力控制阀都涉及压力调节问题。如何确定压力控制阀的调节压力？

9-2　液压系统设计的各步骤是互相联系、互相影响的，往往要交叉进行，并经过多次反复才能完成设计工作。在本章设计举例中的各步骤中，那些地方可能会出现交叉进行的情况？

9-3　一台专用铣床，工作台要求完成快进→工作进给→快退→停止的自动工作循环。铣床工作台重4000N，工件及夹具重1500N，铣削阻力最大为9000N；工作台快进、快退速度均为0.075m/s，工作进给速度为0.0013m/s；启动和制动时间均为0.05s；工作台采用平导轨，静、动摩擦系数分别为$f_s=0.2$，$f_d=0.1$；工作台快进行程为0.3m，工作进给行程为0.1m。试设计该机床工作台进给液压系统。

9-4　如图所示的压力机系统，其工作循环为：快速下降→压制→快速退回→原位停止。已知：液压缸无腔面积$A_2=100cm^2$，有杆腔工作有效面积$A_1=50cm^2$，运动部件自重$G=5000N$；快速下降时的外载荷$F=1\times10^4N$，速度$v_1=6m/min$；压制时的外负载$F=5\times10^4N$，速度$v_2=0.2m/min$；快速退回时的外负载$F=1\times10^4N$，速度$v_3=12m/min$。管路压力损失、泄漏损失、液压缸内密封摩擦力以及惯性力均不考虑。试求：

(1) 液压泵1和2的最大工作压力及流量；

(2) 阀3、4、6各起什么作用？它们的调节压力各为多少？

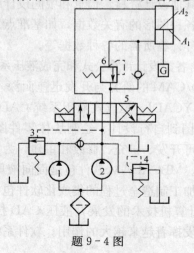

题9-4图

项目 10 气压元件的作用分析

气动技术是"气压传动与控制"技术的简称，是以压缩气体为工作介质，利用气动元件，构成控制回路，传递动力的系统是将压缩气体经由管道和控制阀输送给气动执行元件，把压缩气体的压力能转换为机械能而作功的一种自动化控制技术，是实现各种生产控制、自动化控制的重要手段之一。

气动技术在工业生产中应用十分广泛，它可以应用于包装、进给、计量、材料的输送、工件的转动与翻转、工件的分类等场合，还可用于车、铣、钻、锯等机械加工的过程。

【知识目标】
1. 空气压缩机的原理、结构与选用。
2. 压缩空气净化装置的原理、结构与作用。
3. 辅助元件的结构与作用。
4. 气缸的工作原理及组成。
5. 气动马达的工作原理及组成。
6. 压力控制阀、流量控制阀、方向控制阀的工作原理与应用。
7. 气动逻辑元件的结构及作用。

【能力目标】
1. 能掌握气压元件各部分的作用。
2. 掌握气压元件的图形符号。

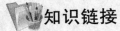

任务描述

任务一：空压机的拆装

要使气压系统工作，必须以压缩空气为工作介质。对于不同的气压系统，有不同的压缩空气质量的需求，那么选用哪些气源装置才能满足这一要求？这些元件结构如何？

任务二：气动执行元件的装配与拆卸

气动执行元件是将压缩空气的压力能转化为机械能的能量转换装置，它包括气缸和气马达。试分析用于实现直线往复运动时，选用何种执行元件？其结构特点是什么？

任务三：气动控制元件的拆装

气动系统的控制元件主要是控制阀，它用来控制和调节压缩空气的方向、压力和流量。试分析其结构特点，以加深对各元件工作原理的理解。

知识链接

知识点 1 气压传动概述

（一）气压传动系统的工作原理及组成

1. 气压传动系统的工作原理

气压传动系统先将机械能转换成压力能，然后通过各种元件组成的控制回路来实现能量的调控，最终再将压力能转换成机械能，使执行机构实现预定的功能，按照预定的程序完成相应的动力与运动输出。气动装置所用的压缩空气是弹性流体，它的体积、压强和温度 3 个状态参量之间有互为函数的关系，在气压传动过程中，不仅要考虑力学平衡，而且还要考虑热力学的平衡。

为了对气压传动系统有一个概括性的了解，现以气动剪切机为例，介绍气压传动系统的工作原理。图 10-1 （a）为气压剪切机的工作原理图，图示位置为气压剪切机的预备工作状态。空气压缩机 1 产生的压缩空气，经过冷却器 2、油水分离器 3 进行降温及初步净化后，送入储气罐 4 备用，在经过分水滤气器 5、减压阀 6、油雾器 7 和气动换向阀 9 到达气缸 10。此时换向阀的 A 腔压力将阀芯推到上位，使气缸的上腔充压，活塞处于下位，剪切机的剪口张开，处于预备工作状态。当送料机构将工料 11 送入剪切机并到达规定位置，将行程阀 8 的触头压下时，换向阀的 A 腔与大气相通，换向阀的阀芯在弹簧力的作用下向下移，压缩空气充入气缸下腔，此时活塞带动剪刀快速向上运动将工料切下，工料被切下后行程阀复位，换向阀 A 腔气压上升，阀芯上移使气路换向，气缸上腔进压缩空气，下腔排气，活塞带动剪刃向下运动，剪切机又恢复预备工作状态，等待第二次进料剪切。图 10-1 （b）为气动剪切机的图形符号图。

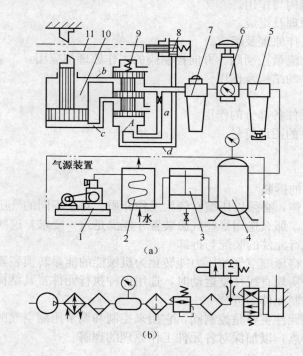

图 10-1　气动剪切机的工作原理图

（a）结构原理图；（b）图形符号图。

1—空气压缩机；2—冷却器；3—油水分离器；4—储气罐；5—分水滤气器；
6—减压阀；7—油雾器；8—行程阀；9—气动换向阀；10—气缸；11—工料。

从以上实例可见：

（1）气压传动系统工作时，空气压缩机先把电动机传来的机械能转变为气体的压力

198

能，压缩空气在被送入气缸后，通过气缸把气体的压力转变成机械能（推动剪刃）。

（2）气压传动的过程是依靠运动着的气体的压力能来传递能量和控制信号的。

2. 气压传动系统的组成

根据元件在气压传动系统中的不同功能，气压传动系统可以分成以下几部分。

（1）气源装置。由空气压缩机及其附件（后冷却器、油水分离器和储气罐等）所组成。它将原动机供给的机械能转换成气体的压力能，作为转动与控制的动力源。

（2）气源净化装置。清除压缩空气中的水分、灰尘和油污，以输出干燥洁净的空气供后续元件使用，如各种过滤器和干燥器等。

（3）气动执行元件。它把空气的压力能转化为机械能，以驱动执行机构作往复运动（如气缸）或旋转运动（如气马达）。

（4）气动控制元件。控制和调节压缩空气的压力、流量和流动方向，以保证气动执行元件按预定的程序正常地进行工作，如压力阀、流量阀、方向阀和比例阀等。

（5）辅助元件。是解决元件内部润滑、排气噪声、元件间的连接以及信号转换、显示、放大、检测等所需要的各种气动元件，如油雾器、消声器、管接头及连接管、转换器、显示器、传感器、放大器和程序器等。

（二）气压传动系统的特点

气动技术与其他的传动和控制方式相比，其主要优缺点如下：

1. 优点

（1）气动装置的结构简单、轻便，安装维护简单，压力等级低，故使用安全。

（2）气压传动的工作介质是空气，成本低，取之不尽，也不易堵塞管路，排气无需排气管路，并且对环境污染小。

（3）对于液压系统而言，气动的反应快，动作迅速，输出力及工作速度的调节也非常容易。气缸动作速度一般为 50mm/s～500mm/s，适合于快速运动。

（4）可靠性高，使用寿命长。电器元件的有效动作次数约为数百万次，而一般电磁阀的寿命大于 3000 万次，小型阀超过 2 亿次。

（5）利用空气的可压缩性，可储存能量，实现集中供气；可短时间释放能量，以获得间歇运动中的告诉响应；可实现缓冲，对冲击负载有较强的适应能力，而且在一定条件下可使气动装置有自保持能力。

（6）全自动控制具有防火、防爆、耐潮的能力。与液压方式相比，气动方式更适合在高温场合使用。

（7）由于空气在管路中流动损失小，故易于实现压缩空气集中供应和远距离输送。

2. 缺点

（1）由于空气有压缩性，气缸的动作速度易受负载的变化而变化，气缸的稳定性较差，但采用气液联动方式可以克服这一缺陷。

（2）虽然在许多应用场合，气缸的工作压力比较低，输出力和力距虽能满足工作需要，但其输出力比液压缸小。

（3）噪声较大，尤其在超声速排气时要加消音器。

知识点 2　认识空气

（一）空气的性质

1. 空气的组成

自然界的空气是由若干种气体混合组成的，其主要成分是氮（N_2）与氧气（O_2），其他气体占的比重很小。此外，空气中常含有一定量的水蒸气，含有水蒸气的空气称为湿空气，大气中的空气基本上都是湿空气。不含有水蒸气的空气为干空气。

混合气体的压力称为全压，它是各组成气体压力的总和。各组成气体压力称为分压，它表示这种气体在与混合气体同样温度下，单独占据混合气体的总容积时所具有的压力。

2. 空气的物理性质

1）空气的黏性

气体在流动时产生内摩擦力的性质称为气体的黏性。表示黏性大小的量称为黏度。气体黏度的变化主要受温度的影响，且随着温度的升高而增大，而压力的变化对黏度的影响很小，可以忽略不计。空气的运动黏度随温度的变化关系见表 10-1。

表 10-1　空气的运动黏度与温度的关系（压力为 0.1MPa）

$t/℃$	0	5	10	20	30	40	60	80	100
$\nu/(10^{-5}m^2 \cdot s^{-1})$	1.33	1.42	1.47	1.57	1.66	1.76	1.96	2.10	2.38

2）空气的湿度

空气中或多或少总含有水蒸气，即自然界的空气为湿空气。在一定温度下，空气中含有的水蒸气越多，空气就越潮湿。当空气中水蒸气的含量超过一定限度时，空气中就有水滴析出，这表明湿空气中能容纳水蒸气的含量是有一定限度的。把这种极限状态的湿空气称为饱和湿空气。

空气中含有水蒸气的多少对气压传动系统有直接的影响，因此不仅各种气动元件对含水量有明确的规定，并且常采取一定的措施防止水分的带入。湿空气中所含水分的程度常用湿度来表示。

（1）绝对湿度。绝对湿度是指单位体积湿空气中所含水蒸气的质量，用 x 表示，即

$$x = m_s/V \tag{10-1}$$

式中　x——绝对湿度（kg/m^3）；

　　　m_s——湿空气中水蒸气的质量（kg）；

　　　V——湿空气的体积（m^3）。

在一定温度下，湿空气达到饱和状态时，则称此条件下的绝对湿度为饱和绝对湿度，用 x_b 表示。

绝对湿度只能说明湿空气中实际所含水蒸气的多少，而不能说明湿空气所具有的吸收水蒸气能力的大小，因此，要了解湿空气的吸湿能力及其偏离饱和状态的程度，还需

引入相对湿度的概念。

（2）相对湿度。相对湿度是指在温度和总压力不变的条件下，其绝对湿度与饱和绝对湿度的比值，用 ϕ 表示，即

$$\phi = x/x_b \times 100\% \tag{10-2}$$

当空气绝对干燥时，$\phi = 0$；当空气达到饱和时，$\phi = 1$；气动技术中规定各种阀的工作介质的相对湿度应小于 95%。

3）空气的可压缩性

空气的体积受温度和压力的影响较大，有明显的可压缩性，故不能将气体的密度 ρ 视为常数。只有在某些特定的条件下，才能将空气看作是不可压缩的。

工程中，管道内气体流速较低且温度变化不大，可将气体视为不可压缩的，这样可以大大简化计算过程，其结果误差不大。但是，在气缸、风动马达和某些气动元件中，气流速度很高，甚至达到或超过声速，则必须考虑气体的可压缩性和膨胀性。例如，在气缸的节流调速中，对进给速度的稳定性有要求时，应考虑气体的可压缩性；风动马达做功时，应考虑气体的膨胀功；管道设计不合理而有局部节流时，也会造成气体明显的压缩和膨胀。

（二）理想气体的状态方程

理想气体，是指不计黏性的假想气体。空气在压力不高、温度较低的情况下可以看作为理想气体。理想气体的状态变化应符合下列关系：

$$pV/T = 常数 \tag{10-3}$$

或

$$p/\rho = RT \tag{10-4}$$

式中　p——气体的绝对压力（MPa）；

　　　V——气体的体积（m^3）；

　　　T——气体的绝对温度（K）（绝对温度＝摄氏度＋273，且仅为数值计算，单位不同）；

　　　ρ——气体的密度（kg/m^3）；

　　　R——气体常数（J/（kg·K））（干空气，$R = 287.1J/$（kg·K）；水蒸气，$R = 462.05J/$（kg·K）。

式（10-3）、式（10-4）为理想气体状态方程。除高压、低温状态（如压强高于 20MPa、绝对温度低于 253K）外，对于空气、氧气、氮气、二氧化碳等气体，该方程均适用。若对状态变化加上限制条件，理想气体的状态方程将有以下几种变化形式。

1. 等容变化过程

一定质量的气体在状态变化过程中容积保持不变的过程，即

$$p_1/T_1 = p_2/T_2 \tag{10-5}$$

等容变化过程中，气体的压力与温度成正比。例如密闭气罐中的气体，在加热或冷却时，气体状态的变化就可看成是等容过程。

2. 等压变化过程

一定质量的气体在状态变化过程中压力保持不变的过程，即

$$V_1/T_1 = V_2/T_2 \tag{10-6}$$

等压变化过程中，气体的体积与绝对温度成正比。

3. 等温变化过程

一定质量的气体在状态变化过程中温度保持不变的过程，即

$$p_1V_1 = p_2V_2 \tag{10-7}$$

等温变化过程中，气体的压力与容积成反比。在气动技术中，对于气体状态缓慢变化的过程都可看作是等温过程。

知识点3 气源装置和辅助元件

气源装置是提供洁净、干燥，并且具有一定压力和流量的压缩空气的装置，从而满足气压传动和控制的要求。气动辅助元件更是气压传动系统正常工作必不可少的组成部分。

（一）气源装置

气源装置一般由三部分组成，图10-2所示为典型的气源系统，其主要由以下元件组成。

（1）产生压缩空气的气压发生装置，如空气压缩机。

（2）净化压缩空气的辅助装置和设备，如过滤器、油水分离器、干燥器等。

（3）输送压缩空气的供气管道系统。

空气压缩机是将机械能转变为气体压力能的装置，是气动系统的动力源。

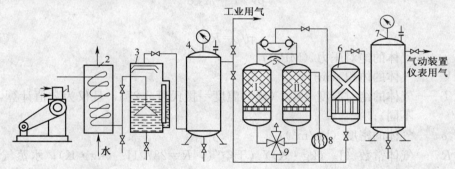

图10-2　压缩空气站净化流程图

1—压缩机；2—后冷却器；3—油水分离器；4、7—储气罐；5—干燥器；
6—过滤器；8—加热器；9—四通阀。

1. 空气压缩机的分类

空气压缩机的种类很多，按其工作原理可分为速度式和容积式两大类。速度式空压机是靠气体在高速旋转叶轮的作用下，得到较大的动能，随后在扩压装置中急剧降速，使气体的动能转变成压力能；容积式空压机是通过直接压缩气体，使气体容积缩小而达到提高气体压力的目的。速度式空压机按结构不同可分为离心式和轴流式两种基本形式；容积式根据气缸活塞的特点又分为回转式和往复式两类，其中回转式空压机又分为转子式、螺杆式和滑片式等，往复式空压机又分为活塞式和膜式等，其中气压系统最常用的机型为活塞式空气压缩机。

2. 活塞式空气压缩机的工作原理

图 10-3 是常见的活塞式空气压缩机的工作原理图。电动机带动的曲柄滑块机构旋转运动，驱动活塞的往复运动，当活塞向右移动时，活塞左腔的压力低于大气压力，吸气阀开启，外界空气吸入气缸内这个过程称为吸气过程。活塞向左移动时，缸内气体被压缩，当压力高于输出空气管道内压力后，排气阀打开，压缩空气送至输气管内，这个过程称为排气过程。

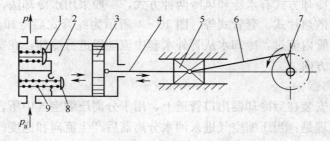

图 10-3 活塞式空气压缩机的工作原理图
1—排气阀；2—气缸；3—活塞；4—活塞杆；5—滑块；6—连杆；7—曲柄；
8—吸气阀；9—阀门弹簧。

这种结构的压缩机的缺点是：在过程排气结束时，气缸内总有剩余容积存在，而在下一次吸气时，剩余容积内的压缩空气会膨胀，从而减少了吸入的空气量，降低了效率，增加了压缩功。当输出压力较高时，剩余容积使压缩比增大，温度急剧升高，故在需要高压输出时采取分级压缩，分级压缩可降低排气温度，节省压缩功，提高容积效率，增加压缩气体排出量。

3. 空气压缩机的选用原则

选用空气压缩机的根据是气压传动系统所需要的工作压力和流量两个参数。第一种空气压缩机为中压空气压缩机，额定排气压力为 1MPa；第二种是低压空气压缩机，排气压力为 0.2MPa；第三种是高压空气压缩机，排气压力为 10MPa；第四种为超高压空气压缩机，排气压力为 100MPa。

输出流量的选择，要根据整个气动系统对压缩空气的需要再加一定的备用余量，作为选择空气压缩机的流量依据。空气压缩机铭牌上的流量是自由空气流量。

4. 空气压缩机安全技术操作方法

（1）开车前应检查空气压缩机曲轴箱内油位是否正常，各螺栓是否松动，压力表、气阀是否完好，压缩机必须安装在平稳牢固的基础上。

（2）压缩机的工作压力不允许超过额定排气压力，以免超负荷运转而损坏压缩机和烧毁电动机。

（3）不要用手去触摸压缩机气缸头、缸体、排气管，以免温度过高而烫伤。

日常工作结束后，要切断电源，放掉压缩机储气罐中的压缩空气，打开储气罐下边的排污阀，放掉汽凝水和污油。

（二）气动辅助元件

气动辅助元件分为气源净化装置和其他辅助元件两大类。

1. 气源净化装置

压缩空气净化装置一般包括后冷却器、油水分离器、储气罐、干燥器、过滤器等。

1）后冷却器

后冷却器安装在空气压缩机出口处的管道上。它的作用是将空气压缩机排出的压缩空气温度由140℃～170℃降至40℃～50℃。这样就可以使压缩空气中的油雾和水汽迅速达到饱和，使其大部分析出并凝结成油滴和水滴，以便经油水分离器排出。

后冷却器的冷却方式有水冷和风冷两种方式，一般采用水冷却法，其结构形式有蛇管式、列管式、散热片式、套管式等。图10-4所示为蛇管式后冷却器的结构示意图。热的压缩空气由管内流过，冷却水从管外水套中流动以进行冷却，在安装时应注意压缩空气和水的流动方向。

2）油水分离器

油水分离器安装在后冷却器出口管道上，用于分离压缩空气中所含的油份、水分和杂质。其工作原理是：当压缩空气进入油水分离器后产生流向和速度的急剧变化，再依靠惯性作用，将密度比压缩空气大的油滴和水滴分离出来。图10-5所示为其结构示意图。压缩空气进入油水分离器后，气流转折下降，然后上升，依靠转折时的离心力的作用析出油滴和水滴。

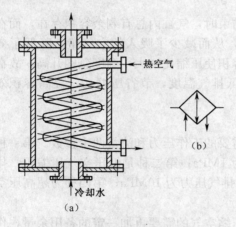

图10-4 蛇管式后冷却器

(a) 结构图；(b) 职能符号。

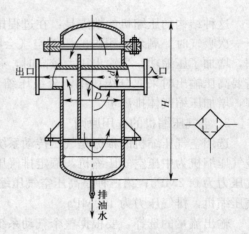

图10-5 油水分离器

3）储气罐

储气罐的作用是储存一定数量的压缩空气；消除压力波动，保证输出气流的连续性；调节用气量或以备发生故障和临时需要应急使用；进一步分离压缩空气中的水分和油分。对于活塞式空压机，应考虑在压缩机和后冷却器之间安装缓冲气罐，以消除空压机输出压力的脉动，保护后冷却器；而螺杆式空压机，输出压力比较平稳，一般不必加缓冲气罐。

一般气动系统中的气罐多为立式，它用钢板焊接而成，并装有放泄过剩压力的安全阀、指示罐内压力的压力表和排放冷凝水的排水阀。

为了保证储气罐的安全及维修方便，应设置下列附件。

（1）安全阀。调节极限压力，通常比正常工作压力高10%。

（2）清理、检查用的孔口。

（3）指示储气罐罐内空气压力的压力表。

（4）储气罐的底部应有排放油水等污染物的接管和阀门。

在选择储气罐的容积 V_c 时，一般都是以空气压缩机每分钟排气量 q 为依据选择的，即

当 $q < 6.0 \text{m}^3/\text{min}$ 时，取 $V_c = 1.2 \text{m}^3$。

当 $q = 6.0 \text{m}^3/\text{min} \sim 30 \text{m}^3/\text{min}$ 时，取 $V_c = 1.2 \text{m}^3 \sim 4.5 \text{m}^3$。

当 $q > 30 \text{m}^3/\text{min}$ 时，取 $V_c = 4.5 \text{m}^3$。

后冷却器、油水分离器和储气罐都属于压力容器，制造完毕后，应进行水压试验。

4）空气干燥器

空气干燥器是吸收和排除压缩空气的水分和部分油分杂质，使湿空气变成干空气的装置，从压缩输出的压缩空气经过冷却器、除油器和储气罐的初步净化处理后已能满足一般气动系统的使用要求，但对于一些精密机械、仪表等装置还不能满足要求，为此，需要进一步净化处理，为防止初步净化后的气体中的含湿量对精密机械、仪表等产生锈蚀，要进行干燥和再精过滤。

压缩空气的干燥方法主要有机械法、离心法、冷冻法和吸附法等。机械和离心出水法的原理基本上与油水分离器的工作原理相同，冷冻法和吸附法是目前工业上常用的干燥方法，做以下介绍：

（1）冷冻式干燥器。它是使压缩空气冷却达到一定的露点温度，然后析出相应的水分，使压缩空气达到一定的干燥度。此方法适用于处理低压大流量，并对干燥度要求不高的压缩空气。压缩空气的冷却除用冷冻设备外也可采取制冷剂直接蒸发，或用冷却液间接冷却的方法。

（2）吸附式干燥器。它主要是利用硅胶、活性氧化铝、焦炭、分子筛等物质表面能吸附水分的特性来清除水分。由于水分和这些干燥剂之间没有化学反应，所以不需要更换干燥剂，但必须定期再生干燥。

图 10-6 所示为一种不加热再生式干燥器，它有两个填满干燥剂的相同容器。空气从一个容器下部流到上部，水分被干燥剂吸收而得到干燥，一部分干燥后的空气又从另一个容器的上部流到下部，从饱和的干燥剂中把水分带走并放入大气。即实现了不须外加热源而使吸附剂再生，两个容器定期的交换工作（5min～10min）使吸附剂产生吸附和再生，这样可得到连续输出的干燥压缩空气。

空气干燥器的选择基本原则如下：

①使用空气干燥器时，必须确定气动系统的露点温度，然后才能确定选用干燥器的类型和使用的吸附剂等。

②决定干燥器的容量时，应注意整个气动系统所需流量大小以及输入压力、输入端的空气温度。

③若用有油润滑的空气压缩机作气压发生装置，须注意压缩空气中混有油粒子，油能黏附于吸附剂的表面，使吸附剂吸附水蒸气能力降低，对于这种情况，应在空气入口处设置除油装置。

④干燥器无自动排水器时，需要定期手动排水，否则一旦混入大量冷凝水后，干燥

器的干燥能力会降低，影响压缩空气的质量。

5）空气过滤器

空气中所含的杂质、灰尘和水分，若进入机体和系统中，将加剧对滑动件的磨损，加速润滑油的老化，降低密封性能，使排气温度升高，功效损耗加剧，从而使压缩空气的质量大为降低。所以在空气进入压缩机之前，必须经过空气过滤器，以滤去其中所含的灰尘和杂质。过滤的原理是根据固体物质和空气分子的大小和质量不同，利用惯性、阻隔和吸附的方法将灰尘杂质与空气分离。

一般空气过滤器基本上是由壳体和滤芯所组成的，按滤芯所采用的材料不同又可分为纸质、织物（麻布、绒布、毛毡）、陶瓷、泡沫塑料和金属（金属网、金属屑）等过滤器。空气压缩机中普遍采用纸质过滤器和金属过滤器。这种过滤器通常又称为一次过滤器，其滤灰率为 50%～70%；在空气压缩机的输出端（即气源装置）使用的为二次过滤器（滤灰率为 70%～90%）和高效过滤器（滤灰率大于 99%）。

图 10-7 所示为普通空气过滤器的结构图。其工作原理是：压缩空气从输入口进入后，被引入旋风叶子 1，旋风叶子上有许多成一定角度的缺口，迫使空气沿切线方向产生强烈旋转。这样夹杂在空气中的较大水滴、油滴和灰尘等便依靠自己的惯性与存水杯 3 的内壁碰撞，并从空气中分离出来沉到杯底，而微粒灰尘和雾状水气则有滤芯 2 滤除。为防止气体旋转将存水杯中的积存的污水卷起，在滤芯下部设有挡水板 4，此外存水杯中的污水应通过手动水阀 5 及时排放，在某些人工排水不方便的场合，可采用自动排水式空气过滤器。

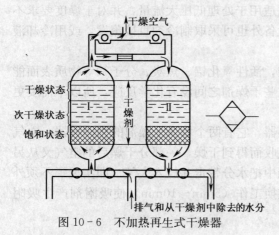

图 10-6　不加热再生式干燥器

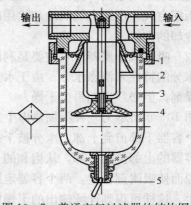

图 10-7　普通空气过滤器的结构图
1—旋风叶子；2—滤芯；3—存水杯；
4—挡水板；5—排水阀。

2. 其他辅助元件

1）油雾器

气动系统中的各种气阀、气缸、气动马达等，其可动部分需要润滑，但以压缩空气为动力的气动元件都是密封气室，不能用一种方法注油，只能以某种方法将油混入气流中，随气流带到需要润滑的地方。油雾器就是这样一种特殊的注油装置，它可使润滑油雾化后随空气流进入需要润滑的运动部件。用这种方法加油，具有润滑均匀、稳定和耗油量少等特点。

206

图 10-8 是普通型油雾器的结构图。当压缩空气从输入口进入后，绝大部分从主气道流出，小部分通过小孔 A 进入阀座 8 腔中，此时特殊单向阀在压缩空气和弹簧作用下处在中间位置，所以气体又进入储油杯 4 上腔 C，使油液受压后经吸油管 7 将单向阀 6 顶起。因钢球上方有一个边长小于钢球直径的方孔，所以钢球不能封死上管道，而使油不断地进入视油器 5 内，再滴入喷嘴 1 腔内，被主气道中的气流从小孔 B 中引射出来，进入气流中的油滴被高速气流击碎雾化后经输出口输出。视油器上的节流阀 9 可调节滴油量，使滴油量可在 0～200 滴/min 范围内变化。当旋松油塞 10 后，储油杯上腔 C 与大气相通，此时特殊单向阀 2 背压降低，输入气体使特殊单向阀 2 关闭，从而切断了气体与上腔 C 的通道，气体不能进入上腔 C；单向阀 6 也由于 C 腔压力降低处于关闭状态，气体也不会从吸油管进入 C 腔。因此可以在不停气源的情况下从油塞口给油雾器加油。

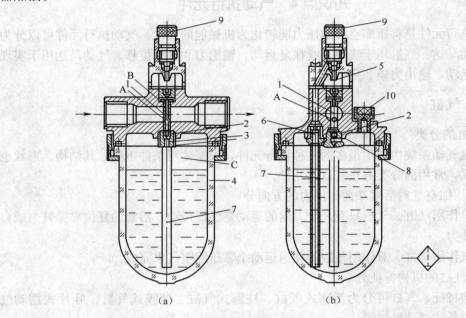

图 10-8　普通油雾器

(a) 结构原理图；(b) 图形符号。

1—喷嘴；2—特殊单向阀；3—弹簧；4—储油杯；5—视油器；6—单向阀；
7—吸油管；8—阀座；9—节流阀；10—油塞。

油雾器一般应安装在分水滤气器、减压阀之后，尽量靠近换向阀，应避免把油雾器安装在换向阀与气缸之间，以避免漏掉对换向阀的润滑。

2）消声器

气动回路与液压回路不同，它没有回收气体的必要，压缩空气使用后直接排入大气，因排气速度较高，会产生尖锐的排气噪声。为降低噪声，一般在换向阀的排气口上安装消声器。

消声器就是通过阻尼或增加排气面积来降低排气速度和功率，从而降低噪声的。

气动元件使用的消声器一般有三种类型：吸收型消声器、膨胀干涉型消声器和膨胀干涉吸收型消声器。消声器的选择，在一般使用场合，可根据换向阀的通径，一般选用吸收型消声器，对消声效果要求高的，可选用后两种消声器。

3）管道连接件

管道连接件包括管子和各种管接头。有了管子和各种管接头，才能把气动控制元件、气动执行元件以及辅助元件等连接成一个完整的气动控制系统。因此，实际应用中，管道连接件是不可缺少的。

管子可分为硬管和软管两种：固定不动的、不需要经常装拆的地方，使用硬管；连接运动部件和临时使用、希望装拆方便的管路应使用软管。硬管有铁管、铜管、黄铜管、紫铜管和硬塑料管等；软管有塑料管、尼龙管、橡胶管、金属编织塑料管以及挠性金属导管等。常用的是紫铜管和尼龙管。

知识点 4　气动执行元件

气动执行元件是将压缩空气的压力能转化为机械能的元件。气动执行元件可以分为气缸和气动马达。气缸用于实现直线往复运动，输出力和直线位移。气动马达用于实现连续回转运动，输出力矩和角位移。

（一）气缸

1. 气缸的分类

气缸是气动系统中使用最多的一种执行元件，根据使用条件不同，其结构、形状也有多种形式，常用的分类方法有以下几种。

1）按压缩空气对活塞端面作用力的方向分

（1）单作用气缸。气缸只有一个方向的运动是气压传动，活塞的复位靠弹簧力或自重和其他外力。

（2）双作用气缸。双作用气缸的往返运动全靠压缩空气来完成。

2）按气缸的机构特征分

按结构特征，气缸可分为活塞式气缸、柱塞式气缸、薄膜式气缸、叶片式摆动气缸、齿轮齿条式摆动气缸等。

3）按气缸的安装形式分

（1）固定式气缸。气缸安装在机体上固定不动，有耳座式、凸缘式和法兰式。

（2）轴销式气缸。缸体围绕一固定轴可作一定角度的摆动。

（3）回转式气缸。缸体固定在机体主轴上，可随机床主轴作高速旋转运动，这种气缸常用于机床上气动卡盘中，以实现工作的自动装卡。

（4）嵌入式气缸。气缸做在夹具本体内。

4）按气缸的功能分

（1）普通气缸。包括单作用式和双作用式气缸，常用于无特殊要求的场合。

（2）缓冲气缸。气缸的一端或两端带有缓冲装置，以防止和减轻活塞运动到端点时对气缸缸盖的撞击。

（3）气—液阻尼缸。气缸与液压缸串联，可控制气缸活塞的运动速度，并使其速度相对稳定。

（4）摆动气缸。用于要求气缸叶片轴在一定角度内绕轴线回转的场合，如夹具转位、阀门的启闭等。

（5）冲击气缸。是一种要求以活塞杆高速运动形式形成冲击力的高能缸，可用于冲压、切断等。

（6）步进气缸。是一种根据不同控制信号，使活塞杆伸出不同的相应位置的气缸。

2. 气缸的选择和使用

1）气缸的选择

在选择气缸时，需考虑许多因素，主要有以下几个方面。

（1）安装形式：由安装位置、使用目的等因素决定。在一般场合下，多用固定式气缸，在需要随同工作机连续回转时（车床、磨床等），应选用回转气缸。在除要求活塞杆做直线运动外，又要求缸体做较大的圆弧摆动时，则选用轴销式气缸。仅需要在360°或180°之内作往复摆动时，应选用单叶片式或双叶片式摆动气缸。

（2）气缸内径：根据负载确定活塞杆上的推力和拉力，一般应根据工作条件的不同，将计算所需的气缸作用力再乘上 1.15～2 的备用系数，以此作为选择和确定气缸内径的依据。

（3）气缸行程：与使用场合和机构的行程比有关，并受加工和结构的限制。通常，应在保证工作要求的前提下，留出一定的行程余量（通常为 30mm～100mm ）。

（4）排气口、管路内径及相关形式：气缸排气口、管路内径及气路结构直接影响气缸的运动速度。如果要求活塞做高速运动，应选用内径较大的排气口及管路，还可采用快速排气阀使缸速大幅提高；如果要求活塞做缓慢、平稳的运动，可选用带节流装置的气缸或气—液阻尼缸；如果要求活塞在行程末端运动平稳，则宜选用带缓冲装置的气缸。

2）气缸的使用

气缸的使用时应注意以下几点。

（1）要使用清洁干燥的压缩空气，连接前配管内应充分清洗；安装耳环式或耳轴式气缸时，应保证气缸的摆动和负载的摆动在一个水平面内，应避免在活塞杆上施加横向负载和偏心负载。

（2）根据工作任务的要求，选择气缸的结构形式、安装方式并确定活塞杆的推力和拉力。

（3）一般不使用满行程，而其行程余量为 30mm～100mm。

（4）气缸工作推荐速度为 0.5m/s～1m/s，工作压力为 0.4MPa～0.6MPa，环境温度为 5℃～60℃。

（5）气缸运行到终端运动能量不能完全被吸收时，应设计缓冲回路或增设缓冲机构。

3）气缸的故障及排除方法

气缸是气的运动装置的重要元件，相当于装置的手足，若产生故障，则使装置不能工作。气缸产生故障的原因很多，如气缸制造质量不好，介质净化程度不够，装置不正确，操作不合理等，见表 10-2。

表 10－2 气缸的故障及排除方法

故 障		原 因	排 除 方 法
外泄漏	活塞杆与密封衬套间漏气	衬套密封圈磨损，润滑油不足	更换衬套密封圈
		活塞杆有伤痕	更换活塞杆
		活塞杆偏心	重新安装，使活塞杆不受偏心负荷
		活塞杆与密封衬套的配合处有杂质	除去杂质，安装防尘盖
	缸体与端盖间漏气	密封圈损坏	更换密封圈
	从缓冲装置的调节螺钉处漏气	密封圈损坏	更换密封圈
内泄漏（两腔串气）		活塞密封圈损坏	更换密封圈
		润滑不良	改善润滑
		活塞被卡住	重新安装，使活塞不受偏心负荷
		活塞配合面有缺陷	缺陷严重者，更换零件
		杂质挤入密封面	除去杂质
动作不稳定，输出力不足		润滑不良	注意润滑
		活塞或活塞杆被卡住	检查安装情况，消除偏心
		气缸体内表面有锈蚀或缺陷	视缺陷大小，再决定排除故障方法
		进入了冷凝水及杂质	加强过滤，清除水分、杂质
缓冲效果不好		缓冲部分的密封圈密封性能差	更换密封圈
		调节螺钉损坏	更换调节螺钉
		气缸速度太快	调节缓冲机构
损伤	活塞杆折断	有偏心负荷	消除偏心负荷
		摆动气缸安装销轴的摆动面与负荷摆动面不一致	使摆动面与负荷面一致
		摆动销轴的摆动角过大	减小销轴的摆动
		负荷大，摆动速度太快，又有冲击	减小摆动的速度和冲击
		装置的冲击加到活塞杆上，活塞杆承受负荷的冲击	冲击不得加在活塞杆上
		气缸的速度太快	设置缓冲装置
	端盖损坏	缓冲机构不起作用	在外部或回路中设置缓冲装置

（二）气动马达

气动马达是将压缩空气的压力能转换成回转机械能的能量转换装置，其作用相当于电动机或液压马达。它输出转矩，驱动执行机构作旋转运动。在气压传动中使用最广泛的是叶片式、活塞式气动马达。其工作原理与叶片式液压泵类似。

1. 叶片式气动马达的工作原理

图 10－9 所示为双向旋转叶片式气动马达的工作原理图。当压缩空气从进气口 A

进入气室后立即喷向叶片 1，作用在叶片的外伸部分，产生转矩带动转子 2 作逆时针转动，输出旋转的机械能，废气从排气口 C 排出，残余气体则经 B 排出（二次排气）；若进、排气口互换，则转子反转，输出相反方向的机械能。转子转动的离心力和叶片底部的气压力、弹簧力使得叶片紧密地抵在定子 3 的内壁上，以保证密封，提高容积效率。

2. 气动马达的特点及应用

1）气动马达的特点

（1）工作安全，具有防爆性能，使用于恶劣的环境，在易燃、易爆、高温、振动、潮湿、粉尘等条件下均能正常工作。

（2）有过载保护作用。过载时马达只是降低转速或停止，当过载解除后，立即可重新正常运转，并不产生故障。

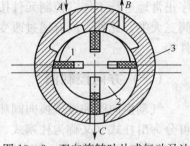

图 10-9　双向旋转叶片式气动马达
1—叶片；2—转子；3—定子。

（3）可以无级调速。只要控制进气压力和流量，就能调节气动马达的输出功率和转速。

（4）比同功率的电动机轻 1/3～1/10，输出同功率的惯性比较小。

（5）可长期满载工作，而温升较小。

（6）功率范围及转速范围均较宽，输出功率小至几百瓦，大至几万瓦；转速可从每分钟几转到几万转。

（7）具有较高的启动转矩，可以直接带负载起动，启动、停止迅速。

（8）结构简单，操纵方便，可正反转，维修容易，成本低。

（9）速度稳定性差。输出功率小，效率低，耗气量大，噪声大，容易产生振动。

2）气动马达的应用

气动马达的工作适应性较强，可使用于无级调速、启动频繁、经常换向、高温潮湿、易燃易爆、负载启动、不便人工操纵及有过载保护的场合。目前，气动马达主要应用于矿山机械、专业性的机械制造、油田、化工、造纸、炼钢、船舶、航空、工程机械等行业，许多气动工具如风钻、风扳手、风砂轮、风动铲刮机一般均装有气动马达，随着气压技术的发展，气动马达的应用将日趋广泛。

3. 叶片式气动马达常见故障分析

叶片式气动马达常见故障分析及排除方法见表 10-3。

表 10-3　叶片式气动马达常见故障分析

现　象		故障原因分析	对　策
输出功率明显下降	叶片严重磨损	断油或供油不足	检查供油器，保证润滑
		空气不净	净化空气
		长期使用	更换叶片
	前后气盖磨损严重	轴承磨损、转子轴向窜动	更换轴承
		衬套选择不当	更换衬套
	定子内孔纵向波浪槽	泥砂进入定子	更换修复定子
		长期使用	
	叶片折断	转子叶片槽喇叭口太大	更换转子
	叶片卡死	叶片槽间隙不当或变形	更换叶片

知识点 5 气动控制元件和气动基本回路

在气压传动系统中的控制元件是控制和调节压缩空气的压力、流量、流动方向和发送信号的重要元件，利用它们可以组成各种气动控制回路，使气动执行元件按设计的程序正常地进行工作。控制元件按功能和用途可分为方向控制阀、压力控制阀和流量控制阀三大类，此外，尚有通过改变气流方向和通断实现各种逻辑功能的气动元件和射流元件等。

（一）方向控制阀

气动换向阀和液压换向阀相似，分类方法也大致相同。气动换向阀按阀芯结构不同可分为滑柱式（又称为柱塞式、也成滑阀）、截止式（又称提动式）、平面式（又称滑块式）、旋塞式和膜片式。其中以截止式换向阀和滑柱式换向阀应用较多；按其控制方式不同可以分为电磁换向阀、气动换向阀、机动换向阀和手动换向阀，其中后三类换向阀的工作原理和结构与液压换向阀中相应的阀类基本相同；按其作用特点可分为单向性控制阀和换向性控制阀。

1. 单向型控制阀

单向型控制阀包括单向阀、或门型梭阀、与门型梭阀和快速排气阀。

1）或门型梭阀

在气压传动系统中，当两个通路 P_1 和 P_2 均与通路 A 相通，而不允许 P_1 与 P_2 相通时就要采用或门型梭阀。由于阀芯像织布梭子一样来回运动，称为梭阀。该阀的结构相当于两个单向阀的组合。在气动逻辑回路中，该阀起到"或"门的作用，是构成逻辑回路的重要元件。

图 10-10 为或门型梭阀的工作原理图。当通路 P_1 进气时，将阀芯推向右边，通路 P_2 被关闭，于是气流从 P_1 进入 A，如图 10-10（a）所示；反之，气流则从 P_2 进入 A，如图 10-10（b）所示；当 P_1、P_2 同时进气时，哪端压力高，A 就与哪端相通，另一端就自动关闭。图 10-10（c）为该阀的图形符号。或门型梭阀在逻辑回路和程序控制回路中被广泛采用。

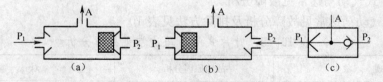

图 10-10 或门型梭阀

2）与门型梭阀（双压阀）

与门型梭阀又称双压阀，该阀只有两个输入口 P_1、P_2 同时进气时，A 口才有输出，这种阀也是相当于两个单向阀的组合。图 10-11 是与门型梭阀（双压阀）的工作原理图。当 P_1 或 P_2 单独输出时，阀芯被推向右端或者左端（图 10-11（a）、（b）），此时 A 口无输出；只有当 P_1 和 P_2 同时有输出时，A 口才有输出（图 10-11

(c））。当 P_1 和 P_2 气体压力不等时，则气压低的通过 A 口输出。图 10 - 11 （d) 为该阀的图形符号。

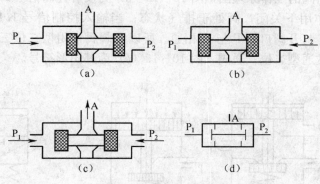

图 10 - 11　与门型梭阀

3）快速排气阀

快速排气阀简称快排阀。它是加快气缸运动速度作快速排气用的。通常气缸排气时，气体是从气缸经过管路由换向阀的排气口排出的。如果从气缸到换向阀的距离较长，而换向阀的排气口小时，排气时间就较长，气缸动作速度较慢。此时，若采用快速排气阀，则气缸内的气体就能直接由快速排气阀排往大气中，加速气缸的运动速度。安装快排阀后，气缸的运动速度提高 4 倍～5 倍。

快速排气阀的工作原理如图 10 - 12 所示。当进气腔 P 进入压缩空气时，将密封活塞迅速上推，开启阀口 2，同时关闭排气口 1，使进气腔 P 与工作腔 A 相同（图 10 - 12（a)）；当 P 腔没有压缩空气进入时，在 A 腔和 P 腔压差作用下，密封活塞迅速下降，关闭 P 腔，使 A 腔通过阀口 1 经过 O 腔快速排气，如图 10 - 12 （b) 所示。图 10 - 12（c) 为该阀的图形符号。

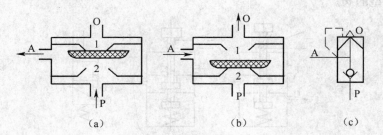

图 10 - 12　快速排气阀
1—排气口；2—阀口。

2．换向型控制阀

气动换向型方向控制阀（简称换向阀）的功能是改变气体，通过使气体流动方向发生变化，从而改变气动执行元件的运动方向。换向型控制阀包括气压控制阀、电磁控制阀、机械控制阀、人力控制阀和时间控制阀。

1）气压控制换向阀

气压控制换向阀是利用气体压力使主阀芯运动而使气体改变流向的。图 10 - 13 为单气控截止式换向阀的工作原理图，图 10 - 13（a）为没有控制信号 K 时状态，阀芯在弹簧及 P 腔压力作用下关闭，阀处于排气状态；当输入控制信号 K 时，如图 10 - 13（b）主阀芯下移，打开阀口使 P 与 A 相通。所以该阀属常闭型二位三通阀，当 P 与 O 换接时，即成为常通型二位三通阀。图 10 - 13（c）为其图形符号。

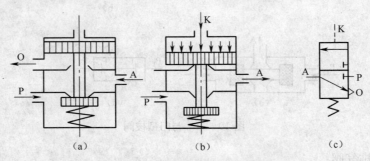

图 10 - 13　单气控截止式换向阀

2）电磁控制换向阀

气压传动中的电磁控制换向阀和液压传动中的电磁控制换向阀一样，也由电磁铁控制部分和主阀两部分组成，按控制方式不同分为电磁铁直接控制式电磁阀和先导式电磁阀两种。它们的工作原理分别与液压中的电磁阀和电液动阀类似，只是二者的工作介质不同而已。

由电磁铁的街铁直接推动换向阀阀芯换向的阀称为直动式电磁阀，直动式电磁阀分为单电磁铁和双电磁铁两种。单电磁铁换向阀的工作原理如图 10 - 14 所示，图 10 - 14（a）为原始状态，图 10 - 14（b）为通电时的状态，图 10 - 14（c）为该阀的图形符号。从图中可知，这种阀阀芯的移动是靠电磁铁，而复位靠弹簧，因而换向冲击较大，故一般只制成小型的阀。

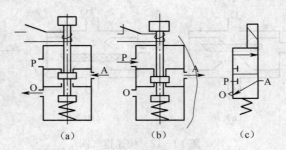

图 10 - 14　单电磁铁换向阀工作原理

3）手动控制换向阀

图 10 - 15 所示为推拉式手动阀的工作原理和结构图。如用手压下阀芯，如图 10 - 15（a）所示，则 P 与 A、B 与 T_2 相通，若手放开，而阀依靠定位装置保持状态不变。当用手将阀芯拉出时，如图 10 - 15（b）所示，则 P 与 B、A 与 T_1 相通，气路改变，并能维持该状态不变。

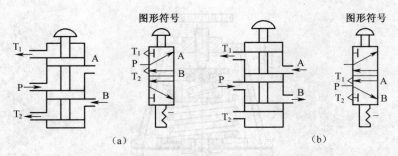

图 10 - 15 推拉式手动阀的工作原理和结构图

(a) 压下阀芯时状态；(b) 拉起阀芯时状态。

（二）压力控制阀

压力控制阀主要用来控制系统中气体的压力，满足各种压力要求或用以节能。

气压传统系统与液压传动系统不同的一个特点是，液压传动系统的液压油是由安装在每台设备上的液压源直接提供，而气压传动则是将比使用压力高的压缩空气储于储气罐中，然后调压到适用于系统的压力。因此每台启动装置中供气压力都需要用减压阀（在启动系统中又称调压阀）来减压，并保持供气压力值稳定。对于低压控制系统（如气动测量），除用减压阀降低压力外，还需要用精密减压阀（或定值器）以获得更稳定的供气压力。这类压力控制阀当输入压力在一定范围内改变时，能保持输出压力不变；当管路中压力超过允许压力时，为了保证系统的工作安全，往往用安全阀实现自动排气，以使系统的压力下降；有时，启动装置中不便安装行程阀，而要依据气压的大小来控制两个以上的气动执行机构的顺序动作，能实现这种功能的压力控制阀称为顺序阀。因此，在气压传动系统中压力控制可分为三类：一类是起降压稳压作用的减压阀、定值器；一类是起限压安全保护作用的安全阀、限压切断阀等；一类是根据气路压力不同进行某种控制的顺序阀、平衡阀等。所有的压力控制阀，都是利用空气压力和弹簧力相平衡的原理来工作的。由于安全阀、顺序阀的工作原理与液压控制阀中溢流阀和顺序阀基本相同，因而本节主要讨论气动减压阀（调压阀）的工作原理和主要性能。

1. 调压阀（减压阀）

图 10 - 16 所示为直动式调压阀的工作原理图及符号。当顺时针方向调整手柄 1 时，调压弹簧 2（实际上有两个弹簧）推动下弹簧座 3、膜片 4 和阀芯 5 向下移动，使阀口开启，气流通过阀口后压力降低，从右侧输出二次压力气。与此同时，有一部分气流由阻尼孔 7 进入膜片室，在膜片下产生一个向上的推力与弹簧力平衡，调压阀便有稳定的压力输出。当输入压力 p_1 增高时，输出压力 p_2 也随之增高，使膜片下的压力也增高，将膜片向上推，阀芯 5 在复位弹簧 9 的作用下上移，从而使阀口 8 的开度减小，节流作用增强，使输出压力降低到调定值为止；反之则输入压力下降，输出压力也随之下降，膜片下移，阀口开度增大，节流作用降低，使输出压力回升到调定压力，以维持压力稳定。

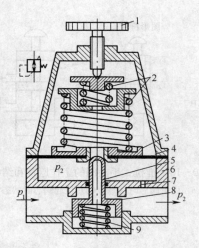

图 10-16　直动式调压阀的工作原理图

1—调整手柄；2—调压弹簧；3—弹簧座；4—膜片；5—阀芯；6—阀套；

7—阻尼孔；8—阀口；9—复位弹簧。

调节手柄 1 以控制阀口开度的大小，即可控制输出压力的大小。目前常用的 QTY 型调压阀的最大输入压力为 1.0MPa，其输出流量随阀的通径的大小而改变。

2. 顺序阀

顺序阀是依靠气路中压力的大小来控制气动回路中各执行元件动作的先后顺序的压力控制阀，其作用和工作原理与液压顺序阀基本相同，顺序阀常与单向阀组合成单向顺序阀。图 10-17 所示为单向顺序阀的工作原理图。当压缩空气由 P 口输入时，单向阀在压差力及弹簧力的作用下处于关闭状态，作用在活塞上输入侧的空气压力如超过弹簧的预紧力时，活塞被顶起，顺序阀打开，压缩空气由 A 输出；当压缩空气反向流动时，输入侧变成排气口，输出侧变成进气口，其进气压力将顶开单向阀，由 O 口排气。调节手柄就可改变单向顺序阀的开启压力。

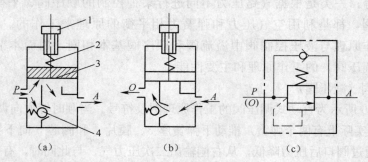

图 10-17　单向顺序阀的动作原理

(a) 开启状态；(b) 关闭状态；(c) 职能符号。

1—调节手柄；2—弹簧；3—活塞；4—单向阀。

3. 安全阀

在气压系统中，为防止管路、气罐等的破坏，应限制回路中的最高压力，此时应采用安全阀。安全阀的工作原理是：当回路中的压力达到某调定值时，使部分压缩气体从排气口溢出，以保证回路压力的稳定。

图 10 - 18 所示为安全阀的工作原理图。当系统中的压力低于调定值时，阀处于关闭状态。当系统压力升高到安全阀的开启压力时，压缩空气推动活塞上移，阀门开启排气，直到系统压力降至低于调定值时，阀口又重新关闭。安全阀的开启压力可通过调整弹簧的预压缩量来调节。

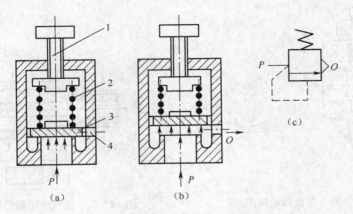

图 10 - 18　安全阀的工作原理
(a) 结构图；(b) 结构图；(c) 职能符号。
1—调节手柄；2—调压弹簧；3—阀芯；4—排气口。

(三) 流量控制阀

在气压传动系统中，经常要求控制气动执行元件的运动速度，这要靠调节压缩空气的流量来实现。凡用来控制气体流量的阀，称为流量控制阀。流量控制阀就是通过改变阀的通流截面积来实现流量控制的元件，它包括节流阀、单向节流阀、排气节流阀和柔性节流阀等。

1. 节流阀

图 10 - 19 所示为圆柱斜切型节流阀的结构图。压缩空气由 P 口进入，经过节流后，由 A 口流出，旋转阀芯螺杆可改变节流口的开度。由于这种节流阀的结构简单，体积小，故应用范围较广。

2. 排气节流阀

排气节流阀的节流原理和节流阀一样，也是靠调节通流面积来调节阀的流量的。它们的区别是节流阀通常是安装在系统中调节气流的流量，而排气节流阀只能安装在排气口处，调节排入大气的流量，以此来调节执行机构的运动速度。图 10 - 20 为排气节流阀的工作原理图，气流从 A 口进入阀内，由节流口 1 节流后经消声套 2 排出，因而它不仅能调节执行元件 1 的运动速度，还能起到降低排气噪声的作用。

排气节流阀通常安装在换向阀的排气口处与换向阀联用，起单向节流阀的作用，它实际上只不过是节流阀的一种特殊形式。由于其结构简单，安装方便，故应用日益广泛。

3. 流量阀的使用

气动执行器的速度控制有进口节流和出口节流两种方式。出口节流由于背压作用，比进口节流速度稳定，动作可靠。只有少数的场合才采用进口节流来控制气动执行器的速度，如气缸推举重物等。

用流量控制气缸的速比较平稳，但由于空气具有可压缩性，故气压控制比液压困难，一般气缸的运动速度不得低于 30mm/s。

在气缸的速度控制中，若能充分注意以下各点，则在多数场合可以达到目的。

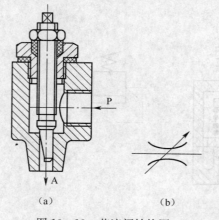 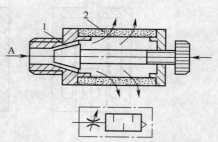

图 10-19　节流阀结构图

(a) 结构原理图；(b) 图形符号。

图 10-20　排气节流阀的工作原理图

1—节流口；2—消声套。

（1）彻底防止管路中的气体泄漏，包括各元件接管处的泄漏。

（2）要注意减小气缸运动的摩擦阻力，以保持气缸运动的平衡。

（3）加在气缸活塞杆上的载荷必须稳定。若载荷在行程中途有变化，其速度控制相当困难，甚至不可能。在不能消除变化的情况下，必须借助液压传动。

（4）流量控制阀应尽量靠近气缸等执行器安装。

（四）逻辑控制阀

气动逻辑元件是指在控制回路中能够实现一定逻辑功能的器件，它属于开关元件。它与微压气动逻辑元件相比，具有通径较大（一般为 2mm～2.5mm），抗污染能力强，对气源净化要求低等特点。通常元件在完成动作后，具有关断能力，因此，耗气量小。

1. 气动逻辑元件的分类

气动逻辑元件的种类较多，按不同的方式分类如下：

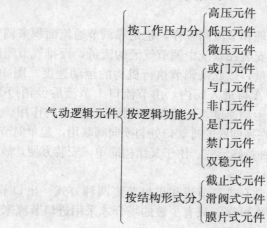

气动逻辑元件的结构形式很多，主要由两部分组成：一是开关部分，其功能是改变气体流动的通断；二是控制部分，其功能是当控制信号状态改变时，使开关部分完成一定的动作。在实际应用中，为便于检查线路和迅速排除故障，气动逻辑元件上还设有显示、定位和复位机构等。

2. 高压截止式逻辑元件

1）或门元件

图 10-21 所示是或门元件的原理图和图形符号。在图中 a、b 为输入信号，s 为输出信号。当有输入信号 a 时，截止膜片 2 封住下阀座 1，信号 a 经上阀座 3 从输出端输出；当有信号 b 输入时，截止膜片封住上阀座，b 信号经下阀座从输出端输出。当 a、b 信号同时输入时，则不管封住上阀座还是封住下阀座，或两者都没封住，输出端都有输出。因此，在输出信号 a 或 b 中，只要有一个信号存在，输出端就有输出信号。

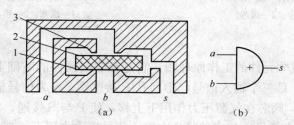

图 10-21　或门元件

(a) 结构原理图；(b) 图形符号。

1—下阀座；2—截止膜片；3—上阀座。

2）是门和与门

图 10-22 为是门和与门元件的工作原理图。图中 A 为信号的输入口，S 为信号的输出口，中间口接气源 P 时为是门元件。当 A 口无输入信号时，在弹簧及气源压力作用下使阀芯 2 上移，封住输出口 S 与 P 口通道，使输出 S 与排气口相通，S 无输出；反之，当 A 有输入信号时，膜片 1 在输入信号作用下将阀芯 2 推动下移，封住输出口 S 与排气口通道，P 与 S 相通，S 有输出。即 A 端无输入信号时，则 S 端无信号输出；A 端有输入信号时，S 端就会有信号输出。元件的输入和输出信号之间始终保持相同的状态。若将中间口不接气源而换接另一输入信号 B，则称为与门元件。即只有当 A、B 同时有输入信号时，S 才能有输出。

3）非门与禁门

图 10-23 为非门和禁门元件工作原理图。A 为信号的输入端，S 为信号的输出端，中间孔接气源 P 时为非门元件。当 A 端无输入信号时，阀芯 3 在 P 口气源压力作用下紧压在上阀座上，使 P 与 S 相通，S 端有信号输出；反之，当 A 端有信号输入时，膜片变形并推动阀杆，使阀芯 3 下移，关断气源 P 与输出端 S 的通道，则 S 便无信号输出。即当有信号 A 输入时，S 无输出；当无信号 A 输入时，则 S 有输出。活塞 1 用来显示输出的有无。

若把中间孔改作另一信号的输入口 B，则成为禁门元件。当 A、B 均有输入信号时，阀杆和阀芯 3 在 A 输入信号作用下封住 B 口，S 无输出；反之，在 A 无输入信号而 B 有输入信号时，S 有输出。信号 A 的输入对信号 B 的输入起"禁止"作用。

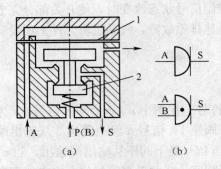 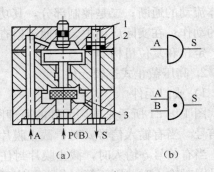

图 10-22 是门和与门元件
(a) 结构原理图；(b) 图形符号。
1—膜片；2—阀芯。

图 10-23 非门和禁门元件
(a) 结构原理图；(b) 图形符号。
1—活塞；2—膜片；3—阀芯。

4) 或非元件

图 10-24 为或非元件的工作原理图。它是在非门元件的基础上增加两个信号输入端，即具有 A、B、C 三个输入信号，中间孔 P 接气源，S 为信号输出端。当 3 个输入端均无信号输入时，阀芯在气源压力作用下上移，使 P 与 S 接通，S 有输出。当 3 个信号端中任一个有输入信号，相应的膜片在输入信号压力作用下，都会使阀芯下移，切断 P 与 S 的通道，S 无信号输出。或非元件是一种多功能逻辑元件，用它可以组成与门、是门、或门、非门、双稳等逻辑功能元件。

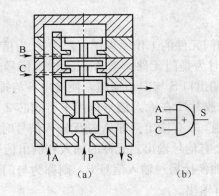

图 10-24 或非元件
(a) 结构原理图；(b) 图形符号。

5) 双稳元件

双稳元件的结构和图形符号如图 10-25 所示。它是在气压信号的控制下，阀芯带动阀块移动，实现对输出端的控制功能。具体说来，当接通气源压力 p 后，如果加入控制信号 a，阀芯 4 被推至右端，此时气源口 P 与输出口 s_1 相通，输出端有输出信号 s_1；而另一个输出口 s_2 与排气口 O 相通，即处于无输出状态。若撤除控制信号 a，则元件保持原输出状态不变。只有加入控制信号 b，推动阀芯 4 左移至终端，此时，气源口 P 与输出口 s_2 相通，s_2 处于有输出状态；另一输出口 s_1 与排气口 O 相通，s_1 处于无输出状态。若撤除控制信号 b，则输出状态也不变。双稳元件的这一功能称为记忆功能，故又称双稳元件为记忆元件。

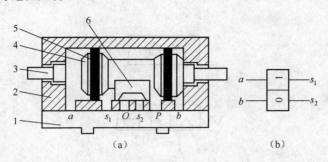

图 10-25 双稳元件

(a) 结构原理图；(b) 图形符号。

1—连接板；2—阀体；3—手动杆；4—阀芯；5—密封圈；6—滑块。

前面所介绍的几种气动逻辑元件，除双稳元件外，没有相对滑动的零部件，因此工作时不会产生摩擦，故在回路中使用逻辑元件时，不必加油雾器润滑。另外，前面介绍的许多滑阀型换向阀也具备某些逻辑功能，在应用中可合理选择。

(五) 气动基本回路

一个复杂的气动控制系统，往往是由若干个气动基本回路组合而成的。设计一个完整的气动控制回路，除了能够实现预先要求的程序动作以外，还要考虑调压、调速、手动和自动等一系列的问题。因此，熟悉和掌握气动基本回路的工作原理和特点，可为设计、分析和使用比较复杂的气动控制系统打下良好的基础。

气动基本回路分为方向控制回路、速度控制回路、压力控制回路、顺序动作回路等，它们的功用与同名液压基本回路相同。

1. 方向控制回路

气动系统一般可通过各种通用气动换向阀改变压缩气体流动方向，从而改变气动执行元件的运动方向。

常见的换向回路有单作用气缸换向回路、双作用气缸换向回路、气缸一次换向回路、气缸连续往复换向回路等。

1) 单作用气缸换向回路

单作用气缸的换向回路如图 10-26 所示。当电磁换向阀通电时，该阀换向，处于右位。此时，压缩空气进入气缸的无杆腔，推动活塞并压缩弹簧使活塞杆伸出。当电磁换向阀断电时，该阀复位至图示位置，活塞杆在弹簧力的作用下回缩，气缸无杆腔的余气经换向阀排气口排入大气。这种回路具有简单、耗气少等优点，但气缸有效行程减少，承载能力随弹簧的压缩量而变化。在应用中气缸的有杆腔要设呼吸孔，否则，不能保证回路正常工作。

2) 双作用气缸的换向回路

图 10-27 所示是一种采用二位五通双气控换向阀的换向回路。当有 K_1 信号时，换向阀换向处于左位，气缸无杆腔进气，有杆腔排气，活塞杆伸出；当 K_1 信号撤除，

加入 K_2 信号时，换向阀处于右位，气缸进、排气方向互换，活塞杆回缩。由于双气控换向阀具有记忆功能，故气控信号 K_1、K_2 使用长、短信号均可，但不允许 K_1、K_2 两个信号同时存在。

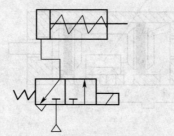

图 10-26　单作用缸的换向回路

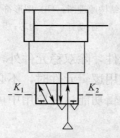

图 10-27　双作用缸的换向回路

3）气缸连续往复换向回路

图 10-28 所示状态，气缸 5 的活塞退回（左行），当行程阀 3 被活塞杆上的活动挡铁 6 压下时，气路处于排气状态。当按下具有定位机构的手动换向阀 1 时，控制气体经阀 1 的右位、阀 3 的上位作用在气控换阀 2 的右控制腔，阀 2 切换至右位，气缸的无杆腔进气、有杆腔排气，实现右行进给。当挡铁 6 压下行程阀 4 时，气路经阀 4 上位排气，阀 2 在弹簧力作用下复至图示左位。此时，气缸有杆腔进气，无杆腔排气，作退回运动。当挡块压下阀 3 时，控制气体又作用在阀 2 的右控制腔，使气缸换向进给。周而复始，气缸自动往复运动。当拉动阀 1 至左位时，气缸停止运动。

2. 速度控制回路

速度控制主要是指通过对流量阀的调节，达到对执行元件运动速度的控制。对于气动系统来说，其承受的负载较小，如果对执行元件的运动速度平稳性要求不高，那么，选择一定的速度控制回路，以满足一定的调速要求是可能的。对于气动系统的调速来讲，较易实现气缸运动的快速性，是其独特的优点，但是由于空气的可压缩性，要想得到平稳的低速难度就大了。对此，可采取一些措施，如通过气—液阻尼或气—液转换等方法，就能得到较好的平稳低速。

与液压系统速度换接一样，气动系统速度换接也是使执行元件从一种速度转换为另一种速度。众所周知，速度控制回路的实现，都是改变回路中流量阀的流通面积以达到对执行元件调速的目的。

图 10-29 所示是一种用行程阀实现气缸空程快进、接近负载时转慢进的一种常用回路。当二位五通换向阀 1 切换至左位时，气缸 5 的无杆腔进气，有杆腔经行程阀 4 下位、阀 1 左位排气，实现快速进给。当活动挡铁 6 压下行程阀时，缸有杆腔经节流阀

2、阀1排气，气缸转为慢速运动，实现了快速转慢速的换接控制。

3. 压力控制回路

在一个气动控制系统中，进行压力控制主要有两个目的。第一是为了提高系统的安全性，在此主要指控制一次压力。如果系统中压力过高，除了会增加压缩空气输送过程中的压力损失和泄漏外，还会使配管或元件破裂而发生危险。因此，压力应始终控制在系统的额定值以下，一旦超过了所规定的允许值时，能够迅速溢流降压。第二是给元件提供稳定的工作压力，使其能充分发挥元件的功能和性能，这主要指二次压力控制。

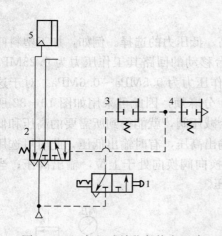

图 10-28　气缸连续往复换向回路
1—手动换向阀；2—液动换向阀；
3、4—行程阀；5—气缸。

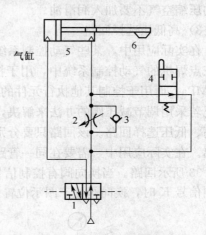

图 10-29　用行程阀的快慢速换接回路
1—换向阀；2—节流阀；3—单向阀；
4—行程阀；5—气缸；6—挡铁。

1）一次压力控制回路

这种回路，用于使储气罐送出的气体压力不超过规定压力。为此，通常在储气罐安装一只安全阀，用来实现一旦罐内超过规定压力就向大气放气。也常在储气罐上安装电接点压力表，一旦罐内超过规定压力时，即控制空气压缩机断电，不再供气。图 10-30 为其回路图。

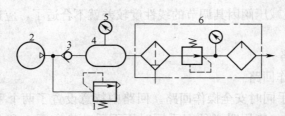

图 10-30　一次压力控制回路
1—溢流阀；2—空压机；3—单向阀；4—储气罐；5—电接点压力表；6—气源调节装置。

2）二次压力控制回路

为保证气动系统使用的气体压力为一稳定值，多用如图 10-31 所示的有空气过滤器—减压阀—油雾器（气动三大件）组成的二次压力控制回路，但要注意，供给逻辑元

223

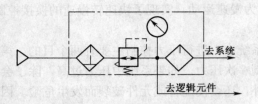

图 10 - 31　二次压力控制回路

件的压缩空气不要加入润滑油。

3）高低压选择回路

在实际应用中，某些气动控制系统需要有高、低压力的选择。例如，加工塑料门窗的三点焊机的气动控制系统中，用于控制工作台移动的回路其工作压力为 0.25MPa～0.3MPa，而用于控制其他执行元件的回路的工作压力为 0.5MPa～0.6MPa。对于这种情况若采用调节减压阀的办法来解决，会感到十分麻烦，因此可采用如图 10 - 32 所示的高、低压选择回路。该回路只要分别调节两个减压阀，就能得到所需的高压和低压输出。在实际应用中，需要在同一管路上有时输出高压，有时输出低压，此时可选用图 10 - 33 所示回路。当换向阀有控制信号 K 时，换向阀换向处于上位，输出高压；当无控制信号 K 时，换向阀处于图示位置，输出低压。

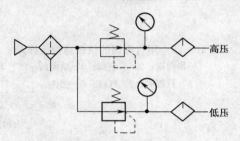

图 10 - 32　高低压选择回路

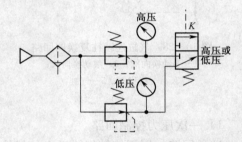

图 10 - 33　用换向阀选择高低压回路

在上述几种压力控制回路中所提及的压力，都是指常用的工作压力值（一般为 0.4MPa～0.5MPa），如果系统压力要求很低，如气动测量系统其工作压力在 0.05MPa 以下，此时使用普通减压阀因其调节的线性度较差就不合适了，应选用精密减压阀或气动定值器。

4. 安全保护回路

1）双手同时操作回路

图 10 - 34 为双手同时安全操作回路。回路中特意设置了两个手动二位三通换向阀构成了与门逻辑关系。使用时必须双手同时压下手动换向阀 1 和 2，主控阀 3 才能换向，气缸动作。这就对操作者的双手起了保护作用，可防止在冲床等生产过程中气缸推出的冲头和气锤压伤人。

2）过载保护回路

图 10 - 35 是一种采用顺序阀的过载保护回路。当气控换向阀 2 切换至左位时，气缸的无杆腔进气、有杆腔排气，活塞杆右行。当活塞杆遇到挡铁 5 或行至极限位置时，

无杆腔压力快速增高，当压力达到顺序阀 4 开启压力时，顺序阀开启，避免了过载现象的发生，保证了设备安全。气源经顺序阀、或门梭阀 3 作用在阀 2 右控制腔使换向阀复位，气缸退回。

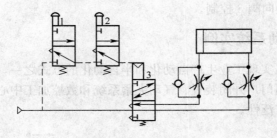

图 10-34　安全操作回路
1、2—手动换向阀；3—主控阀。

3）互锁回路

单缸互锁回路应用极为广泛，例如，送料、夹紧与进给之间的互锁，即只有送料到位后才能夹紧，夹紧工件后才能进行切削加工（进给）等。图 10-36 所示是 a 和 b 两个信号之间的互锁回路。也就是说只有当 a 和 b 两个信号同时存在时，才能够得到 a、b 的与信号 $a \cdot b$，使二位四通换向阀换向至右位，其输出使气缸活塞杆伸出；否则，换向阀不换向，气缸活塞杆处于缩回状态。

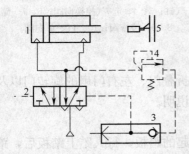

图 10-35　采用顺序阀的过载保护回路
1—气缸；2—气控换向阀；
3—或门梭阀；4—顺序阀；5—挡铁。

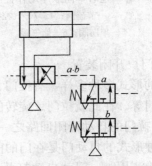

10-36　单缸互锁回路

5.顺序动作回路

顺序动作回路是实现多缸运动的一种回路。多缸顺序动作主要有压力控制（利用顺序阀、压力继电器等元件）、位置控制（利用电磁换向阀及行程开关等）与时间控制三种控制方法。其中压力控制与位置控制的原理及特点与相应液压回路相同，时间控制顺序动作回路多采用延时换向阀构成。

图 10-37 所示为采用延时换向阀控制气缸 1 和气缸 2 的顺序动作回路。当换向阀 7 切换至左位时，气缸 1 无杆腔进气、有杆腔排气，实现动作 a。同时，气体经节流阀 3 进入延时换向阀 4 的控制腔及储气罐 6 中。当储气罐中的压力达到一定值时，阀 4 切换至左位，缸 2 无杆腔进气、有杆腔排气，实现动作 b。当阀 7 在图示右位时，两缸有杆腔同时进气、无杆腔排气而退回，即实现动作 c 和 d。两气缸进给的间隔时间可通过节

225

流阀 3 调节。

图 10-38 所示为采用两只延时换向阀 3 和 4 对气缸 1 和 2 进行顺序动作的控制回路。可以实现的动作顺序为 a-b-c-d。动作 a-b 的顺序由延时换向阀 4 控制，动作 c-d 的顺序由延时换向阀 3 控制。

（六）气压传动系统实例

气压传动技术是实现工业生产自动化和半自动化的方式之一，应用普及在国民经济的各个行业，现介绍门户开闭装置、气动夹紧系统和数控加工中心气动换刀系统三个实例来说明其应用的广泛性。

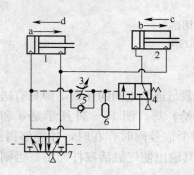 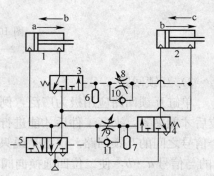

图 10-37　延时单向顺序动作控制回路
1、2—气缸；3—节流阀；4、7—气控换向阀；
5—单向阀；6—储气罐。

图 10-38　延时双向顺序动作控制回路
1、2—气缸；3、4、5—气控换向阀；6、7—储气罐；
8、9—节流阀；10、11—单向阀。

1. 门户开闭装置

门的形式多种多样，有推门、拉门、屏风式的折叠门、左右门扇的旋转门以及上下关闭的门等。在此就拉门、旋转门的气动回路加以说明。

1）拉门的自动开闭回路之一

这种形式的自动门是在门的前、后装有略微浮起的踏板，行人踏上踏板后，踏板下沉压至检测用阀，门就自动打开。行人走过后，检测阀自动地复位换向，门就自动关闭。图 10-39 为该装置的回路图。

此回路图比较简单，不再作详细说明。只是回路图中单向节流阀 3 与 4 起着重要的作用，通过对它们的调节可实现开关门速度的调节。另外，在有"X"处装有手动闸阀，作为故障时应急办法。当检测阀 1 发生故障而打不开门时，打开手动阀把空气放掉，用手可把门打开。

2）拉门的自动开闭回路之二

图 10-40 所示为拉门的另一种自动开闭回路。该装置是通过连杆机构将气缸活塞杆的直线运动转换成门的开闭运动。它是利用超低压气动阀来检测行人的踏板动作。在踏板 6、11 的下方装有一根一端完全密封的橡胶管，而管的另一端与超低压气动阀 7 和 12 的控制口相连接，因此，当人站在踏板上时，橡胶管内的压力上升，超低压气阀就开始工作。

首先用手动阀 1 使压缩空气通过阀 2 让气缸 4 内的活塞杆伸出来，此时门为关闭状态。若有人站在踏板6或11上，测超低压气动阀7或12动作，使气动换向阀2换向，气缸4的活塞杆收回，这时门打开。若是行人已走过踏板6和11的时候，则阀2控制腔的压缩空气经由气容10和阀8、9组成的延时回路而排气，阀2复位，气缸4的活塞杆伸出使门关闭。由此可见，行人从门的哪边出都可以。另外，由于某种原因把行人夹住时，通过调节压力调节器13的压力，不会使其达到受伤的程度，若将手动阀1复位，则变为手动门。

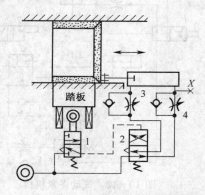

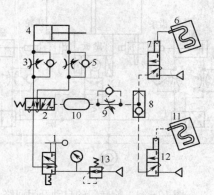

10-39　拉门的自动开闭回路之一
1—行程阀；2—换向阀；
3、4—单向节流阀。

图10-40　拉门的自动开闭回路之二
1、2、7、12—换向阀；3—节流阀；
4—气缸；5—单向阀；6、11—踏板；
8—或门形梭阀；9—单向节流阀；
10—气容；13—压力调节器。

3）旋转门的自动开闭回路

旋转门是左右两扇门绕两端的曲轴旋转而开的门。图10-41所示为旋转门的自动开闭回路。此回路只能单方向的开启，不能反方向打开，为防止发生危险，只用于单向通行的地方。行人踏上门前的踏板时，由于其重量使踏板产生微小的下降，检测用阀LX被压下，主阀1与主阀2换向，空气进入气缸1与气缸2的无杆腔，通过齿轮齿条机构，两边的门窗同时向一方打开。行人通过后，踏板恢复到原来的位置，检测用阀LX自动复位，主阀1与主阀2换向到原来位置，气缸活塞杆后退，使门关闭。

2.气动夹紧系统

图10-42所示为机床夹具的气动夹紧系统，其动作循环为：垂直缸活塞杆首先下降将工件压紧，两侧的气缸活塞杆再同时前进，对工件进行两侧夹紧，然后进行钻削加工，加工完后各夹紧缸退回，将工件松开。

工作原理如下：用脚踏下阀1，压缩空气进入缸A的上腔，使夹紧头下降夹紧工件，当压下行程阀2时，压缩空气经单向节流阀6进入二位三通气控换向阀4（调节节流阀开口可以控制阀4的延时接通时间），压缩空气通过主阀3进入两侧气缸B和C的无杆腔，使活塞杆前进而夹紧工件。然后钻头开始钻孔，同时流过主阀3的一部分压缩空气经过单向节流阀5进入主阀3右端，经过一段时间后主阀3右位接通，两侧气缸后退到原来位置。同时，一部分压缩空气作为信号进入脚踏阀1的右端，使阀1右位接通，压缩空气进入缸A的下腔，使夹紧头退回原位。

夹紧头上升的同时使机动行程阀2复位，气控换向阀4也复位，由于气缸B、C的无杆腔通过阀3、阀4排气，主阀3自动复位到左位，完成一个工作循环，该回路只有再踏下脚踏阀1才能开始下一个工作循环。

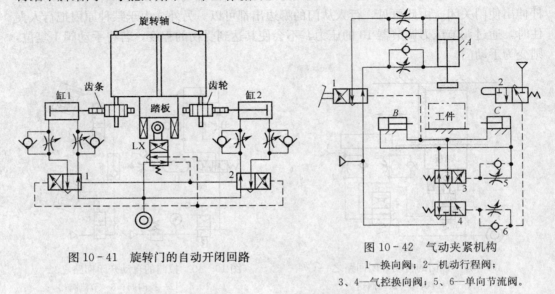

图 10-41　旋转门的自动开闭回路

图 10-42　气动夹紧机构

1—换向阀；2—机动行程阀；

3、4—气控换向阀；5、6—单向节流阀。

3. 数控加工中心气动换刀系统

图 10-43 所示为某数控加工中心气动换刀系统原理图，该系统在换刀过程中实现主轴定位、主轴松刀、拔刀、向主轴锥孔吹气和插刀动作。

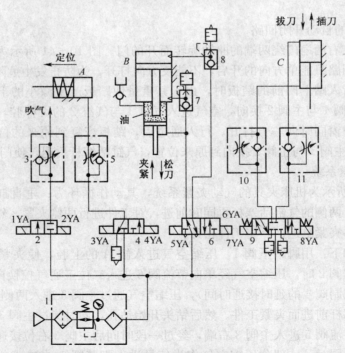

图 10-43　数控加工中心气动换刀系统原理图

1—气源装置；2、4、6、9—换向阀；3、5、10、11—单向节流阀；7—或门型梭阀；8—快速排气阀。

228

其具体工作原理为：当数控系统发出换刀指令时，主轴停止旋转，同时电磁换向阀 4YA 通电，压缩空气经过气动换向阀 1、单向节流阀 5 进入主轴定位缸 A 的右腔，缸 A 的活塞左移，使主轴自动定位。定位后压下无触点开关，使电磁换向阀 6YA 通电，压缩空气经换向阀 6、快速排气阀 8 进入气液增压器 B 上腔，增压腔的高压油使活塞伸出，实现主轴松刀，同时使 8YA 通电，压缩空气经换向阀 9、单向节流阀 11 进入气缸 C 的上腔，缸 C 下腔排气，活塞下移实现拔刀。然后由回转刀库交换刀具，同时 1YA 通电，压缩空气经换向阀 2、单向节流阀 3 向主轴锥孔吹气。稍后 1YA 断电、2YA 通电，停止吹气，8YA 断电、7YA 通电，压缩空气经换向阀 9、单向节流阀 10 进入缸 C 的下腔，活塞上移，实现插刀动作。随后 6YA 和 5YA 断电，压缩空气经阀 6 进入气液增压器 B 的下腔，使活塞退回，主轴的机械机构使刀具夹紧。4YA 断电、3YA 通电，缸 A 的活塞复位，回复到开始状态，换刀结束。

4. 气液动力滑台

气液动力滑台采用气—液阻尼缸作为执行元件。由于在它的上面可安装单轴头、动力箱或工件，因而在机床上常用来作为实现进给运动。

图 10-44 为气液动力滑台回路原理图。图中，阀 1、2、3 和阀 4、5、6 实行上分别被组合在一起，成为两个组合阀。

该种气液动力滑台能完成下面的两种工作循环。

1) 快进—慢进—快退—停止

当图 10-44 中阀 4 处于图示状态，就可实现上述循环的进给程序，其动作原理如下。

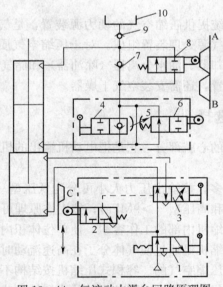

图 10-44　气液动力滑台回路原理图

1、3、4—手动换向阀；2、6、8——行程阀；5—节流阀；7、9—单向阀；10—补油箱。

当手动阀 3 切换至右位时，实际上就是给予进刀信号，在气压作用下，气缸中活塞开始向下运动，液压缸中活塞下腔的油液经行程阀 6 的左位和单向阀 7 进入液压缸活塞的上腔，实现了快进。当快进到活塞杆上的挡铁 B 切换行程阀 6（使它处于右位），油液只能经节流阀 5 进入活塞上腔，调节节流阀的开度，即可调节气—液阻尼缸运动速度，所以，这时才开始慢进（工作进给）。当慢进到挡铁 C 使行程阀 2 切至左位时，输出气信号使阀 3 切换至左位，这时气缸活塞开始向上运动，液压缸活塞上腔的油液经阀 8 的左位和手动阀 4 的单向阀进入液压缸的下腔，实现了快退。当快退到挡铁 A 将阀 8 切换到图示位置而使油液通道被切断时，活塞就停止运动。所以，改变挡铁 A 的位置，就是能改变"停"的位置。

2）快进—慢进—慢退—快退—停止

把手动阀 4 关闭（处于左位）时就可以实现上述的双向进给程序，其动作原理如下。

其动作循环中的快进—慢进的动作原理与上述相同。当慢进至挡铁 C 切换行程阀 2 至左位时，输出气信号使阀 3 切换至左位，气缸活塞开始向上运，这时液压缸活塞上腔的油液经行程阀 8 的左位和节流阀 5 进入液压缸活塞下腔，亦即实现了慢退（反向进给）。当慢退到挡铁 B 离开阀 6 的顶杆而使其复位（处于左位）后，液压缸活塞上腔的油液就经阀 8 的左位、再经阀 6 的左位而进入液压缸活塞下腔，开始快退。快退到挡铁 A，切换阀 8 至图示位置，油液通路被切断，活塞就停止运动。

图中补油箱 10 和单向阀 9 仅仅是为了补偿系统的漏油而设置的，因而一般可用油杯来代替。

◎ 任务实施

任务一：空压机的拆装

（一）分析任务

气源装置是为气动系统提供压缩空气的动力源装置，是气动系统的重要组成部分。气源装置由空气压缩机和气源处理装置组成。对于压缩空气质量要求一般的气源装置，一般由空气压缩机、后冷却器、油水分离器（除油器）和储气罐等装置组成，对于压缩空气质量要求高的气源装置，还需安装空气干燥器。

（二）动力元件的选择

空气压缩机是空压站的心脏部分，它是把电动机输出的机械能转换成气体压力能的能量转换装置。

空气压缩机的种类很多，按输出压力大小可分为低压型（0.2MPa～1.0MPa）、中压型（1.0MPa～9MPa）和高压型（>9MPa）；按工作原理可分为容积式和速度式。容积式压缩机是通过缩小压缩机内部的工作容积，使单位体积内气体的分子密度增加来获得压缩空气的；速度式压缩机是通过使气体分子在高速流动时突然受阻而停滞下来，让动能转化为压力能而获得压缩空气的。容积式压缩机按结构不同可分为活塞式、膜片式和螺杆式等，速度式压缩机按结构不同可分为叶片式和轴流式等。目前，使用最广泛的是活塞式压缩机。

（三）实施步骤

（1）读懂图样，熟悉所拆装活塞式压缩机的结构。

（2）按指导老师要求，学生分组拆解压缩机，逐个拆下压缩机各零件，并编号。拆卸顺序：

①放出系统中的全部冷却水和曲轴箱内的全部润滑油。

②卸下带轮罩，拧松胀紧 V 带的调节螺钉，取下 V 带。

③卸下排气接管、调压系统管路和冷却水管路。

④卸下吸风头、视油器和曲轴箱左右侧门。

⑤卸下阀室盖，取出吸气、排气压筒和垫，然后取出吸、排气阀。

⑥卸下气缸盖，注意放在垫木上，放实。

⑦取下连杆螺母上的开口销、连杆螺母、连杆上盖、转动曲轴，将活塞推至上死点，自气缸上部取出活塞及连杆，并将连杆上盖仍与连杆体装在一起防止错乱。取下活塞销两端的弹簧挡圈，轻轻打出活塞销，即可自活塞上取下连杆。并注意螺栓螺母按初始配对配好。

⑧卸下气缸。

⑨卸下曲轴端的圆螺母，取下大带轮。

⑩卸下曲轴箱两端的轴承盖，并作标记，自曲轴箱内取出曲轴。

（3）在拆卸过程中，学生要注意观察主要零件的结构和相互配合关系，了解各零件在压缩机中的作用，找出压缩机的密封腔、吸风口等。

（4）按次序装配各零件。装配顺序与拆卸顺序正好相反。装配时应注意以下几点。

①曲轴箱内部及各部件应彻底清洗干净。

②各吸、排气阀应正确安装在缸盖内。应特别注意：不得装错，阀芯下部不得凸出缸盖下平面。

③安装活塞和连杆时，应按主要配合条件装配，间隙规格的装配间隙值进行检查，并在摩擦面上涂以清洁润滑油。

④安装曲轴时，应利用两端轴承盖处的纸垫调整轴向串动量，串动量应在 0.25mm～0.35mm 范围内。

⑤活塞在上死点时，其顶面与缸盖的间隙应在 1.2mm～1.7mm 范围内。

（5）各组集中，教师点评，学生提问，并完成实训报告。

教师巡回指导，并及时给每位学生打操作分数。

（四）注意事项

（1）一人负责一台空气压缩机的拆装，实行"谁拆卸、谁装配"的制度。

（2）拆卸时要作好拆卸记录，必要时画出装配示意图。

（3）对于容易丢失的小零件，要放入专用小盒内。

（4）拆卸配合件时，要小心，切勿划伤配合表面，更不可轻易用硬物敲击。

（5）防止拆下零件受污染。

（6）各组相互交流时不要随便拿走其他组的零件。

（7）装配之前要分析清楚压缩机的工作原理。

（8）装配之前要列出各元件的装配顺序。

（9）严禁野蛮拆卸和装配。

（10）装配之后要进行试运转。

（五）质量评价标准（表10-4）

任务二：气动执行元件的装配与拆卸

（一）分析任务

气动执行元件是将压缩空气的压力能转化为机械能的能量转换装置，它包括气缸和气动马达。气缸用于实现直线往复运动，气动马达用于实现旋转运动。气缸的结构简单，成本低，可以在易燃、易爆的场合安全工作，但是由于空气的可压缩性使得它的运动速度和位置控制的精度不高。

表10-4 质量评价标准

考核项目	考核要求	配分	评分标准	扣分	得分	备注
拆卸	1. 正确使用拆装工具 2. 按顺序拆卸	40	1. 不正确使用工具扣10分 2. 不按顺序拆卸扣30分			
安装	1. 清洗各零件 2. 按顺序装配	30	1. 不清洗各零件，扣10分 2. 不按顺序进行装配扣20分			
试运转	进行试运转	10	不进行试运转扣10分			
安全生产	自觉遵守安全文明生产规程	10	不遵守安全文明生产扣10分			
实训报告	按时按质完成实训报告	10	1. 没有按时完成报告扣5分 2. 实训报告质量差扣2分～5分			
自评得分		小组互评得分		教师签名		

（二）执行元件的选择

活塞式气缸的结构和工作原理与液压缸基本类似，其结构和参数已系列化、标准化、通用化，是目前应用最为广泛的一种气缸。

按压缩空气作用在活塞面上的方向，可分为单作用气缸和双作用气缸。单作用气缸多用于行程较短以及对活塞杆输出力和运动速度要求不高的场合。这种气缸的结构紧凑、重量轻、密封性能好、维修方便、制造成本低，广泛应用于各种自锁机构及夹具。

（三）实施步骤

（1）读懂图样，熟悉所拆装气缸的结构。

（2）按指导老师要求，学生分组拆解气缸，逐个拆下气缸各零件，并编号。拆卸顺序：

①双作用气缸拆卸顺序：先拆掉前端盖上的螺钉，卸下压盖，拆掉端盖，将活塞与活塞杆从缸体中分离。

②单作用气缸拆卸顺序：先拆掉两端盖上的螺钉，卸下压盖，拆掉端盖，将活塞与活塞杆从缸体中分离。

③摆动气马达拆卸顺序：先拆掉端盖，将摆动叶片和转子从定子中取出。

（3）在拆卸过程中，学生要注意观察主要零件的结构和相互配合关系，了解各零件在气缸中的作用。

（4）按次序装配各零件。装配顺序与拆卸顺序正好相反。

（5）各组集中，教师点评，学生提问，并完成实训报告。

教师巡回指导，并及时给每位学生打操作分数。

（四）注意事项

（1）一人负责一台气缸的拆装，实行"谁拆卸、谁装配"的制度。

（2）拆卸时要作好拆卸记录，必要时画出装配示意图。

（3）对于容易丢失的小零件，要放入专用小盒内。

（4）拆卸配合件时，要小心，切勿划伤配合表面，更不可轻易用硬物敲击。

（5）防止拆下零件受污染。

（6）各组相互交流时不要随便拿走其他组的零件。

（7）装配之前要分析清楚气缸的工作原理。

（8）装配之前要列出各元件的装配顺序。

（9）严禁野蛮拆卸和装配。

（10）装配之后要进行试运转。

（五）质量评价标准（表 10-5）

表 10-5　质量评价标准

考核项目	考核要求	配分	评分标准	扣分	得分	备注
拆卸	1. 正确使用拆装工具 2. 按顺序拆卸	40	1. 不正确使用工具扣 10 分 2. 不按顺序拆卸扣 30 分			
安装	按顺序装配	30	不按顺序进行装配扣 30 分			
画图	画出各种气动元件的图形符号	10	每画错一个扣 2 分			
安全生产	自觉遵守安全文明生产规程	10	不遵守安全文明生产扣 10 分			
实训报告	按时按质完成实训报告	10	1. 没有按时完成报告扣 5 分 2. 实训报告质量差扣 2 分～5 分			
自评得分		小组互评得分		教师签名		

任务三：气动控制元件的拆装

（一）分析任务

气动控制元件是指在气压传动系统中，控制调节压缩空气的压力、流量和方向等的控制阀，按其功能可分为压力控制阀、流量控制阀、方向控制阀以及能实现一定逻辑功能的气动逻辑元件等。

（二）动力元件的选择

方向控制阀是控制压缩空气的流动方向和气路的通断的阀类，它是气动系统中应用最多的一种控制元件之一。

按气流在阀内的流动方向，方向阀可分为单向型控制阀和换向型控制阀；按控制方式，换向型控制阀分为手动控制、气动控制、电动控制、机动控制、电气动控制等；按切换的通路数目，换向阀分为二通阀、三通阀、四通阀和五通阀等；按阀芯工作位置的数目，方向阀分为二位阀和三位阀等。

在气压传动系统中，控制压缩空气的压力以控制执行元件的输出力或控制执行元件实现顺序动作的阀等统称为压力控制阀，它包含有减压阀、顺序阀和安全阀。压力控制阀是利用压缩空气作用在阀芯上的力和弹簧力相平衡的原理来进行工作的。

流量控制阀是通过改变阀的通流面积来调节压缩空气的流量，从而控制气缸的运动速度等的气动控制元件。流量控制阀包括节流阀、单向节流阀、排气节流阀等。

通过拆装，熟悉各类气动元件的结构特点，加深对各元件工作原理的理解，熟悉元件的应用场合。

（三）实施步骤

（1）读懂图样，熟悉所拆装气动控制元件的结构。

（2）按指导老师要求，学生分组拆解各元件，逐个拆下气动控制元件各零件，并编号。

（3）在拆卸过程中，学生要注意观察主要零件的结构和相互配合关系，了解各元件的功能，掌握元件的工作原理。

（4）按次序装配各零件。装配顺序与拆卸顺序正好相反。

（5）各组集中，教师点评，学生提问，并完成实训报告。

教师巡回指导，并及时给每位学生打操作分数。

（四）注意事项

（1）如果有拆装流程示意图，请参考该图进行拆装。

（2）仅有元件结构图或没有结构图的，拆装时请记录元件及零件的拆卸顺序和方向。

（3）拆卸下来的零件，尤其内部零件，要做到不落地、不划伤、不锈蚀等。

（4）拆装个别零件需要专用工具，如拆轴承需要用顶拔器、拆卡环需要用内卡钳等。

（5）在需要敲打某一零件时，请用铜棒，切忌用铁或钢棒。

（6）拆卸（或安装）一组螺钉时，用力要均匀。

（7）安装前要给元件去毛刺，用煤油清洗，然后晾干，切忌用棉纱擦干。

（8）检查密封有无老化现象，如有，请更换。

（9）安装时不要将零件装反，注意零件的安装位置。有些零件有定位槽孔，一定要对准。

（10）安装完毕，检查现场有无漏装元件。

（五）质量评价标准（表10-6）

表10-6 质量评价标准

考核项目	考核要求	配分	评分标准	扣分	得分	备注
拆卸	1. 正确使用拆装工具 2. 按顺序拆卸	40	1. 不正确使用工具扣10分 2. 不按顺序拆卸扣20分			
安装	1. 清洗各零件 2. 按顺序装配	30	1. 不清洗各零件，扣10分 2. 不按顺序进行装配扣20分			
画图	画出各种控制元件的图形符号	10	每画错一个扣2分			
安全生产	自觉遵守安全文明生产规程	10	不遵守安全文明生产扣10分			
实训报告	按时按质完成实训报告	10	1. 没有按时完成报告扣5分 2. 实训报告质量差扣2分～5分			
自评得分		小组互评得分		教师签名		

知识拓展

知识点1　气压传动技术的发展趋势

1829年出现了多级空气压缩机，为气压传动的发展创造了条件。1868年美国人G. 威斯汀豪斯发明气动制动装置，并在1872年用于铁路车辆的制动。后来，随着兵器、化工、机械等工业的发展，气动机具和控制系统得到广泛的应用。1930年出现了低压气动调节器。20世纪50年代研制成功用于导弹尾翼控制的高压气动伺服机构，60年代发明了射流和气动逻辑元件，遂使气压传动得到很大的发展。

近20年来，从各国的行业统计资料来看，气动行业发展很快。20世纪70年代，液压与气动元件的产值比约为9：1，到90年代，在工业技术发达的欧美、日本等国家，该比例已达6：4，甚至接近5：5，由于气动元件的单价比液压元件便宜，在相同产值的情况下，气动元件的使用量及使用范围已超过了液压行业。

纵观世界气动行业的发展趋势，气动元件的发展趋势如下：

（1）小型化、轻型化。小型化、轻型化是气动元件的第一个发展方向，体积更小，重量更轻，元件制成超薄、超短、超小型。国外已开发了仅大姆指大小、有效截面积为$0.2mm^2$的超小型电磁阀，并且元件可用采用铝合金及塑料等新型材料制造，重量更轻。

（2）高精度。定位精度达0.5mm～0.1mm，过滤精度可达$0.01\mu m$，除油率可达$1m^3$标准大气中的油雾在0.1mg以下。

（3）高速度。小型电磁阀的换向频率可达数十赫，气缸最大速度可达3m/s。

（4）低功耗。电磁阀的功耗可降低至0.1W。

（5）高质量。气动电磁阀的寿命可达3000万次以上。

（6）无给油化。不供油润滑元件组成的系统不污染环境，系统简单，维护也简单，节省润滑油，且摩擦性能稳定、成本低、寿命长，适合食品、医药、电子、纺织、精密仪器、生物工程等行业的需要。

（7）复合集成化。减少配线、配管和元件，节省空间，简化拆装，提高工作效率。

（8）机电一体化。典型的是"可编程控制器＋传感器＋气动元件"组成的控制系统。

知识点 2　气动元件常见故障分析

（1）空气压缩机常见故障分析见表 10-7。

表 10-7　空气压缩机常见故障分析

现象	故障原因分析	排 除 对 策
空气压缩机空气压力不足	气压表失灵	观察气压表，如果指示压力不足，可让发动机中速运转数分钟，压力仍不见上升或上升缓慢，当踏下制动踏板时，放气声很强烈，说明气压表损坏，这时应修复气压表
	空气压缩机与发动机之间的传动皮带过松打滑或空气压缩机到储气罐之间的管路破裂或接头漏气	如果上述试验无放气声或放气声很小，就检查空气压缩机皮带是否过松，从空气压缩机到储气罐和控制阀的进气管、接头是否有松动、破裂或漏气处
	油水分离器、管路或空气滤清器沉积物过多而堵塞	如果空气压缩机不向储气罐充气，检查油水分离器和空气滤清器及管路内是否污物过多而堵塞，如果是堵塞，应清除污物
	空气压缩机排气阀片密封不严，弹簧过软或折断，空气压缩机缸盖螺栓松动、砂眼和气缸盖衬垫冲坏而漏气	经过上述检查，如果还找不到故障原因，则应进一步检查空气压缩机的排气阀是否漏气，弹簧是否过软或折断，气缸盖有无砂眼，衬垫是否损坏，根据所查找的故障更换或修复损坏零件
	空气压缩机缸套与活塞及活塞环磨损过甚而漏气	检查空气压缩机缸套、活塞环是否过度磨损，检查并调整卸荷阀的安装方向与标注（箭头）方向是否一致
空气压缩机过热	松压阀或卸荷阀不工作导致空气压缩机无休息	进气卸荷时检查松压阀组件，有卡滞的清洗排除或更换失效件。排气卸荷时检查卸荷阀，有堵塞或卡滞的要清洗修复或更换失效件
	气制动系统泄漏严重导致空气压缩机无休息	检查制动系统件和管路，更换故障件
	运转部位供油不足及拉缸	活塞与缸套之间润滑不良、间隙过小或拉缸均可导致过热，遇该情况应检查、修复或更换失效件
空气压缩机异响	连杆瓦磨损严重，连杆螺栓松动，连杆衬套磨损严重，主轴磨损严重或损坏产生撞击声	检查连杆瓦、连杆衬套、主轴瓦是否磨损、拉伤或烧损，连杆螺栓是否松动，检查空气压缩机主油道是否畅通；建议更换磨损严重或拉伤的轴瓦、衬套、主轴瓦，拧紧连杆螺栓（扭力标准 35N·m～40N·m），用压缩空油孔对准空气压缩机进油孔；气疏通主油道。重新装配时，应注意主轴轴承

236

现象	故障原因分析	排除对策
空气压缩机异响	皮带过松，主、被动皮带轮槽型不符造成打滑产生啸叫	检查主、被动皮带轮槽型是否一致，不一致请更换，并调整皮带松紧度（用拇指压下皮带，压下皮带距离以10mm为宜）
	空气压缩机运行后没有立即供油，金属干摩擦产生啸叫	检查润滑油进油压力，机油管路是否破损、堵塞，压力不足应立即调整、清理、更换失效管路；检查润滑油的油质及杂质含量，与使用标准比较，超标时应立即更换；检查空气压缩机是否供油，若无供油应立即进行全面检查
	固定螺栓松动	检查空气压缩机固定螺栓是否松动并给予紧固
	紧固齿轮螺母松动，造成齿隙过大产生敲击声	齿轮传动的空气压缩机还应检查齿轮有否松动或齿轮安装配合情况，螺母松动的拧紧螺母，配合有问题的应予更换
	活塞顶有异物	清除异物
空气压缩机烧瓦	润滑油变质或杂质过多	检查润滑油的油质及杂质含量，与使用标准比较，超标时应立即更换
	供油不足或无供油	检查空气压缩机润滑油进油压力，机油管路是否破损、堵塞，压力不足应立即调整、清理或更换失效管路
	轴瓦移位使空气压缩机内部油路阻断	检查轴瓦安装位置，轴瓦油孔与箱体油孔必须对齐
	轴瓦与连杆瓦拉伤或配合间隙过小	检查轴瓦或连杆瓦是否烧损或拉伤，清理更换瓦片时检查曲轴径是否损伤或磨损，超标时应更换，检查并调整轴瓦间隙
空气压缩机漏油	油封脱落或油封缺陷漏油	油封部位，检查油封是否有龟裂、内唇口有无开裂或翻边。有上述情况之一的应更换；检查油封与主轴结合面有否划伤与缺陷，存在划伤与缺陷的应予更换；检查回油是否畅通，回油不畅使曲轴箱压力过高导致油封漏油或脱落，必须保证回油最小管径，并且不扭曲、不折弯，回油顺畅；检查油封、箱体配合尺寸，不符合标准的予以更换
	主轴松动导致油封漏油	用力搬动主轴检查颈向间隙是否过大，间隙过大应同时更换轴瓦及油封
	结合面渗漏，进、回油管接头松动	检查各结合部密封垫密封情况，修复或更换密封垫；检查进、回油接头螺栓及箱体螺纹并拧紧
	皮带安装过紧导致主轴瓦磨损	检查并重新调整皮带松紧程度，拇指按下10mm为宜
	铸造或加工缺陷	检查箱体铸造或加工存在的缺陷（如箱体安装处回油孔是否畅通），修复或更换缺陷件
空气压缩机不打气	空气压缩机松压阀卡滞，阀片变形或断裂	检查松压阀组件，清洗、更换失效件，拆检缸盖，检查阀片，更换变形、断裂的阀片
	进、排气口积碳过多	拆检缸盖，清理阀座板、阀片

（2）冷冻式干燥器常见故障分析见表10-8。

表 10-8　空气干燥器常见故障分析

现象	故障原因分析	排 除 对 策
干燥器不启动	电源断电或熔丝断开	检查电源有无短路，更换熔丝
	控制开关失效	检查、更换
	电源电压低	检查原因排除电源故障
	风扇电动机烧毁	检查更换电动机
	压缩机卡住或电动机烧毁	检查、修复或更换压缩机
	制冷剂严重不足或过量	检查制冷剂有无泄漏，测高、低压压力，按规定充灌冷剂，如制冷剂过多则放出
	蒸发器冻结	检查低压压力，若低于 0.2MPa 会结冰
	蒸发器、冷凝器积灰太多	清除积灰
	风扇轴或传动带打滑	更换轴或传动带
	风冷却器积灰太多	清除积灰
干燥器运转，制冷不足，干燥效果不好	电源电压不足	检查电源
	制冷剂不足、泄漏	补足制冷剂
	蒸发器冻结、制冷系统内混入其他气体	检查低压压力，重充制冷剂
	干燥器空气流量不匹配，进气温度过高，放置位置不当	正确选择干燥实际流量，降低进气温度，合理选址
压缩机不运转，风扇运转	电源电压太低	检查电源
	压缩机本身故障	做机械和电气检查，修复或更换压缩机
	容电器失效	更换电容器
	过载保护断电器动作	修复或更换
噪声大	机件安装不紧或风扇松脱	紧固

（3）空气过滤器常见故障分析见表10-9。

表 10-9　空气过滤器常见故障分析

现象	故障原因分析	排 除 对 策
漏气	密封不良	更换密封件
	排水阀、自动排水器失灵	修理或更换
压降过大	通过流量太大	选更大规格过滤器
	滤芯过滤精度过高	选合适过滤器
水杯破裂	在有机溶剂中使用	选用金属杯
	空压机输出某种焦油	更换空压机润滑油，使用金属杯
从输出端流出冷凝水	未及时排放冷凝水	每天排水或安装自动排水器
	自动排水器有故障	修理或更换
	超过使用流量范围	在允许的流量范围内使用
输出端出现陈异物	滤芯破损	更换滤芯
	滤芯密封不严	更换滤芯密封垫
	错用有机溶剂清洗滤芯	改用清洁热水或煤油清洗

（4）油雾器常见故障分析见表 10-10。

表 10-10　油雾器常见故障分析

现象	故障原因分析	排除对策
不滴油或滴油量太少	油雾器装反了	改正
	油道堵塞，节流阀未开启或开度不够	修理或更换，调节节流阀开度
	通过油量小，压差不足以形成油滴	更换合适规格的油雾器
	油黏度太大	换油
	气流短时间间隙流动，来不及滴油	使用强制给油方式
耗油过多	节流阀开度太大	调至合理开度
	节流阀失效	更换
油杯破损	在有机溶剂的环境中使用	选用金属杯
	空压机输出某种焦油	换空压机润滑油，使用金属杯
漏气	油杯或观察窗破损	更换
	密封不良	更换

（5）方向阀常见故障分析见表 10-11。

表 10-11　方向阀常见故障分析

现象	故障原因分析	排除对策
阀不能换向	润滑不良，滑动阻力和始动摩擦力大	改善润滑
	密封圈压缩量大，或膨胀变形	适当减小密封圈压缩量，改进配合
	尘埃或油污等被卡在滑动部分或阀座上	消除尘埃或油污
	弹簧卡住或损坏	重新装配或更换弹簧
	控制活塞面积偏小，操作力不够	增大活塞面积和摩擦力
阀泄漏	密封圈压缩量过小或有损伤	适当增大压缩量，或更换受损坏密封圈
	阀杆或阀座有损伤	更换阀杆或阀座
	铸件有缩孔	更换铸件
阀产生震动	压力低（先导式）	提高先导操作压力
	电压低（电磁阀）	提高电源电压或改变线圈参数

（6）减压阀常见故障分析见表 10-12。

表 10-12　减压阀常见故障分析

现象	故障原因分析	排除对策
阀体漏气	密封件损伤	更换
	紧固螺钉受力不均	均匀紧固
输出压力波动大于 10%	减压阀通径或进出口配管通径选小了，当输出流量变动大时，输出压力波动大	根据最大输出流量选用减压阀通径
	输入气量供应不足	查明原因
	进气阀芯导向不良	更换

现 象	故障原因分析	排 除 对 策
溢流口总是漏气	进出口方向接反	改正
	输出侧压力意外升高	查输出侧回路
	膜片破裂，溢流阀座有损伤	更换
压力调不高	膜片撕裂	更换
	弹簧断裂	更换
压力调不低，输出压力升高	阀座处有异物、有伤痕，阀芯上密封垫剥离	更换
	阀杆变形	更换
	复位弹簧损坏	更换
不能溢流	溢流孔堵塞	更换
	溢流孔座橡胶太软	更换

知识点 3　阅读气压传动系统图的一般步骤

在阅读气压传动系统图时，其读图步骤一般可归纳如下：

（1）看懂图中各气压元件的图形符号，了解它的名称及一般用途。

（2）分析图中的基本回路及功用。

必须指出的是，由于一个空压机能向多个气动回路供气，因此，通常在设计气动回路时，压缩机是另行考虑的，在回路图中也往往被省略，但在设计时必须考虑原空压机的容量，以免在增设回路后引起使用压力下降。

其次，气动回路一般不设排气管道，即不像液压那样一定要将使用过的油液排回油箱。另外，气动回路中气动元件的安装位置对其功能影响很大，对空气过滤器、调压阀、油雾器的安装位置更需特别注意。

（3）了解系统的工作程序及程序转换的发信元件。

（4）按工作程序图逐个分析其程序动作。这里特别要注意主控阀芯的切换是否存在障碍。若设备说明书中附有逻辑框图，则用它作为指引来分析气动回路原理图将更加方便。

（5）一般规定工作循环中的最后程序终了时的状态作为气动回路的初始位置（或静止位置），因此回路原理图中控制阀及行程阀的供气及进出口的连接位置，应按回路初始位置状态连接。这里必须指出的是回路处于初始位置时，回路中的每个元件并不一定都处于静止位置（原位）。

（6）一般所介绍的回路原理图，仅是整个气动控制系统中的核心部分，一个完整的气动系统还应有气源装置、气动三大件及其他气动辅助元件等。

小　结

本章主要介绍了气压传动系统的组成、气动元件的类型及工作原理、气动回路的工作过程以及典型气动系统的分析等知识。

根据气动元件和装置的不同功能，可将气压传动系统分成四部分：气源装置、气动执行元件、气动控制元件、辅助元件。

气缸是气动系统中应用最广泛的一种执行元件，根据使用条件的不同，其结构、形状也有多种形式。

气动马达是气动系统中的执行元件，其将压缩空气的压力能转换成回转机械能，其作用相当于电动机或液压马达。

压力控制阀用来控制压缩空气的压力，以控制执行元件的输出推力或转矩，它包括减压阀、顺序阀、溢流阀等。

流量控制阀通过改变阀的通流面积来调节压缩空气的流量，从而控制气缸的运动速度、换向阀的切换时间和气动信号的传递速度。

方向控制阀用来控制压缩空气气流的方向和通断，以控制执行元件的动作的，它是气动系统中应用很多的一种控制元件。

逻辑阀是以压缩空气为介质，利用元件的动作改变气流方向，以实现一定逻辑功能的流体控制元件。

气动基本回路根据其功用可分为方向控制回路、压力控制回路和速度控制回路。气动回路的动作机理与液压回路基本相似。

思考与练习

10-1　简述气压传动系统的工作原理及组成。

10-2　气压传动系统和液压传动系统相比有何不同？

10-3　气源及净化装置都包括哪些设备？都起什么作用？

10-4　气源装置中为什么设储气罐？

10-5　油雾器的工作原理是什么？

10-6　简述气缸的结构及优缺点。

10-7　单作用气缸的内径为 63mm，复位弹簧最大反力 $F=150N$，工作压力 $p=0.5MPa$，负载效率为 0.4，该气缸的推力为多少？

10-8　气缸缓冲的原理和作用是什么？

10-9　气动换向阀按结构的不同分哪几类？工作原理是什么？

10-10　分别叙述延时换向阀、梭阀、快速排气阀的工作原理及特点。

10-11　简述流量控制阀的使用。

10-12 一次压力控制回路和二次压力控制回路有何不同？各用于什么场合？

10-13 图示为差压控制回路，图（a）中单向阀 3 用于快速排气，而图（b）中的快速排气则由快速排气阀 3 来实现。试分析两个回路的工作原理。

10-14 图为采用节流阀的单作用气缸的双向调速回路。试分析这两种调速回路有何不同？哪个回路的调速精度较高？为什么？

10-15 分析如图所示回路的工作过程，并指出元件名称。

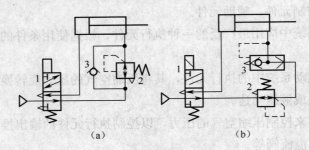

(a)   (b)

题 10-13 图

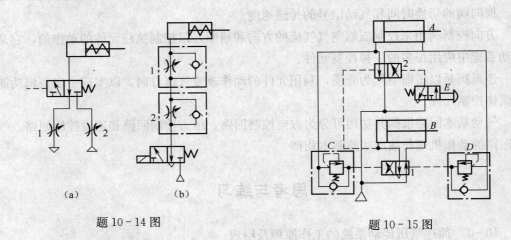

(a)   (b)

题 10-14 图   题 10-15 图

附录 常用液压与气压元件图形符号

(GB/T 786.1—1993)

表1 基本符号、管路及连接

名　称	符　号	名　称	符　号
工作管路	——————	管端连接于油箱底部	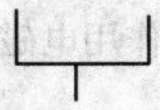
控制管路	 - - - - - -	密闭式油箱	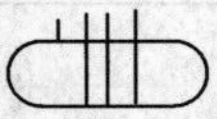
连接管路	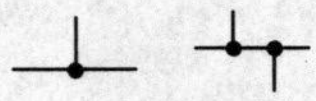	直接排气	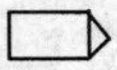
交叉管路	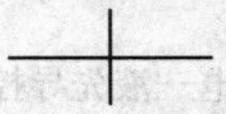	带连接排气	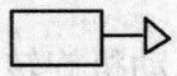
柔性管路		带单向阀快换接头	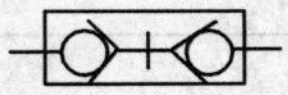
组合元件线	 — · — · —	不带单向阀快换接头	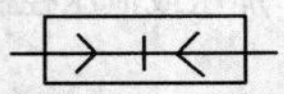
管口在液面以上油箱	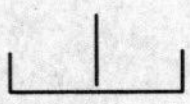	单通路旋转接头	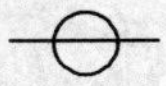
管口在液面以下的油箱	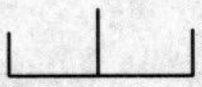	三通路旋转接头	

表2 控制机构和控制方法

名　称	符　号	名　称	符　号
按钮式人力控制	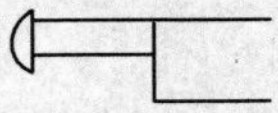	踏板式人力控制	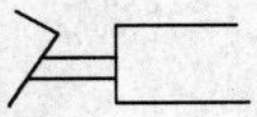
手柄式人力控制	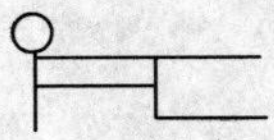	顶杆式机械控制	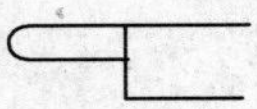

名　称	符　号	名　称	符　号
弹簧控制		液压先导控制	
单向滚轮式机械控制		液压二级先导控制	
单作用电磁控制		气—液先导控制	
双作用电磁控制		内部压力控制	
电动机旋转控制		电—液先导控制	
加压或泄压控制		电—气先导控制	
滚轮式机械控制		液压先导泄压控制	
外部压力控制		电反馈控制	
气压先导控制		差动控制	

表 3　泵、马达和缸

名　称	符　号	名　称	符　号
单向定量液压泵	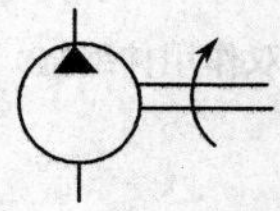	液压整体式传动装置	
双向定量液压泵	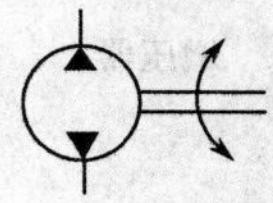	摆动马达	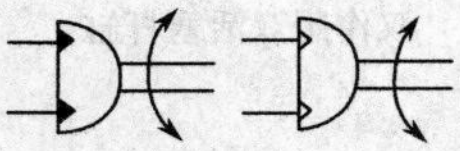
单向变量液压泵	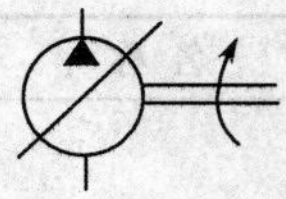	单作用弹簧复位缸	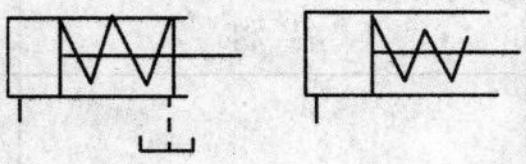
双向变量液压泵	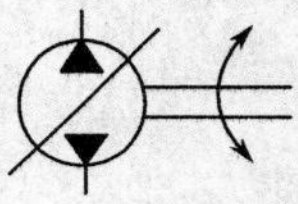	单作用伸缩缸	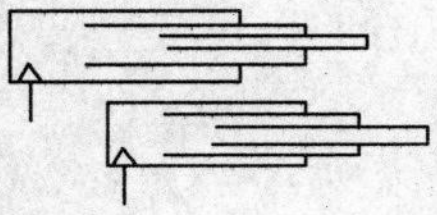
单向定量马达	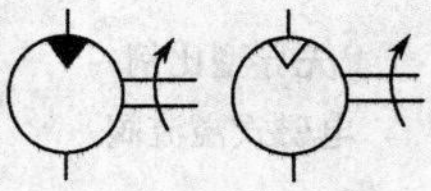	单向变量马达	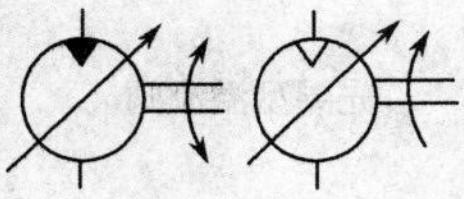
双向定量马达	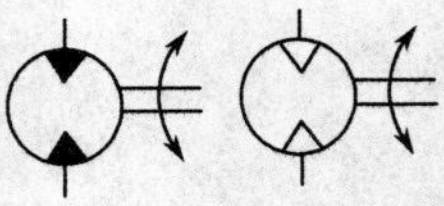	双向变量马达	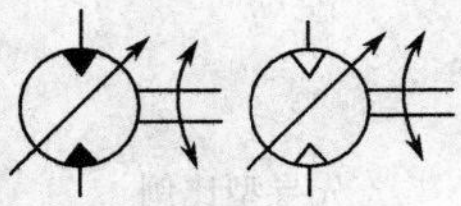
定量液压泵—马达	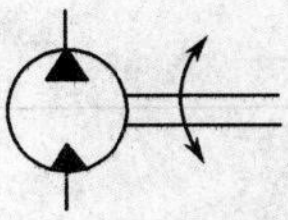	单向缓冲缸	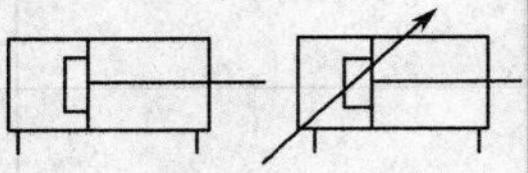
变量液压泵—马达	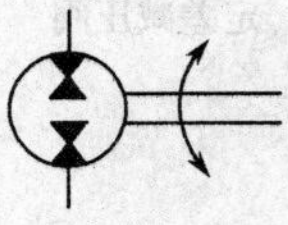	双向缓冲缸	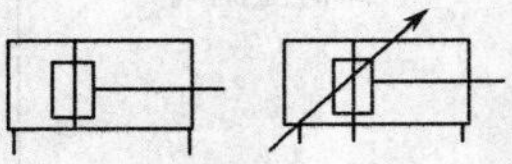

245

名　称	符　号	名　称	符　号
双作用单活塞杆缸		双作用伸缩缸	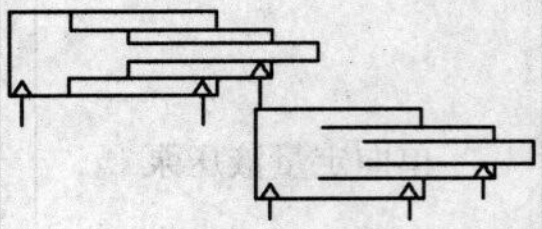
双作用双活塞杆缸	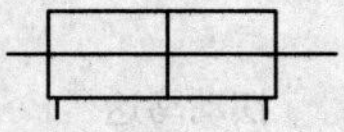	增压器	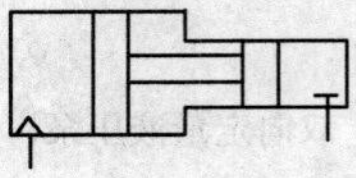

表 4　控 制 元 件

名　称	符　号	名　称	符　号
直动型溢流阀	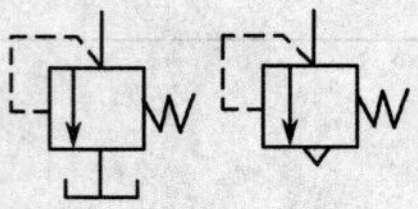	溢流减压阀	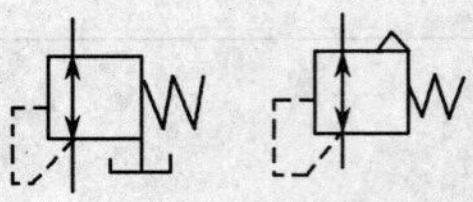
先导型溢流阀	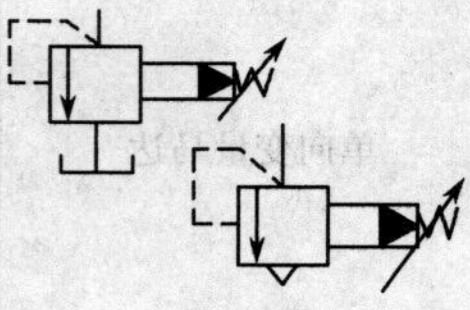	先导型比例 电磁式溢流阀	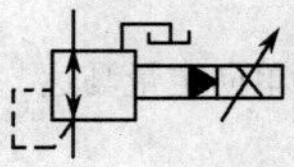
先导型比例 电磁溢流阀	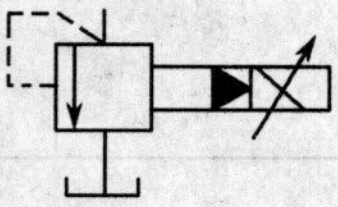	定比减压阀	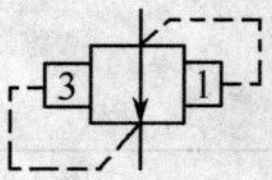
卸荷溢流阀	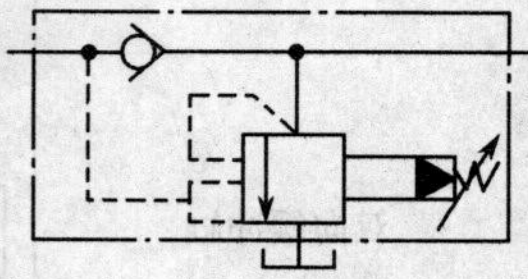	定差减压阀	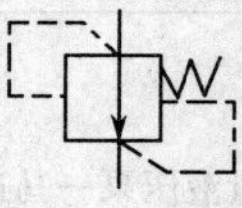

246

名　称	符　号	名　称	符　号
双向溢流阀		直动型顺序阀	
直动型减压阀		先导型顺序阀	
先导型减压阀		单向顺序阀（平衡阀）	
直动型卸荷阀		集流阀	
制动阀		分流集流阀	
不可调节流阀		单向阀	
可调节流阀		液控单向阀	
可调单向节流阀		流压锁	

名　称	符　号	名　称	符　号
减速阀		或门型梭阀	
带消声器的节流阀		与门型梭阀	
调速阀		快速排气阀	
温度补偿调速阀		二位二通换向阀	
旁通型调速阀		二位三通换向阀	
单向调速阀		二位四通换向阀	
分流阀		二位五通换向阀	
三位四通换向阀			
三位五通换向阀		四通电液伺服阀	

名　称	符　号	名　称	符　号
过滤器		气罐	
磁芯过滤器		压力计	
污染指示过滤器		液面计	
分水排水器		温度计	
空气过滤器		流量计	
除油器		压力继电器	
空气干燥器		消声器	
油雾器		液压源	
气源调节装置		气压源	
冷却器		电动机	
加热器		原动机	
蓄能器		气—液转换器	

参 考 文 献

[1] 张忠远，韩玉勇．液压传动与气动技术．天津：南开大学出版社，2010.
[2] 狄瑞民，王学健．数控机床液压传动与气压传动．北京：国防工业出版社，2006.
[3] 雷天觉．液压工程手册．北京：机械工业出版社，1990.
[4] 路甬祥．液压气动技术手册．北京：机械工业出版社，2002.
[5] 薛祖德．液压传动．北京：中央广播电视大学出版社，1995.
[6] 章宏甲，黄谊，王积伟．液压与气压传动．北京：机械工业出版社，2000.
[7] 李芝．液压传动．北京：机械工业出版社，2005.
[8] 潘玉山．液压与气动技术．北京：机械工业出版社，2008.
[9] 王春行．液压伺服控制系统．北京：机械工业出版社，1989.
[10] 龚奇平．液压与气动．北京：机械工业出版社，2003.
[11] 林文坡．气压传动及控制．西安：西安交通大学出版社，1992.
[12] 陈书．气压传动及控制．北京：冶金工业出版社，1991.
[13] 许福玲，陈尧明．液压与气压传动（第2版）．北京：机械工业出版社，2005.
[14] 李壮云，葛宜远．液压元件与系统．北京：机械工业出版社，1999.
[15] 蒋翰成．液压与气动．北京：机械工业出版社，2009.
[16] 徐永生．气压传动．北京：机械工业出版社，2000.
[17] 广州机床研究所．机床液压系统设计指导手册．广州：广东高等教育出版社，1993.
[18] 上海工业大学流控研究室．气动技术基础．北京：机械工业出版社，1985.
[19] 毛好喜．液压与气动技术．北京：人民邮电出版社，2009.
[20] 丁又青，周小鹏．液压传动与控制．重庆：重庆大学出版社，2008.